华 章 图 书

一本打开的书，一扇开启的门，

通向科学殿堂的阶梯，托起一流人才的基石。

DISTRIBUTED SYSTEM ARCHITECTURE

Technology Stack Explained and Fast Track

分布式系统架构

技术栈详解与快速进阶

张程 著

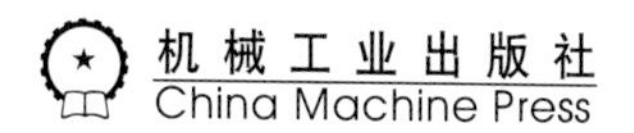

图书在版编目（CIP）数据

分布式系统架构：技术栈详解与快速进阶 / 张程著. —北京：机械工业出版社，2020.5（2021.12 重印）
（架构师书库）

ISBN 978-7-111-65590-9

I. 分… II. 张… III. 分布式操作系统 IV. TP316.4

中国版本图书馆 CIP 数据核字（2020）第 080624 号

分布式系统架构：技术栈详解与快速进阶

出版发行：机械工业出版社（北京市西城区百万庄大街 22 号 邮政编码：100037）
责任编辑：李 艺 责任校对：殷 虹
印 刷：北京市兆成印刷有限责任公司 版 次：2021 年 12 月第 1 版第 3 次印刷
开 本：186mm×240mm 1/16 印 张：22.25
书 号：ISBN 978-7-111-65590-9 定 价：89.00 元

客服电话：（010）88361066 88379833 68326294 投稿热线：（010）88379604
华章网站：www.hzbook.com 读者信箱：hzjsj@hzbook.com

Preface 前　言

为何写作本书

目前市面上有很多分布式架构的书，其中很多都是讲述分布式的某项技术栈，缺少对整个分布式系统的讲解。笔者在分布式领域从业多年，对分布式领域诸多技术栈了解颇深，因此想把心得分享出来，从多个方面去呈现分布式系统架构的多样性和完整性。

本书主要特点

本书从技术原理、高并发、性能优化的角度出发，对分布式环境中因应用场景复杂多变产生的问题，从多种技术层面进行分析，并给出高性能的优化方案和高可用的架构方案。通过本书，读者在实际工作中可以整体提高分布式环境中应用的稳定性。

书中融入了对分布式领域中多种主流技术栈的介绍，能让读者全方位了解关于分布式系统架构的知识。

本书阅读对象

本书是一本关于分布式系统架构的技术型书，适合的阅读对象如下。

- 对分布式、分布式全栈中使用的技术栈感兴趣的读者。
- 基础偏弱，想通过学习分布式全栈中的概念、设计思想以加深对分布式理解的技术人员。
- 基础偏强，想深刻理解并灵活运用分布式全栈中的设计思想、优化方案的技术人员。

如何阅读本书

本书根据分布式环境交互的顺序来构造和安排内容，建议按照目录的顺序依次阅读。全书一共10章，具体如下。

- 第1章　主要介绍分布式的发展过程、分布式架构、分布式架构技术设计难点以及互联网中技术在分布式下的使用。
- 第2章　主要介绍分布式环境下前后端交互发展过程、交互难点和高效交互调优。
- 第3章　主要介绍分布式环境中网络传输的过程、难点、性能调优。
- 第4章　主要介绍Nginx的负载均衡、页面缓存、限流、高可用、性能调优。
- 第5章　主要介绍Varnish的HTTP加速、缓存策略、高可用、性能调优。
- 第6章　主要介绍Tomcat的原理、加载机制、安全管理、高可用集群、性能调优。
- 第7章　主要介绍分布式环境中高并发的问题，通过多种技术方案，如缓存、消息队列、分布式锁等去优化处理，以提高系统整体的吞吐量。
- 第8章　主要介绍普通事务与分布式事务的差异性，以及对分布式事务的多种处理方式，本章会通过多个案例并结合代码进行分析。
- 第9章　主要介绍MySQL数据库的特性，即如何通过高效索引优化、高可用的技术方案让MySQL提供更高效的数据库服务。
- 第10章　主要介绍分布式环境中高可用的相关内容，即如何通过容量预估、全链路压测、容灾设计来提高系统整体的可用性和健壮性。

勘误

由于水平有限，加之编写时间仓促，本书中可能会出现一些错误和表述不准确的地方，希望读者朋友批评指正。大家可以通过CSDN博客专栏（https://blog.csdn.net/qaz7225277/category_9290006.html）留言反馈，期待得到你们的反馈和建议。

致谢

首先要感谢《RocketMQ技术内幕》的作者丁威对我的指导，为我的职业发展提供的诸多帮助。

感谢分布式领域与我探讨技术的朋友们，他们是姜伟、丁威、张登、沈尚伟、张瑾、孙凯、武万祥、黄正云、万振崎、张磊、谢书愉、王义武以及线下交流过的每位朋友，感谢他们对我的支持和帮助。感谢张瑾的引荐，感谢范文嵩的指点，感谢名锋的分享，是他们的努力和付出为我指明了前进的方向。

感谢机械工业出版社华章公司的杨福川老师，他在这一年多的时间中支持我的写作，并与我分享写书的经验。他的支持和鼓励让我坚持写作。感谢机械工业出版社华章公司的李艺老师、李杨老师，她们在我写作这一年多的时间中提供了诸多帮助，引导我顺利完成全部书稿。

最后感谢我的爸爸、妈妈、外婆将我培养成人，给予我莫大的关心和支持。感谢我的妻子、儿子，他们是我前进的最大动力。

目　录 *Contents*

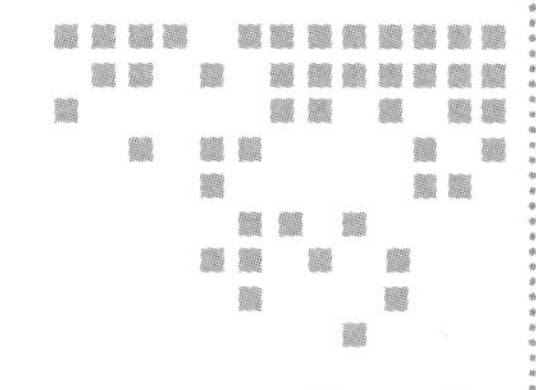

第1章 Chapter 1

分布式架构介绍

分布式架构是分布式计算技术的应用，目前比较成熟的技术包括J2EE、CORBA和.NET（DCOM）。本书重点讲述J2EE。J2EE是由Sun公司推出的一项中间件技术，旨在简化和规范多层分布式企业应用系统的开发和部署，可以为分布式应用软件提供在各种技术间共享资源的平台。J2EE标准的实施可显著地提高系统的可移植性、安全性、可伸缩性、负载平衡、可重用性。它主要有以下特点。

- 具有分布式的体系结构。J2EE组件的分布与服务器环境无关，所有的资源都可通过分布式目录访问，开发人员不需要为组件和资源分布问题耗费精力。
- 采用多层分布式应用模型。J2EE将应用开发划分为多个不同的层，并在每一个层上定义组件。各个应用根据它们所在的层，分布在相同或不同的服务器上，共同组成基于组件的多层分布式系统，包括客户层、表示逻辑层、商业逻辑层、企业信息系统层。
- 拥有应用服务器的标准。J2EE是首个获得业界广泛认可和采纳的中间件标准。

随着移动互联网不断发展，计算机系统已从单机状态过渡到多机协作状态，计算机以集群的方式存在，按照分布式理论的指导构建出庞大复杂的应用服务。

本章重点内容如下：

- 分布式架构发展过程

- ❑ 分布式架构设计理念和目标
- ❑ 分布式架构应用场景
- ❑ 分布式架构设计难点
- ❑ 分布式架构解决痛点

1.1 分布式架构发展过程

众所周知，架构会随着业务场景而变化，而传统架构单一，无分层概念，模块之间耦合性过高，导致稳定性和扩展性较差，无法满足互联网高速迭代变化的需求。同时，技术架构也会发生很大变化。不同业务系统侧重点不同，例如“百度”侧重于搜索。当系统庞大后，后续会被拆分为多个子系统，部署在不同服务器上，各子系统相互协作，实现业务功能完整性。

以 Web 为例，搭建电商平台，最初传统结构是单体架构，如图 1-1 所示。

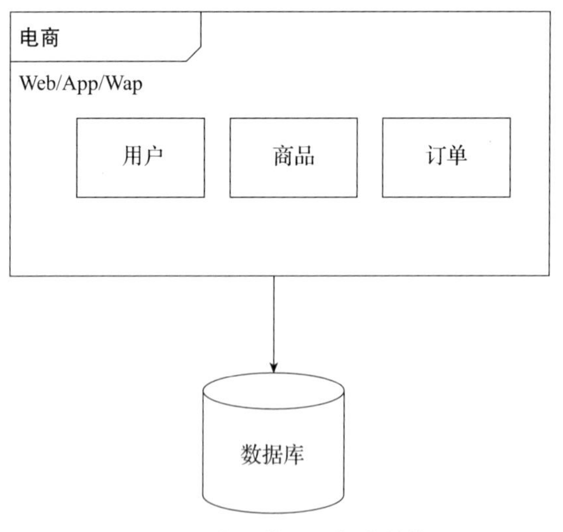

图 1-1　电商整体业务耦合结构图

> 注意　电商系统用户、商品、订单模块耦合在一块，无分层概念，部署在同一个服务器，为用户提供服务。

如图 1-1 所示，将应用和数据库部署在一起，一个简单的应用就搭建完成了。随着后续业务的拓展，系统慢慢变得庞大臃肿，此时需要进行优化。优化的方案如下。

1）增加单机的硬件设备，如处理器 \ 内存 \ 磁盘。

2）用物理机替换虚拟机。

3）增加服务器数量。

4）应用和数据库分离。

以上 4 种方案的优缺点如下。

1）增加服务器硬件设备资源，短时间内可以提高性能，但会留下隐患。

2）虚拟机的配置、性能不如物理机，但物理机费用高昂且不能治本。

3）增加服务器数量后需要做负载均衡才能充分利用资源，但会额外增加技术难度。

4）应用和数据库分离，分为 Web 服务器和数据库服务器，这样不仅可以提高单机负载，也能提高 HA 高可用性。

这里采用方案 4，分离应用和数据库，结构图如图 1-2 所示。

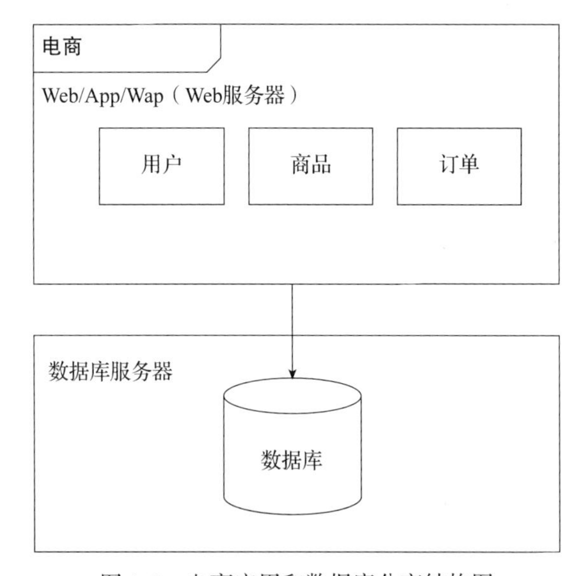

图 1-2　电商应用和数据库分离结构图

> 注意　当应用和数据库分别部署在不同服务器上时，应用所处服务器和数据库所处服务器要能正常 ping 通及访问，即应用可访问数据库获取数据且正常返回。

如图 1-2 所示，以上结构将应用和数据库分开单独部署，提高了单机负载以及服务器资源利用率，但若后续用户流量继续上涨，会存在安全风险（单机宕机后不能继续提供服务），需提供应用服务备份，结构图如图 1-3 所示。

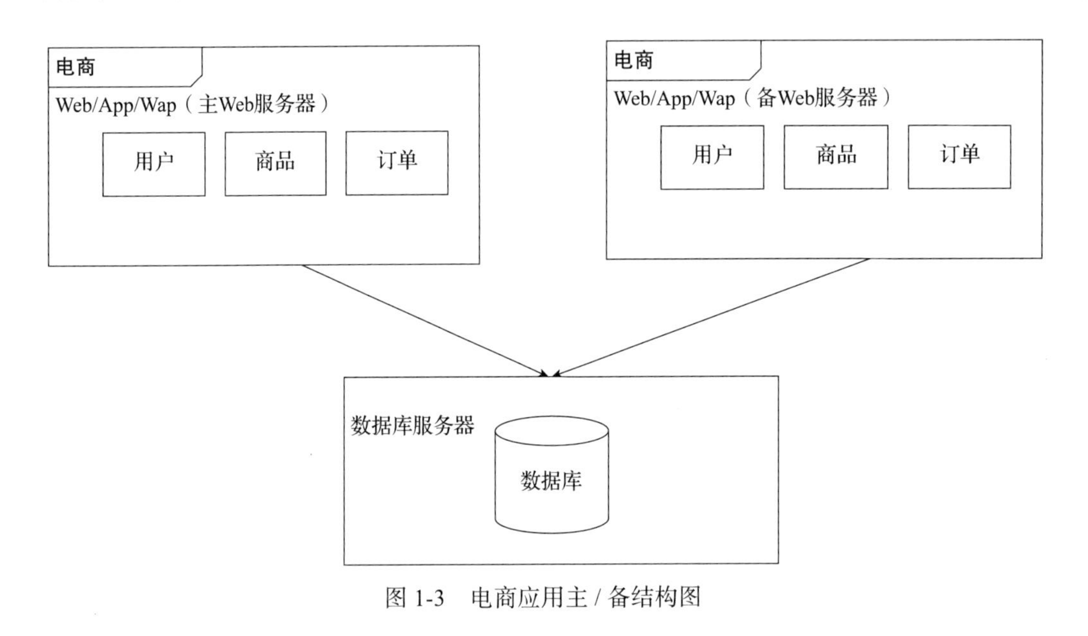

图 1-3 电商应用主 / 备结构图

> 注意 外部流量都是到达主 Web 服务器，备 Web 服务器只在主 Web 服务器出现单点故障时使用，是维持业务正常访问的一种措施。

如图 1-3 所示，利用应用服务器预防单点故障，可以有效预防因服务器发生故障而不能及时访问的情况。由于外部流量都是访问“主 Web 服务器”，单台服务器处理能力出现瓶颈时，可以把流量平摊到 Web 服务器集群的每台服务器中去，提高服务器资源整体利用率。

> 注意 服务器集群是由多台服务器共同组成的一个虚拟体，对于调用方而言，它是一个大的虚拟集群，而代理服务器中存在多种策略，这里把流量平摊到 Web 服务器集群的每台服务器中时采用了“轮询”策略。常用策略如下。
>
> - 随机：每个请求会随机访问 Web 服务器集群中的任意一台服务器。
> - IP-hash：每个请求按访问 IP 的 hash 结果分配，这样每个用户会访问 Web 服务器集群中固定的服务器。

- 权重：可设置访问 Web 服务器集群中各服务器的比例占比，占比越大，处理请求量越多。

采用“轮询”策略将流量分发到主 / 备服务器，如图 1-4 所示。

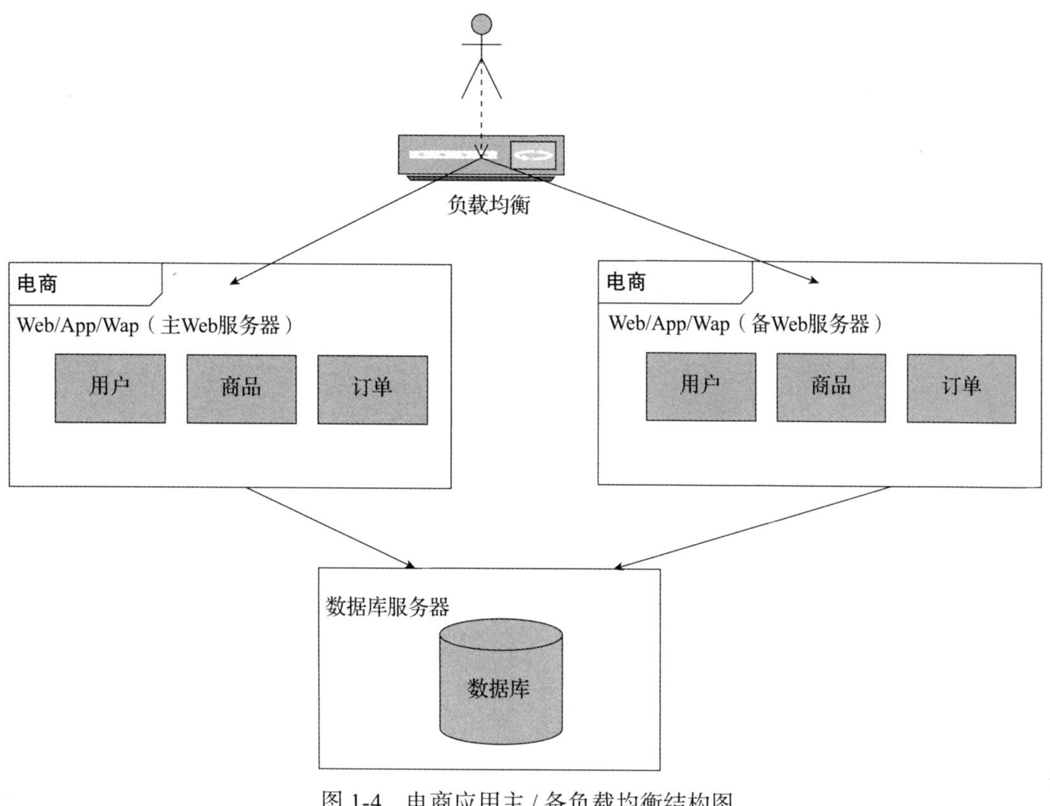

图 1-4　电商应用主 / 备负载均衡结构图

> 注意　外部流量通过代理服务器 Nginx 负载均衡分发到主 / 备服务器上，代理服务器需要 ping 通且正常访问应用服务器，以防止因网络故障导致不能正常分发流量的情况出现。

如图 1-4 所示，该结构解决了应用层面服务器单点风险并提高了服务器负载利用率，但数据库层面存在单点风险和连接数瓶颈，故采用“主 / 从”方式搭配“哨兵”模式进行搭建，如图 1-5 所示。

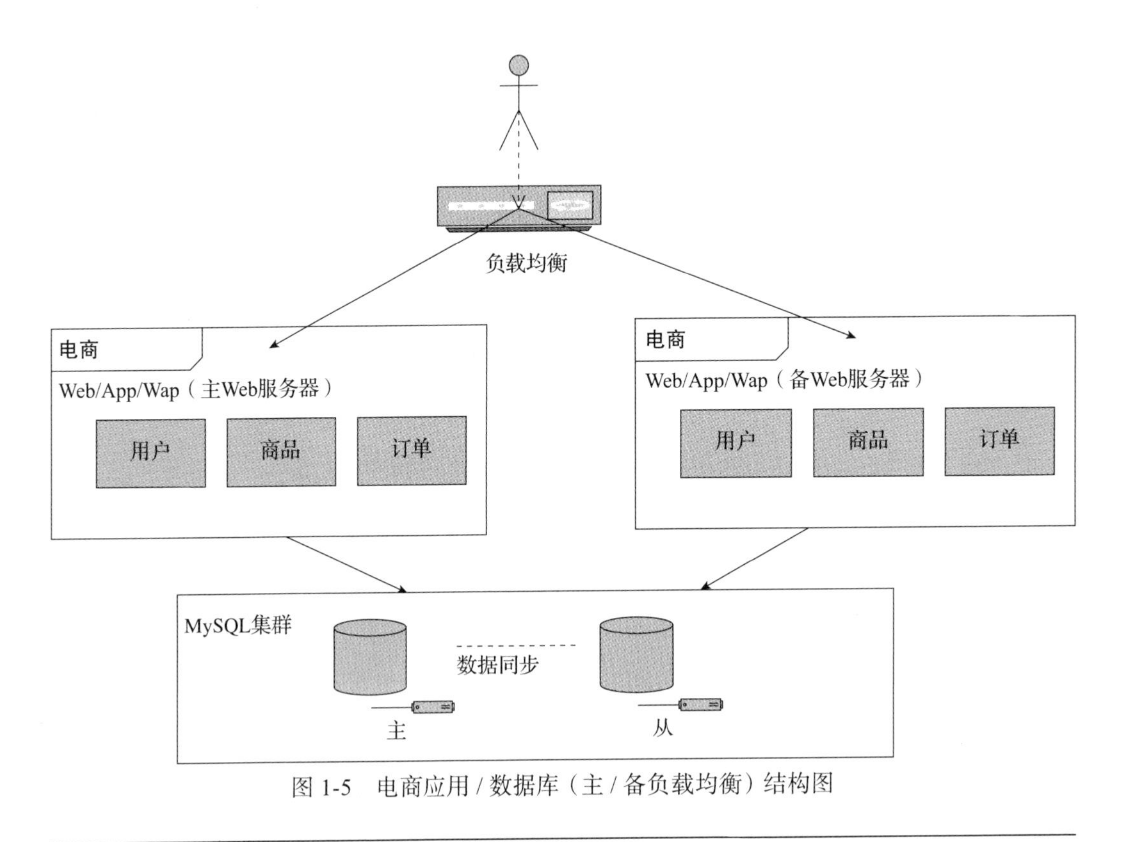

图 1-5 电商应用 / 数据库（主 / 备负载均衡）结构图

注意 应用服务器和数据库之间要 ping 通且正常访问，主数据库需要同步数据至从数据库，主数据库和从数据库之间也要 ping 通且正常访问，主数据库用于“写”操作，从数据库用于“读”操作，应用服务器通过“虚拟 IP”连接数据库，主从数据库通过“哨兵”控件监控。当主服务器故障宕机时，从服务器会自动切换成主服务器并切换虚拟 IP，应用无须改动，虚拟 IP 会映射成数据库真实的 IP，提供读写功能。

到此，应用服务器和数据库都存在多节点，可以合理利用服务器资源，并避免单机风险。

1.2 分布式架构设计理念和目标

1.2.1 设计理念

分布式架构的核心理念按照一定维度（功能、业务、领域等）对系统进行拆分，通过合理的拆分结构，实现各业务模块解耦，同时通过系统级容错设计，在廉价硬件基础设施上构建起高可用、可扩展的开放技术体系。

1.2.2 设计目标

设计目标可以明确方向，通过设计驱动和方向的把控，朝着既定方向前行并最终实现目标。分布式架构中较为完整的架构体系设计包括以下几个方面。

1. 系统拆分

系统拆分思路如下所示。

- 以业务为导向，充分了解系统业务模型，按不同层面的业务模型可以将其划分为主模型、次模型。业务模型在一定比例上能够凸显出系统的业务领域及边界。
- 业务依赖范围，由于业务存在重复依赖，从业务边界中按照业务功能去细分。
- 把拆分结构图梳理出来，按照系统周边影响从小到大逐渐切换。
- 拆分过程中尽量不要引入新的技术或者方案，如有需要，应讨论评估后再实施。

以购物平台为例，按照业务功能可以简单拆分为如下几个模块。

（1）用户模块

- 用户管理（新增用户、用户锁定、用户修改、用户删除、用户活跃状态）。
- 用户分类（用户类别，定义多种用户体系，针对不同用户体系管理）。
- 用户社交（用户之间关注、聊天）。
- 用户行为收集、反馈、会员处理。
- 用户统计。

（2）商品模块

- 商品管理（增加商品、修改商品信息、删除商品、查询商品信息、商品上下架、预 / 批处理等）。
- 商品目录管理（商品的虚拟路径、商品之间关联）。
- 商品类别（种类、自定义商品的各种信息）。
- 商品社交（商品的评价、回复、点赞）。

（3）订单模块

- 订单管理（增删改查订单、拆分管理、订单处理）。
- 支付管理（支付查看、人工支付处理）。

- 结算管理（数据核对、费用结算）。

（4）库存模块

- 库存管理（数量动态调整、库存处理、数量提醒）。
- 库存明细。
- 处理非正常完成订单（退货、换货）。
- 备货。

2. 业务模块解耦

在拆分之前，模块和模块之间、系统和系统之间可能有非常强的依赖，所以我们在拆分过程中需要思考，哪些模块需要减少依赖。依赖越少，独立性越强。

例如，用户强依赖商品，为了减少用户依赖而把商品从用户中剔除，显然并不合理。所以可以减少用户依赖商品细粒度。

用户模块和商品模块独立出来后，两者之间如何交互调用呢？我们可以把两者之间通用性较强的业务独立到共通的服务中，通过调用共通服务减少耦合性。

这样做的优点是：

1）减少模块和模块之间的大量耦合交互；

2）后期修改维护成本少；

3）简单透明。

通过以上优化，如两者之间还存在少量的依赖，考虑是否进一步拆分。如需拆分，可以通过一定维度（规划计划、系统后续完整性、后续维护工作量等）拆分，也可以通过接口的方式解耦，例如用户、商品之间提供一个共用接口，用户调用接口，商品实现接口。这种方式比较烦琐。

3. 系统容错

容错是为了避免系统架构和业务层面发生故障而引起其所在系统的不稳定。优秀的容错设计能让系统的反馈对故障不敏感，甚至是自适应的。容错设计包括以下两个层面。

（1）架构设计层面

- **重试**：因网络传输、超时、业务短暂异常等系统问题而提供的一种补偿机制，能更大程度弥补因异常导致的丢失。实现方式为利用消息中间件自动重试。若无自动重试，可自行实现重试推送。
- **服务降级**：可分为自动降级和手动降级。当系统压力上升、出现各种延迟卡顿时，系统会自动检测影响面范围。若影响面积小，可自动降级，反之，需要人工去分析是否需要降级以及替换。实现方式有两种。第一种是全局合法请求拦截，根据系统的运行状态去判断是否需要手动/自动关闭。另一种是检测调用系统方是否正常，利用超时机制，规定某时间范围内超过多少次则自动替换。

- **熔断和限流**：熔断和限流是为了应对性能过载的情形。高压力期间如全部业务都失败，可控制拒绝大部分请求失败，尝试利用小部分流量去重试。当发现小部分流量某范围内成功频率很高时，可适当开放流量入口，依次递增，直到最终流量全部正常访问。应尽量使用熔断器实现，如无可自行实现。

（2）业务功能层面

- **幂等**：系统可能会出现多次同样的请求，如重试的请求、网络超时的请求等，因此需要针对这些场景设置一些优化手段，防止业务执行出错、数据异常等。大部分请求具有时效性，幂等需保证在一定时间内，重复的请求不再消费。实现方式如下：为分布式的缓存或者数据库设置唯一主键，对比请求中的唯一标识，如不存在则处理请求业务，否则不处理，直接返回之前处理的结果。
- **异步处理**：由于请求的生命周期漫长，会经历多个环节，且请求完成时间较长，导致大量线程处于等待状态，久而久之会形成堵塞、假死。如采用异步处理方式，系统在收到请求后会立即处理并返回结果，无须等待，可以减少请求耗时，也可以充分利用重试来保证收到消息后立即处理。实现方式为利用消息特性提供异步处理，如可自主实现阻塞队列。
- **事务补偿机制**：业务程序中需要支持这种补偿，针对重要场景提供多种处理方案，特定情况下其中一种方案通过即可。业务程序中可设置开关，通过开关切换实现事务补偿。

4. 高可用

通过设计和监控可以提高系统正常提供服务的可靠性，那么，如何才能保障系统的高可用？单点系统面临严重高可用问题，所以在设计过程中要尽量避免系统的单点出现，保证系统处于多机状态，俗称冗余。冗余指重复配置系统某些部件，当系统发生故障不可用时，冗余配置的部件介入并承担故障部件的工作，减少系统的故障时间。分布式架构中，互联网调用过程如下。

1）客户端层：首页、App。

2）代理服务层、请求加速层：减少请求访问次数，达到加速。

3）应用服务层：系统业务服务。

4）数据缓存层：业务数据内存存储。

5）数据库层：业务数据数据库存储。

注意 系统的高可用：可以对不同访问层进行特定优化，如常用集群化和自动故障转移。

1.3 分布式架构应用场景

随着现代化网络通信飞速发展，传统硬件结构以及软件架构已无法满足业务对性能、扩展的高要求，因此，分布式架构成为广泛讨论并应用的解决方案。

分布式架构适用于如下情景：

1）对数据密集 / 实时要求比较高的项目或系统；

2）对服务器高可用运用指数较高的系统；

3）大型业务复杂 / 统计类系统。

1.4 分布式架构设计难点

1.4.1 网络因素

由于服务和数据分别部署在不同的机器上，它们之间的交互通信会存在如下问题。

1）网络延迟。延迟是指在传输介质中传输所用的时间，如部署在同一个机房，网络I/O传输相对较快，但是很多公司为了增加系统的可用性，有多套机房（线上、线下），此时会面临跨机房、跨网络传输等情况。尤其是跨IDC，其网络I/O会存在不确定性，出现延迟、超时等情况，虽然可以通过换网卡解决宽带瓶颈，但不能从根本上解决物理延迟。由于这些现象会给整个设计带来整体性的难点，我们在做分布式架构设计的同时需要考虑这些要素，并且提供相关高效解决方案，从而规避此问题。

- 由于分布式系统调用会出现失败、超时等情况，方案设计时需考虑以上场景，提供重试功能，保证请求的完整性。
- 传输内容体过大、业务链条太长也会导致网络I/O传输阻塞，此时我们可以精简传输内容，优化业务链条，如通过同步转异步、数据压缩等方式避免阻塞。

2）网络故障。若出现网络故障问题，可以先了解数据是以什么协议方式在网络中传输导致丢包、错乱，然后采用比较稳定的 TCP 网络协议进行传输。

1.4.2　服务可用性

为了保证服务器正常运行，可对服务器进行监控，如探针、心跳检测等，而这些仅仅是针对服务器的运行数据和日志分析。为了提高服务器服务的可用性，可进一步实施服务器负载均衡、主从切换、故障转移等。

探针监控是定时去请求访问服务器，需要通过请求回应来收集服务器状态。定时需设置在合理范围值内，太短会给服务器带来压力，太长会导致不能及时收集报错信息而错过最佳时机。基于以上情况，可以采用服务器集群化的方式，根据系统场景，设置合理探针请求频率，当发现异常时及时剔除替换。

【示例】 电商系统

电商系统分为（用户、商品、订单）模块，当用户模块中用户数量逐渐增多时，由于用户模块依赖商品、订单模块，潜移默化会给它们带来高额压力，所以需要监控并跟踪模块之间调用链路的状况，以及时发现并优化调用过程产生的问题，提供系统模块调用直观图，如图 1-6 所示。

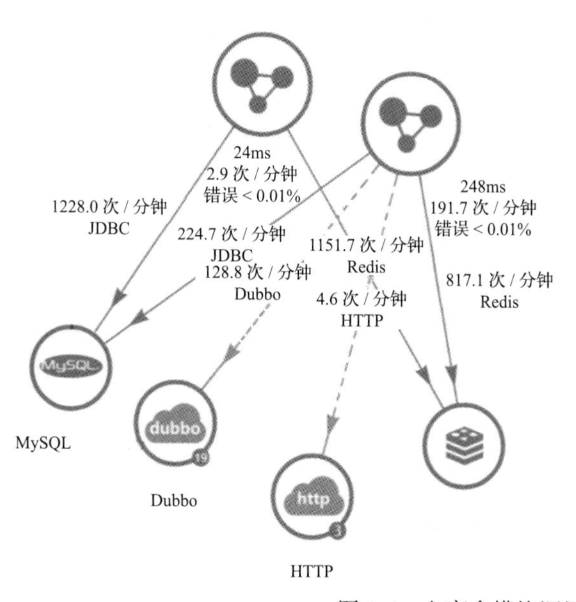

图 1-6　电商多模块调用直观结构图

图 1-6 体现了整个系统的调用链条，包括服务、数据、交互方式、请求频率以及错误率统计，其中，实线条代表运行正常，虚线条表示存在调用缓慢、异常等相关问题。通过上图可以看到应用内部调用服务存在缓慢处理的情况，同时通过数值可以直观看到服务较慢的数量，这些数值可以协助反馈目前系统的运行状态。通过反馈的问题点可以提前预知系统服务的瓶颈，从而优化处理。

系统运行健康变化趋势可以直观体现系统的吞吐量，如图 1-7 所示。

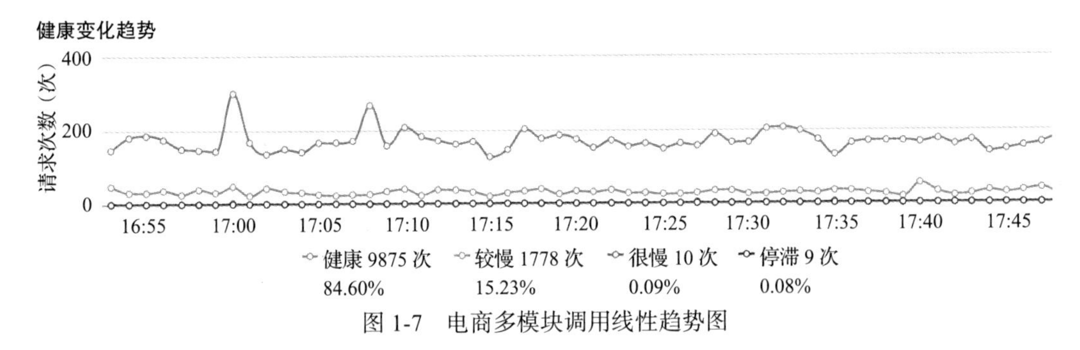

图 1-7　电商多模块调用线性趋势图

从图 1-7 中可以看出，系统稳定运行占比高达 84%，较慢的请求占用 15%，这里的较慢指请求过程中由于其他原因导致的运行缓慢，如网络异常、超时等。重点需关注很慢、停滞的请求，这部分请求可反馈出系统应用层面的问题，需要进行特定优化。

1.4.3　数据一致性

由于数据架构需要提供多节点部署，不同节点之间通信存在数据差异，在很多场景下往往会产生脏数据、异常数据，让业务不能正常运转。数据一致性指关联数据之间的逻辑关系是否正确和完整。那么在分布式情况下如何让不同模块之间的数据保证完整性、一致性？

可以从系统构建层面考虑，采用分布式事务处理，牺牲一部分性能去保证数据一致性。

【示例】 电商系统

在购物平台看中一款商品，然后加入购物车，下单成功后生成订单，支付成功后扣除账户余额，然后通知仓库发货，生成物流轨迹。如果商品库存、订单、支付、仓库等应用模块独立部署，各模块之间通过远程调用，则正常流程是所有应用模块调用都正常返回。若出现异常，需要考虑以下场景。

1）商品库存数量已扣除，订单正常下单成功，由于网络异常等原因，提示用户“下单失败”，用户刷新页面后，显示一个“未支付订单”；

2）订单正常下单成功，用户支付成功后，由于网络异常等原因，提示用户“支付失败”，用于刷新页面后，显示“已支付成功”；

3）用户支付成功后，通知仓库发货，由于网络异常等原因，仓库系统未发货，无轨迹；

4）用户支付成功后，通知仓库发货，仓库可能没有货品，但商品数量已扣减，用户余额已扣除等。

系统拆分成多个应用模块后，往往会存在数据不一致性等问题，不同模块之间通过远程调用存在多种不确定因素，如调用过程中顺序不同，网络、宽带、超时等一系列问题，增加了系统复杂性。

假如把商品库存、订单、支付、仓库多个应用模块并行调用，也就是同时调用这些模块进行业务处理，由于同时调用不同模块存在延迟、网络异常等情况，需要设定合理的超时机制。并行执行过程中任意模块执行失败或者超时时，模块执行状态差异需要通过消息发布 / 订阅等模式，通知以上全部模块进行失败处理，相关模块收到消息后，进行幂等处理，进而执行失败处理。

注意 保证消息发布 / 订阅的可用性、可靠性，让业务模块都能正常接收消息。任意模块执行失败或者超时等情况出现时，由于涉及模块众多，业务复杂，应通知相关模块进行失败处理。

1.5 分布式架构解决痛点

分布式架构主要用于解决如下问题。

1. 系统宕机

系统业务量逐渐增多，导致系统压力增大，通过监控和各方面指标发现系统频繁报警，需要通过优化让系统变得稳定、负载降低。最直接的方式是增加系统容量，调整系统参数，但是硬件扩展并非解决问题的最优方式，会存在以下弊端：

- 硬件设备费用高额；
- 后续会带来更大的维护代价。

进一步优化过程需要垂直或者水平拆分业务系统，按照一定维度拆分成多个模块，降低耦合性，通过合理的设计方案，从端到端、点到点优化，让系统变得健壮，为后续复杂业务提供模块化管理和运营。

分布式的架构体系具有良好的横向扩展性，通过横向扩展机器能够快速高效提高系统的并发量和吞吐量，为复杂的业务系统提供良好支撑。而分布式架构体系调用过程较长，从外界流量入口分发、代理服务、网络传输、容器、应用服务、数据存储，存在很高的优化空间，通过合理的设计方案能让系统承载更多更高的指标，从而稳定运行。

2. 系统瘫痪

很多外部因素也会导致系统瘫痪，如机房停电、线路关闭、网络堵塞等，因此需要一套完整的分布式架构方案（高可用、监控、故障转移等）来支撑。

系统在构建时期需要考虑这些外在因素，然后构思设计相应的处理方案并落地实施，在测试环境中演练外在因素导致系统瘫痪的场景，不断探索、改进、完善，这样，当外部因素真的出现时，系统可以从容面对，从侧面凸显出系统的健壮。

分布式架构体系中针对以上场景有众多解决方案，从设计之初就已经考虑到这些因素，确保系统是可用的、可靠的，而多机房部署就能从根源上解决由机房停电引起的事故。

3. 系统故障

当系统发生故障时，因系统构建庞大，维修排查故障时间过久会影响用户使用。分布式架构讲究系统拆分模块化，使用更轻量级的模块、可用的部署策略，可从一定程度上规避故障风险，如出现故障，通过有效的故障转移方式能让系统在短时间之内正常服务。

4. 系统臃肿

系统庞大、内核聚集多，臃肿不堪。迭代维护运营成本高，风险过大。分布式架构将系统拆分成模块化，模块细化后可读性、维护性会变得简单明了，针对细化后的模块可更专注开发和优化。

1.6 本章小结

分布式发展过程经历了传统单体结构、集群化结构等，它的发展离不开业务场景，业务场景是驱动技术架构变革的载体。本章重点讲述了分布式架构的设计理念、应用场景、设计难点与解决痛点，让读者对分布式架构有一个初步的了解。

第 2 章 Chapter 2

分布式架构前后端交互

从传统的交互发展到目前较流行的前后端交互的过程中，分布式架构下的前后端交互变得更高效和全面，太多技术层面进行了迭代和更新。

本章重点内容如下：

- 前后端交互发展过程
- 前后端交互方式
- 前后端交互难点
- 前后端交互优化
- 案例讲解

2.1 前后端交互发展过程

在介绍前后端发展的过程之前，先描述下 JSP 的发展。为什么要讲 JSP 的发展？因为它在前后端交互中扮演重要角色，是早期交互的基础。交互初期，页面主要是由 JSP 构建。

JSP 是服务器端动态页面技术规范，它是以“jsp”为后缀结尾的文件，文件内可以包含 HTML 和 Java 代码。JSP 技术是一种动态的交互式网页开发技术，具有 Java 的某些特性，开发上与 Java 具有互通性。

JSP的运行原理是这样的：当服务器上的某个页面被请求时，JSP引擎将其转换成Java文件，然后执行这个文件，返回字节码文件后会再次执行，最后把执行结果以HTML/XML的格式返回客户端，由客户端将其结果渲染展示。JSP具有Java的某些特征基础，它能够在Java的虚拟机上编译和执行，第一次编译完成后，后续都是动态增量编译，即只针对修改部分进行编译，保证编译高效性。

在传统的交互初期，对动态网页需求日益增加，开发效率低，构建相对复杂。当交互的样式、元素多变后，服务器端存在多次编辑、重复修整等需求，没有简便、强大的交互技术支持。JSP的出现解决了产品初期动态网页需求的快速迭代痛点。

2.1.1 传统交互模式

传统交互模式主要由JSP做动态网页与服务器端MVC模式进行交互，如图2-1所示。

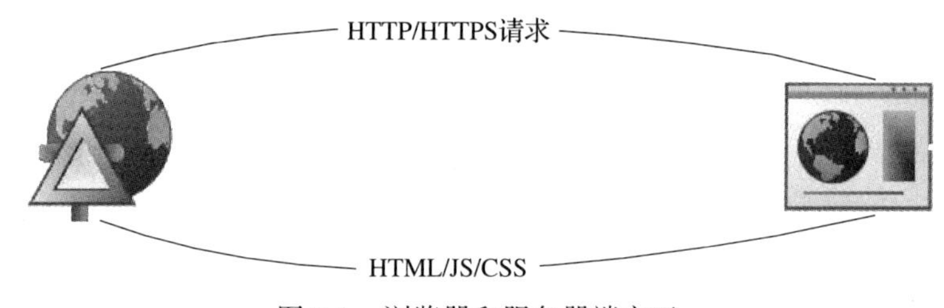

图2-1 浏览器和服务器端交互

注意，前后端耦合在一起，静态资源（JS、Img、CSS）等同业务程序在同一个工程中，JSP页面会引入JS、CSS、Img等资源。JSP本身可配置标签，用于动态获取数据展示。两者间的交互方式如下。

1）通过标签。如常用Form表单，通过HTTP传输方式，指定服务器端URL进行传输，服务器端通过处理，返回数据，JSP页面通过标签获取到数据展示。

2）通过引入JS。通过Ajax异步请求方式，页面端Ajax可以和服务器端约定好数据体格式，对页面参数组装后，通过HTTP传输方式，指定服务器端URL进行传输，服务器端通过处理，返回数据，Ajax接收到数据后进行解析并最终展示。

最开始使用第一种方式，页面本身支持，无须引入其他组件。因为页面需要定期展示新的数据而需要刷新，用户体验较差。为了解决页面无刷新动态获取数据，提高用户体验，诞生了第二种方式——Ajax异步请求方式。特点是用户无感知，动态获取服务器端数据，提高用户体验。

服务端采用 MVC 模式，即 Model（模型）、View（视图）、Controller（控制器），这种模式主要体现在模型和视图分离，让一个程序有多种展示形式。

在网页中视图层指用户能够看到并与其交互的界面。MVC 可以提供多种视图模型，视图中不展示用户数据，它只是一种输出数据并允许用户操作的方式。模型层指业务规则，可以处理不同业务的任务，模型和数据格式无关，同样一个模型可以为多个视图提供数据。控制器层指接收用户的输入并会调用模型层和视图层去完成业务功能，控制器本身不输出任何数据和格式，控制器主要接收请求并决定它会调用哪个模型去构造并处理请求，以及最后会选择哪个视图来显示数据。

前后端交互工程结构如图 2-2 所示。

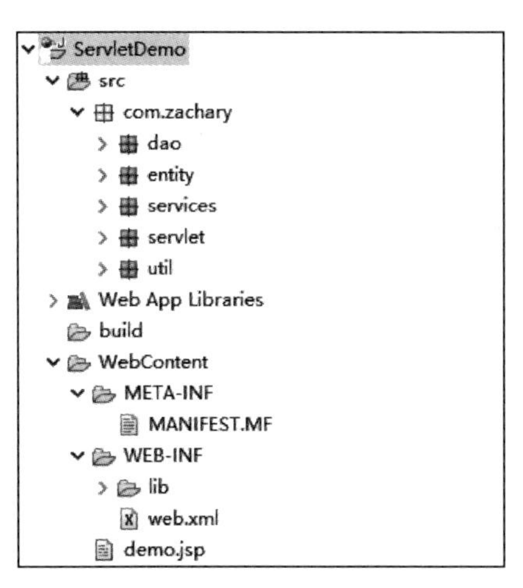

图 2-2　前后端交互工程结构示意图

下面介绍如何用 JSP 引入静态资源代码，具体如代码清单 2-1 所示。

代码清单 2-1　用 JSP 引入静态资源代码

```
    <%@ page language="java" contentType="text/html; charset=utf-8"
    pageEncoding="utf-8"%>
    <!DOCTYPE html>
    <html>
    <head>
    <meta charset="utf-8">
    <link href="${pageContext.request.contextPath}/bootstrap/css/bootstrap.min.css"
rel="stylesheet">
    <script type="text/javascript" src="${pageContext.request.contextPath}/js/jquery-
1.11.0.min.js"></script>
    <title>demo</title>
    </head>
    <body>
        <form action="${pageContext.request.contextPath}/demo/query" method="POST">
            标题：<input type="text" id="title" />
            查询：<input type="submit" id="query" />
        </form>

    </body>
    </html>
```

通过 JS 内置传统 Ajax 异步获取服务器端数据，具体如代码清单 2-2 所示。

代码清单 2-2　JS 内置传统 Ajax 异步获取数据代码

```
query.onclick = function(){
        var data= document.getElementById("title");
        var request = createXHR();
        request.onreadystatechange = function(){
            if(request.readyState === 4){
                if(request.status === 200){
                    createResult.innerHTML = request.responseText;
                }else{
                    alert("发生错误"+request.status);
                }
            }
        };
        request.open("POST", contextPath+"/demo/query",false);
        request.send(data);
    }
```

在 jQuery 中通过 Ajax 异步获取服务器端数据，如代码清单 2-3 所示。

代码清单 2-3　jQuery 封装 Ajax 异步获取数据代码

```
$.ajax({
                type:"POST",
                url: contextPath+"/demo/query",
                dataType:"json",
                data:{
                    title:$("#title").val()
                },
                success:function(data){
                    if(data.success){
                        $("#createResult").html(data.msg);
                    }else{
                        $("#createResult").html("出现错误："+data.msg);
                    }
                },
                error: function(jqXHR){
                    alert("发生错误："+jqXHR.status);
                }
            });
```

在服务器端通过 MVC 模式处理数据，如代码清单 2-4 所示。

代码清单 2-4　服务器端 MVC 模式代码

```
public class GoodsServlet extends HttpServlet{

    private static final long serialVersionUID = -5352453280392723315L;
```

```
    @Override
    protected void doGet(HttpServletRequest req, HttpServletResponse resp)
            throws ServletException, IOException {
        this.doPost(req, resp);
    }

    @Override
    protected void doPost(HttpServletRequest request, HttpServletResponse response)
            throws ServletException, IOException {
        request.setCharacterEncoding("utf-8");
        response.setCharacterEncoding("utf-8");
        response.setCharacterEncoding("html/text;charset=utf-8");

        /**
         * 获取查询条件
         */
        String title = request.getParameter("title");

        /**
         * 控制器层调用模型层
         * 实例化 service
         * 获取数据返回信息
         */
        GoodsInfoService goodsService = new GoodsServiceImpl();
        Goods goods = goodsService.query(title);

        // 存储页面展示数据，控制器层调用视图层
        request.getSession().setAttribute("goods", goods);
        response.sendRedirect("demo.jsp");

    }
}
```

传统交互模式存在如下问题。

1）静态资源页面和服务器端代码属于同一工程，耦合性较强。

2）部署在同一个服务器，影响面较广。

3）JSP 页面获取数据后需要编译，性能较差。

4）页面渲染速度较差，影响用户体验。

5）横向扩展复杂，分摊压力能力差。

2.1.2　前后端分离交互模式

前后端分离交互主要是由 HTML 页面与服务器端 MVC 模式进行交互，如图 2-3 所示。

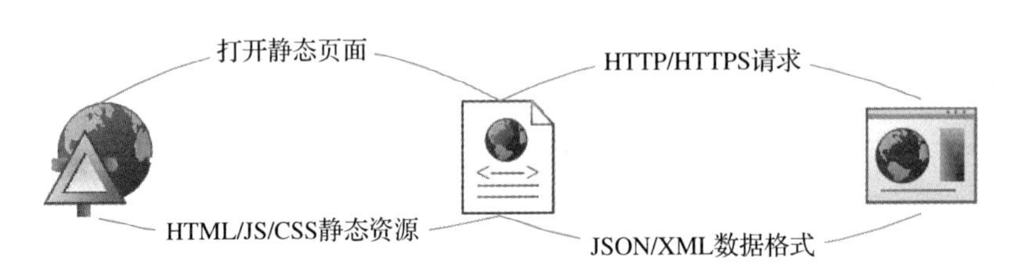

图 2-3 前后端分离交互

这里页面和服务器端已经分开部署，页面全部采用静态 HTML。优化了传统交互模式。

1）废弃了传统交互模式中的同工程部署方式，优点在于可以减少服务器端的压力，同时可扩展性明显增强。

2）废弃了 JSP 动态页面交互技术，全面采用 HTML 静态页面，通过 JS 动态获取服务器端数据进行展示。

如图 2-3 所示，前后端分离交互整体流程如下：

1）浏览器需访问到静态页面；

2）静态页面加载时会加载 JS、CSS 等资源；

3）JS 会采用 Ajax 异步交互技术与服务器端进行数据交互；

4）服务器端处理完毕后返回数据至 HTML 页面；

5）HTML 页面进行渲染构建并返回至浏览器。

前后端分离交互模式从根本上解决了传统交互模式的“痛点”，它的优势如下：

1）前后端解耦、分开部署编译打包，降低依赖性；

2）H5 静态页面可存放 CDN 进行加速；

3）H5 可以部署多份，负载均衡；

4）H5 和服务器端可同时进行开发，Mock 数据，提高开发效率；

5）H5 可打包、拆包、压缩容量，提供轻量级的应用；

6）页面无须刷新，异步加载数据，提高用户体验。

前后端分离交互模式带来的问题

设计初期，主要后端根据业务需求设计和定义接口，由于沟通不到位、开发流程不完整等问题，在前端处理过程中才发现接口不符合预期展示效果并提出更改，浪费许多时间。

由于前后端分开部署，通过接口获取数据存在安全问题，前后端需约定好授权机制，用于签名和认证，如 JWT 机制。JWT 即 JSON Web Token，是 Web 交互过程中一种传递紧凑和自包括的 JSON 的数据格式。

- 紧凑：传输数据小，JWT 可以通过在 GET、POST 请求过程中存放在 HTTP 的 Header 来增加安全性，同时也因为小才能传送得更快。
- 自包括：Payload 中能够包含用户的信息，避免数据库的查询。

JWT 包括请求头部（header）、内容体（Payload）、密钥（Signature）等，它能确保不会被篡改，即意味着前后端交互是安全的。

下面介绍工作原理。在用户使用证书或者账号密码登入时，服务端会生成一个 JSON Web Token 并返回，同时存储它的信息，客户端后续调用接口时，需要把 Token 信息存放在请求头 header 中，由服务器端对客户端的请求进行 Token 校验，验证请求是否有权限访问到接口。

由于前后端分开部署存在跨域等问题，即客户端和服务端部署不在同一个域名下，服务端需要对接口进行跨域处理，让客户端请求能正常进来、处理并返回。

可以用前端框架 Vue 调用后端代码，具体如代码清单 2-5 所示。

代码清单 2-5　前端框架 Vue 调用后端代码

```
    import axios from 'axios'
    Vue.prototype.$ajax = axios
    axios.defaults.headers.post['Content-Type'] = 'application/json;charset=UTF-8';
    axios.defaults.baseURL = ' 服务端接口地址 ';

    new Vue({
            data:{
                title: this.$refs.title
            },
            methods:{
                query:function () {
                    this.$http.post('query',data ,{emulateJSON:true}).then(function
(res){
                        console.log(res.data);
                    },function(res){
                        console.log(res.status);
                    });
                }
            },
            created:function(){
            }
        })
```

2.1.3 整体交互

传统交互模式更侧重于开发效率、成本，而前后端分离交互模式更侧重于用户体验。

传统交互模式适用于小型系统。这类系统对用户体验没有太高的要求，追求快速迭代开发，如企业内部管理系统。

前后端分离模式适用于大型互联网产品。这类产品对用户体验有较高的要求，追求客户服务至上、用户体验要求高，如电商、平台等。

整体交互流程如下。

1）前后端要充分了解项目需求，通过需求文档、UI、评审、沟通等。

2）后端主导整体功能，后端根据需求设计相关模型、技术文档、接口文档。

3）前端根据 UI、原型思考构思页面体验效果、数据交互方式，并思考存在哪些技术难点。

4）前后端沟通接口设计文档，约定数据交互格式，前端需告知后端有疑问的技术难点，双方讨论，后端需针对相关技术难点进行合理化处理，最后约定好接口文档并评审通过。不建议不写接口文档，不要仅口头交流，这种方式存在极大的项目风险。

5）前后端可同时开发，前端通过接口文档用测试数据进行开发，后端根据文档书写接口内容。

6）前端把测试数据换成调用后端的真实数据，后端配合处理问题。

7）本地测试通过，发布到集成环境。前端同产品、需求沟通体验功能是否达到预期效果。

8）后端根据功能重点关注数据的流向，判断是否符合预期结果。

9）测试通过，发布到生产环境。

2.2 前后端交互方式

目前，前端与服务器端的交互有两种常用方式：主动式（HTTP）和非主动式（WebSocket）。

2.2.1 工作流程

1. HTTP

HTTP 是一种网络传输的应用层协议，是一种建立在 TCP 上的无状态连接。其工作流程如下。

客户端发送一个 HTTP 请求，服务器端收到请求之后，根据请求的参数进行解析读取，处理完毕后把相应的内容通过 HTTP 响应返回到客户端，交互过程如图 2-4 所示。

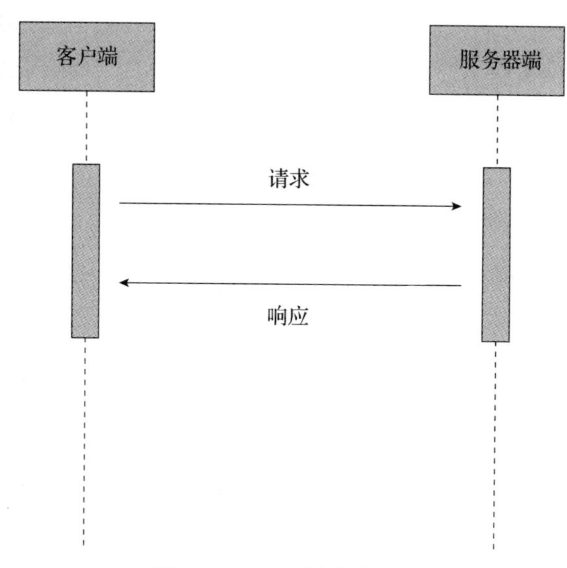

图 2-4　HTTP 请求交互图

HTTP 结构分为以下部分。

（1）HTTP 请求

HTTP 请求由状态行、请求头、请求正文三部分组成。其中，状态行包括请求方式 Method、资源路径 URL、协议版本 Version；请求头包括访问域名、Cookie、代理信息等；请求正文包括请求数据。

（2）HTTP 响应

在收到客户端发送的 HTTP 请求后，服务器端会根据请求方式做出具体动作，将结果返回客户端。请求响应包括状态行、响应头、响应正文三部分组成。其中，状态行包括状态码、协议版本 Version；响应头包括发送响应时间、回应数据格式；响应文正包括响应数据。

HTTP 版本分为 1.0、1.1、2.0，各版本说明如下。

1）HTTP 1.0：一次请求 – 响应，建立一个连接，用完关闭。

2）HTTP 1.1：串行化单线程处理，可以同时在同一个 TCP 链接上发送多个请求，但是只有响应是有顺序的，只有上一个请求完成后，下一个才能响应。一旦有任务处理超时等，后续任务只能被阻塞（线头阻塞）。

3）HTTP 2.0：并行执行。某任务耗时严重，不会影响到任务正常执行。

HTTP 适用场景：HTTP 适用于客户端主动请求服务器端获取数据的情况，适用于大部分业务场景。但客户端和服务器端交互时，有些场景需要服务器端主动发送内容至客户端，HTTP 不能高效实现。

2. WebSocket

传统 HTTP 协议不能满足客户端和服务器端的双向通信，WebSocket 的诞生解决了这个问题。WebSocket 扩展了客户端与服务器端的通信功能，使服务器端也能主动向客户端发送数据。

传统的 HTTP 协议是无状态的，每次请求（request）都要由客户端主动发起，再由服务器端处理后返回响应结果，而服务器端很难主动向客户端发送数据。这种客户端是主动方、服务器端是被动方的传统 Web 模式，对于信息变化不频繁的 Web 应用来说造成的麻烦较小，而对于涉及实时信息的 Web 应用却带来了很大不便，如带有即时通信、实时数据、订阅推送等功能的应用。传统的处理方式有轮询（polling）和 Comet 技术，而 WebSocket 本质上也是一种轮询，是优化改进后的交互方式。

轮询是最原始的实现实时 Web 应用的解决方案。轮询是指客户端以设定的时间间隔周期性地主动向服务器端发送请求，频繁地查询是否有新的数据改动。这种方法会导致过多不必要的请求，浪费流量和服务器端资源。

Comet 技术又可以分为长轮询和流技术。长轮询改进了上述轮询技术，减少了无用的请求。它会为某些数据设定过期时间，当数据过期后才会向服务端发送请求。这种机制适合数据改动不是特别频繁的情况。流技术通常是指客户端使用一个隐藏的窗口与服务器端建立一个 HTTP 长连接，服务器端会不断更新连接状态以保持 HTTP 长连接存活，然后通过这条长连接主动将数据发送给客户端。在大并发环境下，流技术可能会考验服务端的性能。

WebSocket 是一种网络通信协议，是 H5 提出的一种协议规范，主要用于客户端和服务器端实时通信，本质是基于 TCP 进行网络传输。

WebSocket 工作流程如下。浏览器通过脚本向服务器端发出建立 WebSocket 类型连接的请求，WebSocket 连接建立成功后，客户端和服务器端就可以通过 TCP 连接传输数据，不需要每次传输都带上重复的头部数据，所以它的数据传输量比轮询要少很多。交互过程如图 2-5 所示。

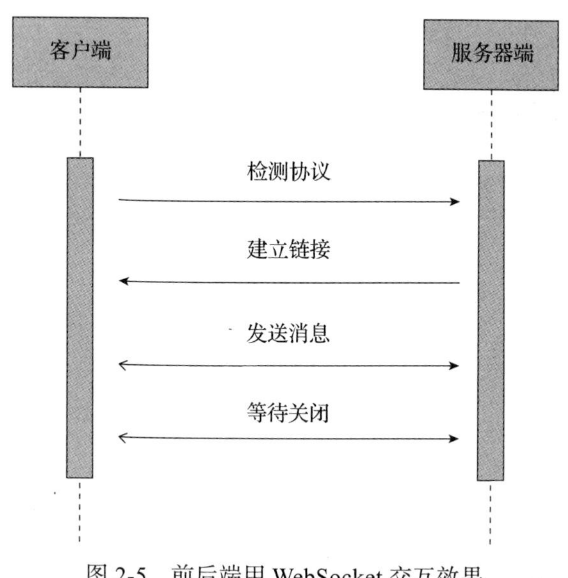

图 2-5　前后端用 WebSocket 交互效果

注意　WebSocket 可以实现由服务器主动向客户端推送消息的功能，而不需要依赖来自客户端的请求，增加了服务器的主动性和灵活性。

HTTP 的通信只能由客户端发起，而 WebSocket 的通信在客户端与服务器握手建立连接后，双方即可相互传送信息，直至任意一方主动断开连接结束。

WebSocket 依赖的是 TCP 协议，因此在连接建立后，传输数据量比依赖 HTTP 的传输数据量要小，提高了传输的效率。同时，WebSocket 是长连接，受网络限制较大，使用时需着重考虑重连等问题，另外 WebSocket 做实时推送，特别是多页面复杂逻辑的实时推送，成本较高。

前端通过 WebSocket 调用后端代码的具体实现如代码清单 2-6 所示。

代码清单 2-6　前端通过 WebSocket 调用后端代码

```
<%@ page language="java" pageEncoding="UTF-8"%>
<!DOCTYPE html>
<html>
<head>
```

```
    <title>WebSocket</title>
    </head>
    <body>
        Welcome WebSocket
        <input id="text" type="text" />
        <button onclick="send()">发送消息</button>
        <button onclick="closeWebSocket()">关闭WebSocket连接</button>
        <div id="message"></div>
    </body>

    <script type="text/javascript">
        var websocket = null;
        //判断当前浏览器是否支持WebSocket
        if ('WebSocket' in window) {
            websocket = new WebSocket("ws://localhost:8080/websocket");
        } else {
            alert('当前浏览器Not support websocket')
        }

        //连接发生错误的回调方法
        websocket.onerror = function() {
            setMessageInnerHTML("WebSocket连接发生错误");
        };

        //连接成功建立的回调方法
        websocket.onopen = function() {
            setMessageInnerHTML("WebSocket连接成功");
        }

        //接收到消息的回调方法
        websocket.onmessage = function(event) {
            setMessageInnerHTML(event.data);
        }

        //连接关闭的回调方法
        websocket.onclose = function() {
            setMessageInnerHTML("WebSocket连接关闭");
        }

        //监听窗口关闭事件，当窗口关闭时，主动去关闭WebSocket连接，防止连接还没断开就关闭窗口，
server端会抛异常
        window.onbeforeunload = function() {
            closeWebSocket();
        }

        //将消息显示在网页上
        function setMessageInnerHTML(innerHTML) {
            document.getElementById('message').innerHTML += innerHTML;
```

```
        }

        //关闭WebSocket连接
        function closeWebSocket() {
            websocket.close();
        }

        //发送消息
        function send() {
            var message = document.getElementById('text').value;
            websocket.send(message);
        }
    </script>
    </html>
```

服务器端 WebSocket 处理方式如代码清单 2-7 所示。

代码清单 2-7 服务器端 WebSocket 处理代码

```
    package com.zachary.springboot.blog.pushlian.bean;

    import java.io.IOException;
    import java.util.concurrent.CopyOnWriteArraySet;

    import javax.websocket.OnClose;
    import javax.websocket.OnError;
    import javax.websocket.OnMessage;
    import javax.websocket.OnOpen;
    import javax.websocket.Session;
    import javax.websocket.server.ServerEndpoint;

    /**
     * author zachary
     * desc @ServerEndpoint 主要是将目前的类定义成一个WebSocket服务器端，注解的值将被用于
监听用户连接的终端访问URL地址，客户端可以通过这个URL来连接到WebSocket服务器端
     */
    @ServerEndpoint("/websocket")
    public class WebSocketTest {

        //静态变量，用来记录当前在线连接数。应该把它设计成线程安全的
        private static int onlineCurrCount = 0;

        //concurrent包的线程安全Set，用来存放每个客户端对应的MyWebSocket对象。若要实现服
务端与单一客户端通信的话，可以使用Map来存放，其中Key可以作为用户标识
        private static CopyOnWriteArraySet<WebSocketTest> webSocketSet = new Co-
pyOnWriteArraySet<WebSocketTest>();

        //与某个客户端的连接会话，需要通过它来给客户端发送数据
```

```
    private Session session;

    /**
     * 连接建立成功调用的方法
     *
     * @param session 可选的参数。session 为与某个客户端的连接会话，需要通过它来给客户端
发送数据
     */
    @OnOpen
    public void onOpen(Session session) {
        this.session = session;
        webSocketSet.add(this);          //加入 set 中
        addOnlineCurrCount();            //在线数加 1
        System.out.println("有新连接加入！当前在线人数为" + getOnlineCurrCount());
    }

    /**
     * 连接关闭调用的方法
     */
    @OnClose
    public void onClose() {
        webSocketSet.remove(this);       //从 set 中删除
        subOnlineCurrCount();            //在线数减 1
        System.out.println("有一连接关闭！当前在线人数为" + getOnlineCurrCount());
    }

    /**
     * 收到客户端消息后调用的方法
     *
     * @param message 客户端发送过来的消息
     * @param session 可选的参数
     */
    @OnMessage
    public void onMessage(String message, Session session) {
        System.out.println("来自客户端的消息：" + message);
        //群发消息
        for (WebSocketTest item : webSocketSet) {
            try {
                item.sendMessage(message);
            } catch (IOException e) {
                e.printStackTrace();
                continue;
            }
        }
    }

    /**
     * 发生错误时调用
```

```
     *
     * @param session
     * @param error
     */
    @OnError
    public void onError(Session session, Throwable error) {
        System.out.println("发生错误");
        error.printStackTrace();
    }

    /**
     * 这个方法与上面几个方法不一样。没有用注解，是根据自己需要添加的方法。 * @param message
     *
     * @throws IOException
     */
    public void sendMessage(String message) throws IOException {
        this.session.getBasicRemote().sendText(message);
        //this.session.getAsyncRemote().sendText(message);
    }

    public static synchronized int getOnlineCurrCount() {
        return onlineCurrCount;
    }

    public static synchronized void addOnlineCurrCount() {
        WebSocketTest.onlineCurrCount++;
    }

    public static synchronized void subOnlineCurrCount() {
        WebSocketTest.onlineCurrCount--;
    }
}
```

WebSocket适用于服务器主动通知客户端等交互情况，如在线聊天、通信。

2.2.2 交互常见状态码

交互常见状态码列举如下。

- 200：请求已经正常处理完毕。
- 301：请求重定向。
- 302：请求临时重定向。
- 304：请求被重定向到客户端本地缓存。
- 400：客户端请求存在语法错误。

- 401：客户端请求没有经过授权。
- 403：客户端请求被服务器拒绝，一般为客户端没有访问权限。
- 404：客户器端请求的 URL 在服务器端不存在。
- 500：服务器端内部错误。
- 503：服务器端发生临时错误。

客户端和服务器端交互常见状态码分析如下。

（1）当出现 403 状态码时

在客户端请求服务器端过程中，如有负载均衡服务器，可能代理后未开放权限，检查代理服务器的策略是否正确。如无代理服务器，服务器端查看是否有权限认证，是否未识别或未正常授权地址。

（2）当出现 404 状态码时

由客户端请求服务器端的地址和服务器端地址不一致导致失败，此时可以检查地址是否正确。

（3）当出现 405 状态码时

在客户端请求服务器端过程中，由客户端请求数据格式和服务器端接口的数据格式不一致造成。更改数据格式和类型，与接口保持一致即可。

（4）当出现 500 状态码时

服务器接收到请求后内部处理失败，但未捕捉异常处理，导致错误下发到服务器端。可以全局异常处理，统一返回信息至客户端。

（5）当出现 503 状态码时

如提示“‘No Access-Control-Allow-Orign’header is present on the requested resource.”跨域问题，表明客户端和服务器端部署不在同一个域名下。服务器端设置响应支持跨域即可。

2.3 前后端交互难点

1. 前后端合理划分逻辑

当用户体系发展增大时，用户访问系统的频率也会加大，系统的后端服务器压力非常大，更易受到外界的攻击，如通过木马程序、篡改用户资料等，所以系统的安全性很重要。那么如何防止外界攻击呢？

HTTP 的请求容易被截取篡改，而 SWF 文件也存在被攻击的风险。把 HTTP 的请求升级成 HTTPS 短期内可以防止恶意攻击，但当外界破解了证书后，同样可以截取篡改，所以从技术层面很难防止。前后端沟通合作时，需要考虑安全、性能等问题，而不是用“偷懒”的方式去快速实现功能，需考虑数据校验、交互令牌授权、敏感数据加密等。此时如何在其中权衡是一个很大的难点。我的建议是，首先看功能的复杂度和涉及面，如复杂且涉及面广，评估工作量时需全面考虑安全性、性能等问题。如功能不复杂且涉及面不多，不建议全面考虑以上的问题，可以在设计时主要考虑大的方向，更多细节可以通过注释的方式标明，为后续提供思路。

提示　思考问题不要掺杂着固定的思维，多从高效、用户体验角度去设计，不要为了完成任务而完成，双方多配合沟通，合理化交互请求，尽量精简内容，提高网络传输的速度，只要不涉及大的架构性变动，不要嫌麻烦。当功能出现 BUG 时，双方要快速配合定位问题并处理。

---

2. 技术方面

在技术方面，有如下几点建议。

1）合理约定精简接口：前后端可以相互讨论，根据实际业务场景去设计接口，接口的地址、参数应当精简，以加快网络传输。

2）前后端授权认证机制：前后端可以根据实际业务场景讨论使用合适的授权认证机制，尽量满足业务场景，同时也具有较高的安全性。

3）Head 头部识别：前后端交互过程中，可以充分利用 Head 头部特性去设计，支持密文传输、共同化参数统一处理。

4）入参、出参统一格式化：入参、出参具有一定的格式，交互中可以提前确定一套完整且易扩展的标准格式。

5）业务状态标准化：业务状态码标准化，可以方便前端进行定制化的业务扩展，如定制化弹窗、提示、业务场景处理。

6）跨域处理：跨域在分布式中频繁出现，由于前后端分离后，两端各自部署，部署的特性导致两者不属于同一个域名下，影响两端交互。有效选择跨域处理方案尤为重要。

7）静态资源合理化：分布式环境前后端分离状态下，前端页面的相关静态资源文件需要提前规划部署方案，有效提高用户访问速度。

8）离线获取数据：提高用户体验，在无网络情况下，充分利用之前下载的网络数据进行交互，满足短时间内的业务场景需求。

9）数据兼容：前端涉及多种浏览器、手机设备。这些浏览器、设备间访问需要兼容。

10）网络传输：交互过程中尽量减少传输的数据量，提高传输的效率。

11）数据缓存规则：前端、后端根据业务功能场景特性，可以商讨部分数据或字段进行缓存以及存储的策略规则，从而提高响应速度。

12）高可用部署：交互过程中需要考虑如何高效交互，以及高用户量访问时如何避免异常卡死，高可用的部署策略将尽全力保证两端的正常。

2.4 前后端交互优化

前后端交互会重点关注数据传输、请求交互方式等，可从这几个方面来分析如何优化：请求方式优化、页面静态化、分批次请求、页面缓存、网络传输、页面渲染。具体优化方案如下。

1. 请求方式优化

目前在页面使用 HTTP 请求数据，常用请求包括 GET、POST、PUT、DELETE、TRACE、OPTIONS、HEAD。

- HEAD：用于在不传输整个响应内容的情况下获取包含在响应消息头中的 Head 信息。
- PUT：向指定资源位置上传其最新内容。
- DELETE：请求服务器删除 Request-URI 所标识的资源。
- TRACE：回显服务器收到的请求，主要用于测试或诊断。
- OPTIONS：返回服务器针对特定资源所支持的 HTTP 请求方法，也可以利用向 Web 服务器发送 '*' 的请求来测试服务器的功能性。

由于 GET 请求无须转换，请求方式上要比 POST 高效，但是 GET 请求传输内容很少，默认 1024B，而 POST 请求有 2MB，所以 GET 请求更适合简单查询。POST 请求由于传输内容较多，且 POST 请求浏览器不显示参数，安全性高于 GET，所以 POST 请求更适合复杂业务场景，如增 / 删 / 改 / 复杂查询。

GET 容易受攻击、POST 请求会预检请求，浏览器会检查服务器端是否支持跨域，检查通过后再真正提交数据。

客户端请求服务器端时，请求的方式可以根据系统的规划，合理使用，提高请求效率。

2. 页面静态化

与 JSP 类似的动态网页在需要进行数据查询时，若访问量增加，查询的频率也随之增加，会占用很多资源，直接影响整个页面的访问速度。

页面静态化，指前后端分离，前端用 HTML 构建，通过 JS 动态与服务端交互。页面静态化后，当访问量增加时，只要请求接口高效，占用的资源就很少，整个过程不会对脚本进行重新获取和计算，从而提高了访问速度。

页面静态化特性如下。

- HTML 容量体积小，占用磁盘空间相对较少，由于是静态页面，没有强依赖，部署范围广；
- HTML 可以部署在 CDN 上，用于加速站点访问；HTML 可以横向部署多份，支持负载均衡，分担压力。

例如，在客户端部署一个节点，高峰期间能承受的吞吐量是 200，1s 可以处理 200 个请求，页面静态化后通过 JS 去请求服务器。在相同条件下，服务器不会计算页面的状态效果，充分利用有效资源，可容纳处理更多请求。通过统计分析，如发现页面访问人数增加导致页面加载静态资源过多，出现缓存、卡顿等情况，可在客户端部署多个节点，把不同流量负载到不同节点中去，以提高页面访问效率。

与此同时，页面还可以部署到 CDN 云端，其目的是通过在现有的 Internet 中增加一层新的网络架构，将内容发布到最接近用户的网络“边缘”，使用户可以就近取得所需的内容，解决网络拥挤的状况，提高用户访问网站的响应速度，从技术上全面解决网络带宽小、用户访问量大、网点分布不均等原因所造成的用户访问网站响应速度慢的问题。

3. 分批次请求

由于客户端请求服务端的数据量有限，一次请求过大的数据会给网络传输带来较大的影响，此时可以把请求拆分，合理设置同步或者异步，分批次多次请求，以缓解网络传输的压力。

分批次请求可以有效减少数据量过大导致的卡死或页面崩溃等现象。比如，获取某个城市的完整导航数据，很多人喜欢一次性获取完毕，但由于测试不充分，在高流量情况下，很容易在传输的数据量过大时出现各种棘手问题等。对于这种情况，可在设计阶段有意识去规避此类问题，根据不同维度合理拆分导航数据，同时还要考虑不同维度产生的最大传输交互的数据量大小，不能超过 HTTP 请求的最大限制，单次请求最好控制在 500KB 以内。尽量将数据量精简后再传输，如精简后仍过大，可适当拆解。

4. 页面缓存

充分利用浏览器本身缓存和 HTML 静态页面缓存，可以减少请求数据的频率，加快响应速度。

浏览器本身缓存指发起请求客户端到执行功能的服务器之间用来保证服务器输出的副本，并提供给发起请求的客户端。由于减少了请求频率，服务器端处理能力得到提升，以同样的资源条件可容纳更多、更大的访问量和并发量。

通常，可对存放缓存中的数据设置时效，通过时效减少浏览器分解能力。因此要对缓存中的内容做有效性检查，也称“重验证”，以保证缓存中的内容和服务器一致。其运行的工作机制是通过 HTTP 头部增加 Last-Modified、If-Modified-Since、Expires、Cache-Control 等标识，可同服务器进行商定，以确认浏览器是否缓存。服务器端返回 HTTP 头部设置 Expires,Cache-Control:max-age，客户端会优先处理 max-age。

浏览器会自动缓存静态资源（CSS、JS、Img），缓存策略如 Modified、If-Modified，并判断服务器文件是否改动，重验证自动获取新的内容缓存。如 JS 使用 Ajax 获取后端数据，后端返回时可以设置 Header 头部，如 Last-Modified，那么客户端在下一次请求报文中会包含 If-Modified-Since，服务器端收到后会自动比较两个时间。若 Last-Modified 更大，表明客户端缓存中内容已超时，服务器会将最新的内容（新 Header）返回客户端，状态为 200，否则会认为客户端缓存中的内容是最新的，返回客户端状态 304，同时包含最新 Header 头部信息。

设置缓存 LocalCache 类的方式如代码清单 2-8 所示。

代码清单 2-8　LocalCache 类代码

```
// 充分利用缓存，max-age>0 时直接从浏览器缓存中提取，max-age<=0 时向服务器端发送 HTTP 请求
确认，查看该资源是否有修改，有的话返回 200，无的话返回 304，而响应头的 Cache-Control:max-age:
```

```
是通知浏览器在多少秒时间范围内从缓冲区刷新
        response.setHeader(“Cache-Control”:“max-age=100”)。
        //禁止缓存，浏览器可能会缓存，需要检查服务器一致
        response.setHeader(“Cache-Control”:“no-cache”);
        //禁止缓存，浏览器删除缓存内容
        response.setHeader(“Cache-Control”:“no-store”);
        //过期时间
        response.setDateHeader(“Expires”:-1)
        //过期时间
        response.setDateHeader(“max-age”:0);
```

注意，F5 和 Ctrl+F5 刷新实现也有差异，F5 让浏览器去执行一次一致性检查，而 Ctrl + F5 删除本地缓存后会再去执行一次一致性检查。

浏览器用缓存，那么静态资源更新如何主动通知浏览器缓存失效呢？

1）资源链接后面加上?“版本号”或者“时间戳”，由于浏览器是按 URL 来进行缓存，更新后浏览器会认为这是新的地址，会重新加载一次。

2）引入 HTTP 加速器，如 Varnish，主动请求 PURGE，让 Varnish 缓存资源内容失效，这样 Varnish 会重新获取内容，并将新内容返回客户端。

3）客户端浏览器会发起新的请求，去重验证资源是否有更新，若是按照新的连接发出的，那么服务器端没有连接对应的 Etag，需要重新下载新的资源。

提示　**利用 CDN 缓存的优点**

某公司网站前后端交互及展示都需要网络，而前后端的资源部署在自己的服务器上，通过域名映射。用户是通过外网（Wi-Fi、4G）等去访问公司域名下的网站资源。CDN 是分布式网络，可以把所需的内容更快地传递到服务范围内的一个具体位置，而往往这个具体位置与实际的内容服务器距离很远。比如，公司的网站主机部署在美国，而用户遍布全球，当中国用户去访问网站时，延迟会很久，而把网站前端利用 CDN 放到中国则会很大程度上提高用户访问网站的体验。

---

5. 网络传输

前后端交互过程中，发送请求到服务器端，再由服务器端处理完毕返回至客户端，其中都会存在网络传输。假如网络传输过程缓慢甚至堵塞，那我们的前后端会存在卡顿甚至假死的情况，给用户带来非常差的体验。如何提高网络传输的效率呢？具体思路如下。

1）合理设置带宽。如从 1MB 升级到 100MB，具体根据情况而定，以加快网络的

传输。

2）精简网络传输过程中不必要的内容，优化调整。

3）压缩网络传输过程中内容的大小。

4）优化网络的链路，如 TCP 协议。

6. 页面渲染

利用页面解析静态资源规则，把脚本文件存放在底部、样式文件存放在顶部，可减少页面渲染时间。

脚本文件存放在顶部会引发如下问题：

1）在下载脚本时会阻塞并行下载；

2）当脚本没有完全加载进来时，若用户触发了脚本事件，可能会出现 JS 错误问题；

3）使用脚本时，对于位于脚本以下的内容，会逐步阻塞。

样式文件存放在顶部会引发如下问题：

1）白屏；

2）无样式内容闪烁。

页面中 CSS 等文件要写到 Head 里，不要写到 Body 中，否则会引起重新渲染。iframe 会导致重绘，要尽量减少使用数量，避免不必要的渲染，如 position:fixed 定位在滚动时会不停渲染，建议页面滚动时先取消 hover 特效，滚动停止后再加上。通过外层加类名进行控制，如 border:none 而不是 border:0，否则会渲染。

【示例】 一个 WAP 类型公司网站，用户最先进入的是首页，通过首页可以感知到网页是否好用，访问速度是否够快等。首页什么时候加载完毕呢？在可见的屏幕范围内，内部充分展示完全（有 Loading 进度条的从显示到消失）才算完毕。那么如何快速展示首屏呢？有三种方案：局部按需加载、延迟加载、滚屏加载。

局部加载可以在屏幕可见范围之内，按照用户关注功能维度分块，根据关注热度依次加载。延迟加载可以让屏幕外或大的资源在整体首屏加载完毕后进行网络加载。滚屏加载是一种无刷新状态加载方式，通常适用于页面元素较多的情况，可以通过下滑、滚动等方式去触发事件然后加载资源。

如某些页面加载时间过长，可以增加 Loading 提示，让用户感知加载的过程，完成之后可以隐藏它。有些特殊功能可能需要等到资源加载完毕后才可以正常使用，在进度条中显示百分比可以告知用户当前进度。

首页加载完毕后，网站正常会存在很多图片、文件等，这些文件、图片如果过大会占用很大带宽。在网络不好的情况下，有些图片会很长时间都显示不出来，因此图片本身的加载也需要好的处理方式。那么如何才能更好、更快地展示图片呢？可以从以下几个方面考虑。

1）图片格式使用选择。显示效果较好的图片格式有 WebP、JPG 和 PNG 24/32。其中 WebP 格式图片最小，但在 App 中可能会存在兼容性问题；JPG 格式大小适中，解码速度快，兼容性好，页面使用比较合适；PNG 格式显示的效果比 JPG 好，但此类大图片存在问题，应该避免使用。

2）多张图片可以通过设计全部整合到一张图片中去，通过坐标定位显示。

3）避免页面代码中大小重设，如代码 width: **px，图片显示的宽度是 50px，而下载图片的宽度是 500px，这是不行的。使用图片的原则是需要显示多大，就下载多大的资源。

4）图片可以存到 CDN 云端上。

5）前后端交互的图片，如需要动态从服务器端获取展示的图片，若图片本身不大，可以用 Base64 的处理方式，将图片变成一串文本编码传输给页面。这种方式可以减少一次 HTTP 请求交互，还有效降低了传输流量消耗。

6）相关静态资源、附件等可以通过 Gzip 压缩，压缩后文件变少，传输更高效。

2.5　案例讲解

下面以一个电商平台购物网站从传统交互模式演变成前后端分离交互模式的具体优化细节为例进行讲解。

简单介绍下背景。传统电商购物网站页面采用 JSP、服务器采用 SpringMVC 模式。刚开始网站人数不多，活跃用户大概在每天 200 人，未出现页面卡死、服务端宕机等状况，但由于发展扩张，吸引顾客后网站活跃用户持续增加，大概一个月后，活跃用户在每天 6000 人，此时网站频繁出现卡顿，服务器也会出现宕机等现象。考虑后续的发展，为了满足公司战略，针对之前的系统结构进行大规模更改重构。首先考虑把页面拆出来，单独部署。客户端和服务端解耦，不会产生较大依赖。

页面框架选型上，主要考虑如下两点：

1）基于市面上较成熟的框架体系，有问题可以较好修复处理；

2）针对产品的特性，构建符合公司产品特性的框架技术。

1. CDN 加速

考虑后使用了目前较流行的 Vue 技术体系，电商平台有很多静态资源，如图片、文件，页面中很多产品信息的大图、小图等需要展示，图片、文件是非常占用资源，如何能快速展示并下载呢？公司搭建了内部静态资源服务器（CDN），主要用于存放各种资源文件。页面技术选型，静态资源加速都已经确定后，客户端的大体方向也已确认：Vue+static 静态资源服务器。

2. 缓存方面

客户端同服务器端采用 HTTP 请求方式交互，由于电商系统中有很多静态文本信息以及很多变更很少的数据，如省市区、产品基本信息、介绍等，大量重复、多余的请求会频繁消耗资源，那是否这些信息每次都需要请求服务器去获取呢？对于上述信息变动非常少，完全不用经常去请求服务器获取，可以使用缓存技术，缓存两部分数据，即永不变资源和一定期间变动较少资源。对于前者，毫无疑问，可以完全缓存本地，但对于后者，需要考虑缓存多久、信息变动后如何自动更新等。基于以上两点引入 Varnish，基于 HTTP 加速缓存技术。客户端无须直接请求服务器获取数据，客户端的请求会进入 Varnish，当需要获取新的数据时，Varnish 会根据请求类型和状态判断服务器数据是否有变更，如有变更，则主动请求服务器获取数据，然后缓存至本地，后续请求直接从本地缓存获取数据返回，有效减少请求服务器次数。结构如图 2-6 所示。

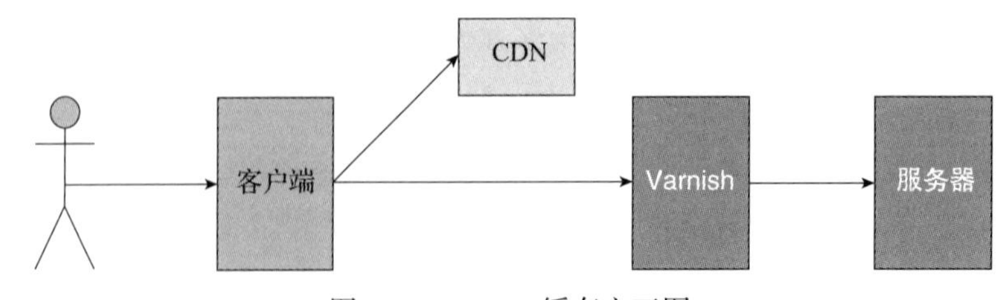

图 2-6　Varnish 缓存交互图

3. 授权安全方面

前端请求后端接口存在安全等问题，外界可以直接访问页面及接口，需要服务器端的接口授权给发起请求的客户端，引入 JWT 技术，通过 JWT 令牌让服务端接口授权于客户端，结构如图 2-7 所示。

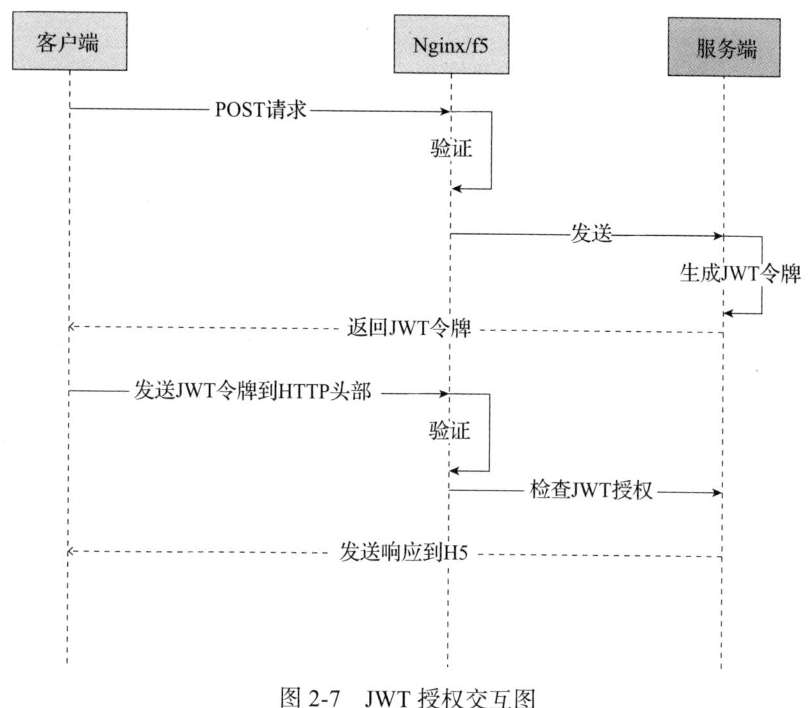

图 2-7　JWT 授权交互图

请求过程如下：

1）客户端发起 POST 请求 username+password 到达服务端；

2）服务端验证通过生成 JWT 令牌，同时设定时效；

3）返回 JWT 到客户端；

4）客户端以后每次请求时将接口信息加上令牌信息发送到 HTTP 的 Header；

5）服务端检查 JWT 令牌；

6）通过后返回给客户端。

4. 高可用部署 / 分流方面

客户端页面和服务器分离后，由于客户端是 HTML 静态页面，打开即可访问。客户端可以部署多台，将客户端部署在 2 台 Nginx 上，外界访问页面的流量负载均衡到 2 台 Nginx 上，即单个 Nginx 的页面占 50% 流量。服务端也部署了 2 台，那页面请求服务端的流量如何分摊到两台服务器上呢？通过 Nginx 负载均衡。由于服务器端保密性，未开通外网权限，那页面如何请求到服务器内网去呢？通过 Nginx 的反向代理可以达到预期效果。结构图如 2-8 所示。

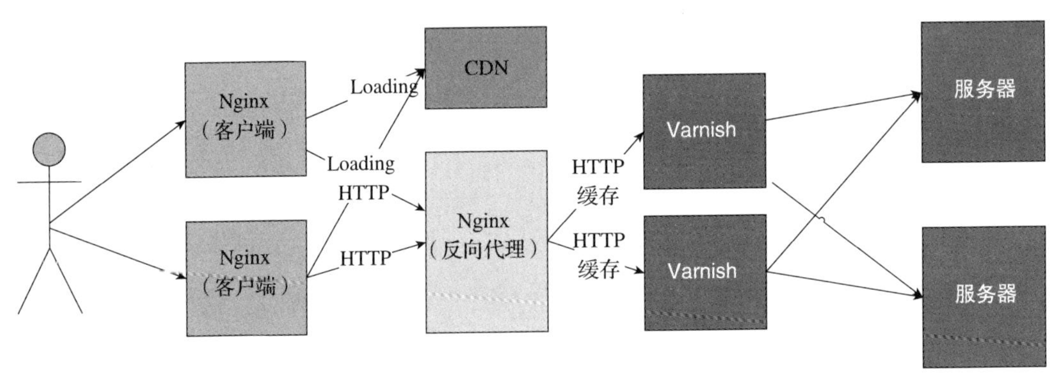

图 2-8 前后端交互高可用图

这里客户端页面、服务器端都做了负载均衡和高可用 HA，分流了压力同时也避免了单体宕机导致不可用的状况。后续用户流量持续增加，当以上结构体系存在压力时，可以针对不同场景特定优化，如 Nginx 客户端可以横向扩展分摊流量，Varnish 可以部署多台，分摊 HTTP 加速缓存流量，同样后端的服务及 Nginx 代理都可以横向扩展来满足业务需求。

2.6 本章小结

本章内容主要讲述了分布式架构体系中涉及的前后端交互流程。从最初的传统结构发展到前后端分离结构，两种交互模式之间存在哪些共通性和特点。通过这些差异化特点去思考和选型，不同的产品所需要的交互模式在选型上存在差异，好的交互模式能让产品更加快速地构建和发展。

前后端交互的核心在于技术选型和交互方式选择。交互方式中有两大类，一种是客户端主动发送消息至服务器端，另一种是服务器端可以主动发送消息至客户端。两者各有优缺点，可根据业务场景选择合适的交互方式。

针对前后端交互的难点和优化思路，书中也展开了详细介绍，并通过一个完整案例帮助读者加深理解，包括如何高效沟通配合、如何去解决和优化，以及优化带来的效果，更多是通过设计思维去更好地体现前后端交互的完整性，让前后端交互变得更简单、高效、安全。

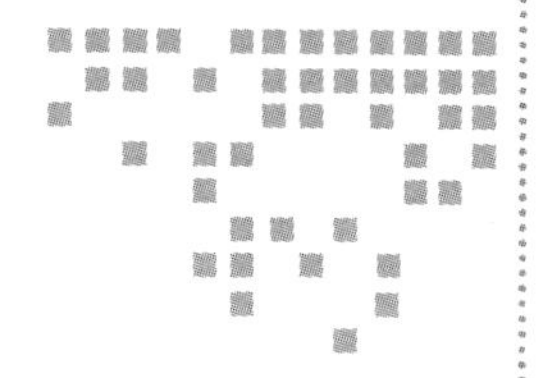

第3章 Chapter 3

分布式架构网络传输

分布式架构网络是由分布在不同地点且具有多个终端的节点机互连形成的。网络中任意一节点均至少与两条线路与其他节点相连，当任意一条线路发生故障时，通信可转经其他线路完成，从而使网络具有较高的可靠性和可扩充性。网络传输是基于可靠的线路和网络传输协议来实现的。

本章重点内容如下：

- ❑ 网络传输协议
- ❑ 网络传输调用过程
- ❑ 网络传输优化

3.1 网络传输协议

通信协议简称传输协议，在电信领域，是指在任何物理介质中允许处于传输系统中的两个或多个终端之间传播信息的系统标准。通信协议在硬件、软件或两者之间皆可实现信息传输。

为了使交换信息量足够大，通信系统使用通用格式协议，每条信息都有明确意义从而使预定位置给予响应，并独立回应指定的行为。在通信协议参与实体都同意时通信过程才能生效。为了达成一致，协议必须要有技术标准，编程语言在计算方面也应有相应标准。

OSI 是一个开放性的通信系统互连参考模型，它是一个很好的协议规范。OSI 模型有 7 层结构，从低到高分为物理层、数据链路层、网络层、传输层、会话层、表现层、应用层。

注意 OSI 模型的 7 层结构中，应用层、表现层、会话层、传输层定义了应用程序的功能；网络层、数据链路层、物理层主要实现网络端到端的数据流连接。网络中的计算机与终端间要想正确地传送信息和数据，必须在数据传输的顺序、数据的格式及内容等方面有一个约定或规则，这种约定或规则称为协议。

下面将详细介绍 OSI 模型的 7 层结构。

1. 物理层

物理层是 OSI 的第一层，它虽然处于最底层，却是整个开放系统的基础。物理层为设备之间的数据通信提供传输媒体及互连设备，为数据传输提供可靠的环境。OSI 的物理层规范是关于传输介质的特性，这些规范也参考了其他组织制定的相关标准。连接头、帧、帧的使用、电流、编码及光调制等都在物理层规范的范畴中。物理层常用多个规范完成对所有细节的定义。

物理层最主要的功能如下。

- 为数据端设备提供数据传送的通路。数据通路可以是一个物理媒体，也可以是由多个物理媒体连接而成的体系。一次完整的数据传输，包括激活物理连接、传送数据、终止物理连接。所谓激活，就是不管有多少物理媒体参与，都要在要通信的两个数据终端设备间建立一条通路。
- 传输数据。物理层要形成适合数据传输的实体，为数据传送提供支持。要实现这一点，一是要保证数据能在其上正确通过，二是要提供足够的带宽（带宽是指每秒内能通过的比特（BIT）数），以减少信道上的拥塞。数据传输的方式能满足单点到单点、单点到多点、串行或并行、半双工或全双工、同步或异步传输的需要。

2. 数据链路层

数据链路可以粗略地理解为数据通道。物理层要为终端设备间的数据通信提供传输媒体及其连接。媒体是长期的，而连接是有生存期的。在连接生存期内，收发两端可以进行不等的一次或多次数据通信。每次通信都要经过建立通信联络和拆除通信联络这两个过程。这种建立起来的数据收发关系就叫作数据链路。而在物理媒体上传输的数据难免受到各种不可靠因素的影响而产生差错，为了弥补物理层上的不足，并为上层提供无差错的数据传输，就要具有对数据进行检错和纠错的能力。数据链路的建立和拆除，对数据的检错和纠错是数据链路层的基本任务。数据链路层定义了在单个链路上如何传输数据。这些协议与被讨论的各种介质有关。

数据链路层最主要功能如下。

- 为网络层提供数据传送服务，这种服务要依靠本层具备的功能来实现。链路层应具备建立、拆除、分离链路连接，以及帧定界和帧同步等功能。链路层的数据传输单元是帧，协议不同，帧的长短和界面也有差别，但无论如何必须对帧进行定界。
- 顺序控制，指对帧的收发顺序进行控制。
- 差错检测和恢复，以及链路标识、流量控制等。进行差错检测时多用方阵码校验和循环码校验来检测信道上数据的误码，而进行帧丢失检测时则用序号校验。各种错误的恢复则常靠反馈重发技术来完成。

3. 网络层

在网络层对端到端的包传输进行定义。网络层定义了能够标识所有节点的逻辑地址，还定义了路由实现的方式和学习的方式。为了使最大传输单元长度小于包长度，网络层还定义了如何将一个包分解成更小的包的方法。

网络层最主要的功能如下。

- 通常在数据传输的过程中，数据包会经过网络层，而网络层可以通过路由把数据包传递到下一个线路，由于网络是动态可变的，所以网络层需要实时监控数据包，并且规划设置每个数据包的最佳路线。具体线路由路由算法实现，如链路状态算法、距离矢量算法。
- 路由器中有路由表的概念，其主要为路由器提供包的方向依据，路由器会根据每个到达包的地址来确定方向并转发包。当路由器接收包的速度小于转发包的速度时，会把暂时不能发送的包存储在缓冲区中，等待发送。后续会尝试发送缓冲区的包。
- 网络层传输包时也会存在拥塞，路由器会控制拥塞，从而尽可能提高网络效率和降低丢包率。
- 在网络传输过程中，路由器会根据包的类型来确定优先级，优先级高的先转发，低的后转发。

4. 传输层

传输层是两台计算机经过网络进行数据通信时第一个进行端到端处理的层次，具有缓冲作用。当网络层服务质量不能满足要求时，传输层会提高服务质量，以满足更高层的要求；当网络层服务质量较好时，传输层只用做很少工作，如监控、传输数据包。传输层还可进行复用，即在一个网络连接上创建多个逻辑连接。传输层又称运输层，只存在于端开放系统中，是 OST 模型介于低 3 层和高 3 层之间的一层，是很重要的一层，因为它是从源端到目的端传送数据时进行从低到高控制的最后一层。

有一个既存事实，即世界上各种通信子网在性能上存在很大差异，例如电话交换网、分组交换网、公用数据交换网、局域网等都可互连，但它们提供的吞吐量、传输速率、数据延迟通信费用各不相同。但会话层要求有性能恒定的界面，而传输层就承担了这一功能。传输层采用分流 / 合流、复用 / 解复用技术来调节上述通信子网的差异，主要用于判断是选择差错恢复协议还是无差错恢复协议，以实现在同一主机上对不同应用数据流的输入进行复用，以及对收到的顺序不对的数据包进行重新排序。

5. 会话层

会话层提供的服务可使应用建立和维持会话，并能使会话获得同步。通过使用校验点，会话层可使通信会话在通信失效时从校验点继续恢复通信，这种能力对于传送大的文件极为重要。会话层、表示层、应用层构成开放系统的高 3 层，面对应用进程提供分布处理、对话管理、信息表示、恢复最后的差错等功能。会话层同样要满足应用进程服务的要求，完成运输层不能完成的那部分工作，包括对话管理、数据流同步和重新同步。会话层定义了如何开始、控制和结束一个会话，包括对多个双向消息的控制和管理，以便在只完成连续消息的一部分时即可通知应用，从而确保表示层看到的数据是连续的，在某些情况下，如果表示层收到了所有的数据，则可用数据代表表示层。

会话层最主要功能如下。

- 为会话的实体间建立连接，具体包括将会话地址映射为运输地址、选择需要的运输服务质量参数（QOS）、对会话参数进行协商、识别各个会话连接、传送有限的透明用户数据。
- 数据传输阶段在两个会话用户之间实现有组织的、同步的数据传输。用户数据单元为 SSDU，而协议数据单元为 SPDU。会话用户之间的数据传送过程是将 SSDU 转变成 SPDU 的过程。

- 通过有序释放、废弃、限量透明用户数据传送等功能单元来释放会话连接。为了在会话连接建立阶段能进行功能协商，也为了便于其他国际标准参考和引用，会话层标准定义了 12 种功能单元，各个系统可根据自身情况和需要，以核心功能服务单元为基础，选配其他功能单元组成合理的会话服务子集。

6. 表现层

表现层的主要功能是定义数据格式及对数据加密。例如，FTP 允许选择以二进制或 ASCII 格式进行传输。如果选择二进制，那么发送方和接收方不能改变文件的内容。如果选择 ASCII 格式，发送方将把文本从发送方的字符集转换成标准的 ASCII 后再发送数据，接收方则会将标准的 ASCII 转换成接收方计算机的字符集。

7. 应用层

应用层对应应用程序的通信服务。例如，一个没有通信功能的字处理程序是不能执行通信代码的，从事字处理工作的程序员也不关心 OSI 的应用层，但是如果添加了一个传输文件的选项，那么字处理器的程序就需要实现 OSI 的应用层。

8. 小结

会话层及其以下的 4 层完成了端到端的数据传送，并且是可靠、无差错的传送，但是数据传送只是手段而不是目的，最终是要实现对数据的使用。由于各种系统对数据的定义并不完全相同，以键盘为例，其上某些键的含义在许多系统中都有差异，这给利用其他系统的数据造成了障碍，表示层和应用层就担负了消除这种障碍的任务。

分层的优化如下：

1）层间的标准接口方便了工程模块化；

2）可创建更好的互连环境；

3）每层可利用紧邻的下层服务，更容易记住各层的功能；

4）降低了复杂度，使程序更容易修改，产品开发速度更快。

OSI 7 层模型是一个理论模型，实际应用中千变万化，因此应把它作为分析、评判各种网络技术的依据。对大多数应用来说，只可将它的协议族（即协议堆栈）与 7 层模型进行大致的对应，查看实际用到的特定协议是属于 7 层中的某个子层，还是包括了上下多层的功能。

3.2 网络传输调用过程

3.2.1 协议概述

在网络传输过程中，TCP/IP 协议起了非常重要的作用，那么，TCP/IP 协议具体是什么呢?

TCP/IP（传输控制协议 / 互联网协议）是一组特别的协议，其子协议包括 TCP、IP、UDP、ARP 等。在网络通信的过程中，将发出数据的主机称为源主机，将接收数据的主机称为目的主机。当源主机发出数据时，数据在源主机中从上层向下层传送。源主机中的应用进程先将数据交给应用层，应用层在数据中加上必要的控制信息就成了报文流，报文流向下传给传输层。传输层在收到的数据单元中加上本层的控制信息，就形成了报文段、数据报，再将报文段、数据段交给网络层。网络层在报文段、数据段中加上本层的控制信息，就形成了 IP 数据报，并将其传给网络接口。网络接口将网络层发来的 IP 数据报组装成帧，并以比特流的形式传给网络硬件（即物理层），数据离开源主机。

通过网络传输，数据到达目的主机后，按照与源主机相反的过程，在目的主机中从下层向上层进行拆包传送。首先由网络接口层接收数据，依次剥离原来加上的控制信息，最后将源主机中的应用进程发送的数据交给目的主机的应用进程。

TCP/IP 协议的基本传输单位是数据报。TCP 协议负责把数据分成若干个数据报，并给每个数据报加上报头，报头上有编号，以保证目的主机能将数据还原为原来的格式。IP 协议在每个报头上再加上接收端主机 IP 地址，这样数据就能找到自己要去的地址。如果传输过程中出现数据失真、数据丢失等情况，TCP 协议会自动请求重新传输数据，并重组数据报。可以说，IP 协议用于保证数据的传输，TCP 协议用于保证数据传输的质量。TCP/IP 协议在数据传输时每通过一层就要在数据上加个报头，其中的数据供接收端同一层协议使用，而在接收端，每经过一层要把用过的报头去掉，这样可以保证传输数据的一致性。

在计算机网络中，实际应用的网络协议是 TCP/IP 协议族，其中，TCP/IP 协议的应用层大体对应 OSI/RM 模型的应用层、表示层和会话层，TCP/IP 协议的网络接口层对应 OSI/RM 模型的数据链路层和物理层。TCP/IP 包含以下 4 层：

- 链路层：链路层有时又称数据链路层或网络接口层，通常包括操作系统中的设备驱动程序和计算机中的网络接口卡。它们一起处理与电缆（或其他任何传输媒介）的物理接口上的细节。把链路层地址和网络层地址联系起来的协议包括 ARP（地址解析协议）和 RARP（逆地址解析协议）。

- 网络层：网络层处理分组在网络中的活动，例如分组的选路。在TCP/IP协议族中，网络层协议包括IP协议（网际协议）、ICMP协议（网际控制报文协议）和IGMP协议（网际组管理协议）。
- 传输层：传输层主要为两台主机上的应用程序提供端到端的通信。在TCP/IP协议族中，有两个互不相同的传输协议：TCP（传输控制协议）和UDP（用户数据报协议）。
- 应用层：应用层负责处理特定的应用程序细节。各种不同的TCP/IP实现几乎都会提供Telnet远程登录、SMTP（简单邮件传输协议）、FTP（文件传输协议）、HTTP（超文本传输协议）等应用程序。

（1）IP协议

IP协议是网络层中最重要的协议，IP层接收由更低层（网络接口层，例如以太网设备驱动程序）发来的数据包，并把该数据包发送到更高层——TCP或UDP层；同时，IP层也把从TCP或UDP层接收的数据包传送到更低层。IP数据包是不可靠的，因为IP并没有做任何事情来确认数据包是否按顺序发送或者是否被破坏。IP数据包中含有发送它的主机的地址（源地址）和接收它的主机的地址（目的地址）。高层的TCP和UDP服务在接收数据包时，通常假设包中的源地址是有效的。也可以这样说，IP地址形成了许多服务的认证基础，这些服务相信数据包是从一个有效的主机发送来的。IP确认包含一个选项，叫作IPsource routing，它可以用来指定一条源地址和目的地址之间的直接路径。对于一些TCP和UDP的服务来说，使用了该选项的IP包好像是从路径上的最后一个系统传递过来的，而不是来自它的真实地点。这个选项是为了测试而存在的，说明它可以欺骗系统来进行平时被禁止的连接。因此，许多依靠IP源地址做确认的服务将产生问题并且会被非法入侵。

（2）UDP协议

UDP与TCP位于同一层，UDP主要用于那些面向查询—应答的服务，例如NFS。相对于FTP或Telnet，这些服务需要交换的信息量较小。使用UDP的服务包括NTP（网络时间协议）和DNS（DNS也使用TCP）。

（3）ARP协议

APR协议又称地址解析协议，是一个根据IP地址获取物理地址的TCP/IP协议。主机和主机间的通信在物理上类似于网卡和网卡间的通信，目前网卡会根据MAC地址进行识别，实现主机和主机间的通信，需要知道与对方主机的 IP 地址对应的 MAC 地址，APR 协议能很好处理。处理过程如下：主机发送信息时将包含目标 IP 地址的 ARP 请求广播到局域网络上的所有主机，并接收返回消息，以此确定目标的物理地址。收到返回消息后将该 IP 地址和物理地址存入本机 ARP 缓存中并保留一定时间，下次请求时直接查询 ARP 缓存以节约资源。ARP 命令可用于查询本机 ARP 缓存中 IP 地址和 MAC 地址的对应关系，添加或删除静态对应关系等。

3.2.2 传输过程

互联网网络传输基于 TCP 协议传输，TCP 三次握手过程，如图 3-1 所示。

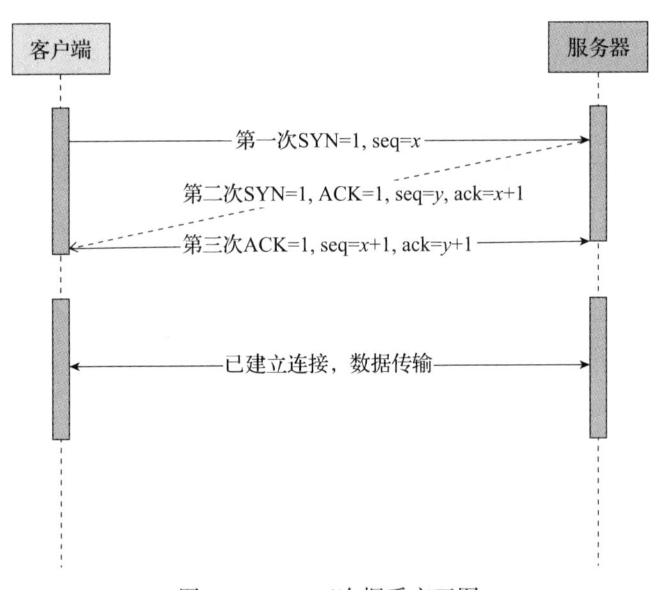

图 3-1 TCP 三次握手交互图

注意，第 1 次 SYN 是请求建立连接，并在其序列号的字段进行序列号的初始值设定。建立连接，设置为 1。ACK 是确认号是否有效，一般置为 1。

第一次握手：建立连接时，客户端发送 SYN 包（SYN=1）到服务器，并进入 SYN_SENT 状态，等待服务器确认。SYN 是同步序列编号（Synchronize Sequence Number）。

第二次握手：服务器收到 SYN 包，必须确认客户的 SYN（ack=x+1），同时自己也发送一个 SYN 包（SYN=1），即 SYN+ACK 包，此时服务器进入 SYN_RECV 状态。

第三次握手：客户端收到服务器的 SYN+ACK 包，向服务器发送确认包 ACK(ack=

y+1），此包发送完毕，客户端和服务器进入 ESTABLISHED（TCP 连接成功）状态，完成三次握手。

网络传输完毕后，客户端进程发出连接释放报文，并且停止发送数据。此时会经过 TCP 四次挥手，其过程如图 3-2 所示。

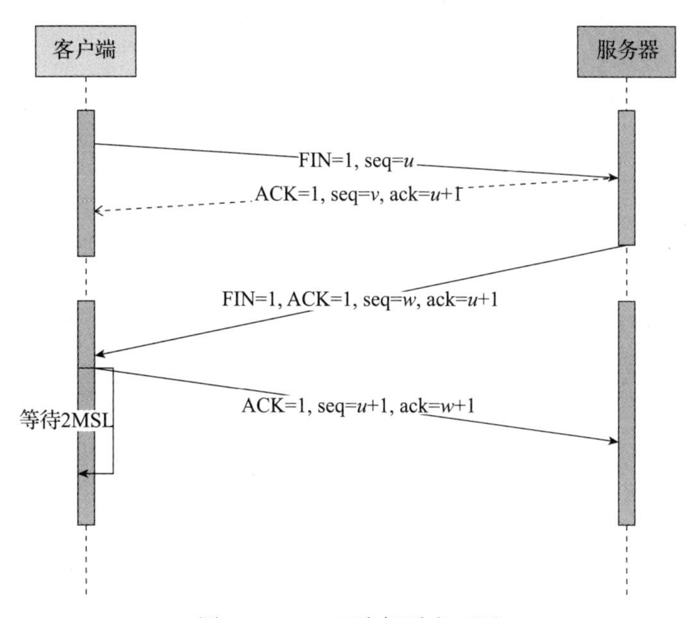

图 3-2 TCP 四次挥手交互图

注意，第 1 次 FIN 是希望断开连接，一般置 FIN 为 1。挥手处理过程如下。

1）客户端进程发出连接释放报文，并且停止发送数据，释放数据报文首部，FIN=1，序列号为 seq=u，TCP 规定 FIN 报文段不携带数据也要消耗一个序号。

2）服务器接收到连接释放报文，发出确认报文，ACK=1，ack=u+1，并且带上自身序列号 seq=v，服务端进入 CLOSE-WAIT（关闭等待）状态。TCP 服务器通知高层的应用进程，客户端向服务器的方向就释放了，这时候处于半关闭状态，即客户端没有数据要发送，但是服务器若发送数据，客户端依然要接收。这个状态还要持续一段时间，也就是整个 CLOSE-WAIT 状态持续的时间。

3）收到服务器的确认请求后，客户端就进入 FIN-WAIT-2（终止等待 2）状态，等待服务器发送连接释放报文（在这之前还需要接收服务器发送的最后的数据）。

4）服务器将最后的数据发送完毕后，就向客户端发送连接释放报文，FIN=1，ack=

u+1，由于处于半关闭状态，服务器很可能又发送了一些数据，假定此时的序列号为 seq=*w*，那么服务器就进入了 LAST-ACK（最后确认）状态，等待客户端的确认。

5）客户端收到服务器的连接释放报文后，必须发出确认，ACK=1，ack=*w*+1，而自己的序列号是 seq=*u*+1，此时，客户端就进入了 TIME-WAIT（时间等待）状态。注意此时 TCP 连接还没有释放，必须经过 2MSL（最长报文段寿命）的时间后，当客户端撤销相应的 TCB 后，才进入 CLOSED 状态。

6）服务器只要收到了客户端发出的确认信息，就会立即进入 CLOSED 状态，同样，撤销 TCB 后，就结束了这次的 TCP 连接。可以看到，服务器结束 TCP 连接的时间要比客户端早一些。

互联网中 Web 请求过程如图 3-3 所示。

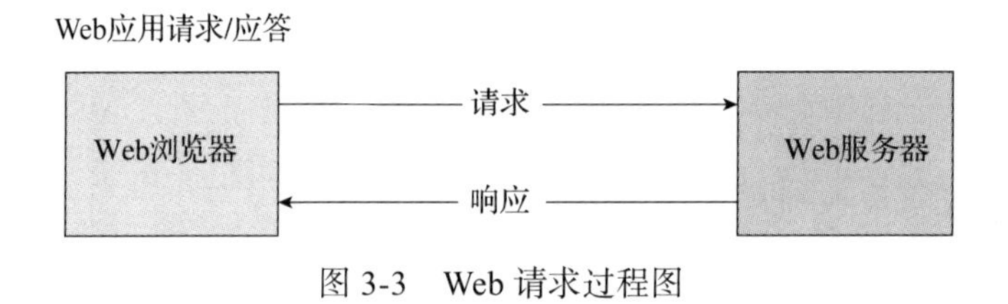

图 3-3　Web 请求过程图

注意，输入 URL 地址或点击 URL 链接后，浏览器打开呈现的请求过程具体分为以下步骤。

1）查找 DNS，解析出与 URL 对应的 IP 地址（公网 IP）。

2）初始化网络连接（包括 TCP 三次握手）。

3）发送 HTTP 请求。

4）通过网络传输请求到服务器。

5）Web 服务器接收请求，经过处理转发到 Web 应用。

6）Web 应用处理请求，如 MVC 框架，返回内容。

7）通过网络传输应答内容到前端浏览器。

8）浏览器解析从服务器返回的应答内容，并开始渲染和绘制。

9）根据 HTML 内容来构建 DOM（文档对象模型）。

10）加载和解析样式，构建 CSSOM（CSS 对象模型）。

11）根据 DOM 和 CSSOM 来构建渲染树，按照文档顺序从上到下依次进行。

12）根据渲染树的过程，适当把已经构建好的部分绘制到界面上，中间会伴随着重绘和回流，循环操作，直到渲染绘制完成。

13）整个页面加载完成，触发 OnLoad 事件。

详细流程分析如下。

1）要通过 URL 将请求发送到服务器，浏览器就要知道这个 URL 对应的 IP 是什么，只有知道了 IP 地址，浏览器才能将请求发送到指定服务器的具体 IP 和端口。浏览器的 DNS 解析器负责把 URL 解析为正确的 IP 地址，这个解析很花时间，而且在解析过程中，浏览器不能从服务器那里下载任何东西。浏览器和操作系统提供了 DNS 解析缓存支持。

2）获取 IP 之后，浏览器会请求与服务器建立连接，TCP 经过 3 次握手后建立连接通道。

3）浏览器真实发送 HTTP 请求，发送请求报文，包含请求行（包含请求方法、URI、HTTP 版本信息；请求首部字段）、请求内容实体、空行。

❑ 通用首部字段（请求报文与响应报文都会使用的首部字段）如下。

- Date：创建报文时间。
- Connection：连接的管理。
- Cache-Control：缓存的控制。
- Transfer-Encoding：报文主体的传输编码方式。

❑ 请求首部字段（请求报文会使用的首部字段）如下。

- Host：请求资源所在服务器。
- Accept：可处理的媒体类型。
- Accept-Charset：可接收的字符集。
- Accept-Encoding：可接受的内容编码。
- Accept-Language：可接受的自然语言。

4）网络开始传输请求到服务器，这个会包含很多时间，如网络阻塞时间、网络延迟时间、真正传输内容时间等。

5）Web 服务器收到请求，会根据 URL 上下文转交给相应 Web 应用进行处理。

6）Web 应用会进行很多处理，如 filter、aop 前置处理、IOC 处理、创建对象，处理后会生成 Response 对象。熟悉 Spring 的读者对此过程会更清晰。

7）返回 HTTP 响应报文，包含状态行（包含 HTTP 版本、状态码、状态码的原因短语）、响应首部字段、响应内容实体、空行。

❑ 响应首部字段（响应报文会使用的首部字段）：

- Accept-Ranges：可接收的字节范围。
- Location：令客户端重新定向到的 URI。
- Server：HTTP 服务器的安装信息。

❑ 实体首部字段（请求报文与响应报文的实体部分使用的首部字段）：

- Allow：资源可支持的 HTTP 方法。
- Content-Type：实体主类的类型。
- Content-Encoding：实体主体适用的编码方式。
- Content-Language：实体主体的自然语言。
- Content-Length：实体主体的的字节数。
- Content-Range：实体主体的位置范围，一般在发出部分请求时使用。

8）通过网络将应答内容传送回前端浏览器，先返回 HTML 代码，不包含图片、外部脚本、CSS 等。

9）在浏览器解析页面进行渲染和绘制，具体过程如下：

a）装载和解析 HTML 文档，构建 DOM，如果在解析过程中发现需要其他资源，如图片，浏览器会发出获取资源的请求；

b）装载和解析 CSS，构建 cssom；

c）根据 DOM 和 cssom 构建渲染树；

d）对渲染树节点进行布局处理，确认其屏幕位置；

e）将渲染好的节点绘制到界面上，渲染引擎不会等到所有 HTML 都解析完后才创建布局渲染树，而是在处理解析渲染树的同时向后端请求资源。

3.3 网络传输优化

这里从两方面来进行优化，具体如下。

1. TCP 三次握手优化

上文在介绍步骤 2 时提到，初始化网络连接会经过 TCP 三次握手，而众多传输协议都基于 TCP 网络传输，因此进行 Web 网络传输优化，TCP 是其中重要的环节。建立一次 TCP 连接需要进行三次握手，三次握手给 TCP 带来了很大的延迟，那是否可以减少握手的次数呢？

当Server端收到Client端的SYN连接请求报文后，可以直接发送SYN+ACK报文。其中ACK报文是用来应答的，SYN报文是用来同步的。如果没有三次握手，有可能会出现一些已经失效的请求包突然又传到服务端的情况，服务端认为这是客户端发起的一次新的连接，于是发出确认包，表示同意建立连接，而客户端并不会有响应，导致服务器空等，白白浪费服务器资源或造成死锁。

- 长连接：HTTP 1.1引入了长连接，通过在请求头中加入Connection: keep-alive，来告诉请求响应完毕后不要关闭连接。不过HTTP长连接也是有限制的，服务器通常会设置keep-alive超时时间和最大请求数，如果请求超时或者超过最大请求数，服务器会主动关闭连接。
- TFO（TCP快速打开）：用于三次握手过程，它通过握手开始时的SYN包中的TFO cookie（一个TCP选项）来验证一个之前连接过的客户端。如果验证成功，它可以在三次握手最终的ACK包收到之前就开始发送数据。
- 流量控制：传输数据时，如果发送方传输的数据量超过了接收方的处理能力，那么接收方会出现丢包。为了避免出现此类问题，流量控制要求数据传输双方在每次交互时声明各自的接收窗口rwnd的大小，以表明自己最大能保存多少数据。
- 慢启动：流量控制可以避免发送方过载接收方，但是却无法避免过载网络，这是因为接收窗口rwnd只反映了服务器个体的情况，却无法反映网络整体的情况。为了避免出现过载网络的问题，慢启动引入了拥塞窗口cwnd的概念，用来表示发送方在得到接收方确认前，最大允许传输的未经确认的数据。与rwnd不同的是，cwnd只是发送方的一个内部参数，无须通知接收方，其初始值往往比较小，然后随着数据包被接收方确认，窗口会成倍扩大。

注意，慢启动的过程中，随着cwnd的增加，可能会出现网络过载，其外在表现就是丢包，一旦出现此类问题，cwnd的大小会迅速衰减，以便网络能够缓过来。网络中实际传输的未经确认的数据大小取决于rwnd和cwnd中的较小值。那么，如何调整rwnd到合理值？

当遇到过网络传输速度过慢的问题，例如“百兆网路”，最大传输数据理论值至少10MB，但实际可能只有1MB，存在的最大问题是接收窗口rwnd设置不合理。实际上接收窗口rwnd的合理值取决于BDP的大小，也就是带宽和延迟的乘积。假设宽带100Mbps，延迟100ms，计算过程如下：

BDP=100Mbps * 100ms = (100 / 8) * (100 / 1000) = 1.25MB

如果想最大限制提升吞吐量，接收窗口“rwnd”的大小需要大于1.25MB。那如何调整cwnd到合理值？

cwnd的初始值取决于MSS的大小，计算方法为min(4 * MSS, max(2 * MSS, 4380))，以太网标准的MSS大小通常是1460，所以cwnd的初始值是3MSS。当我们浏览视频或者下载软件的时候，cwnd初始值的影响并不明显，这是因为传输的数据量比较大，时间比较长，相比之下，即便慢启动阶段cwnd初始值比较小，也会在相对短的时间内加速到满窗口。当我们浏览网页时，情况就不一样了，这是因为传输的数据量比较小，时间比较短，相比之下，如果慢启动阶段cwnd初始值比较小，那么很可能还没来得及加速到满窗口，通信就结束了。

2. 网络传输优化

关于网络传输优化，可以从以下几个方面考虑：

- 利用浏览器缓存，尽量不请求服务器端；
- 特殊情况须向服务器端发送请求以获取数据时，可以精简传输内容；
- 利用Gzip压缩传输内容，客户端接收压缩的内容后由浏览器解压，以提高宽带利用率；
- 减少cookie、session传递。

3.4 本章小结

本章主要讲述了分布式环境中网络及网络传输的过程。在网络传输过程中协议是基础，其中TCP/IP协议起了非常重要的作用。TCP协议能确保数据稳定传输，并且能监控传输过程中是否会出现数据失真、数据丢失等情况。若传输过程中出现问题，TCP协议会自动请求重新传输数据，并重组数据报。

在数据传输过程中，传输协议有自己的技术标准。OSI是一个开放的通信系统互连参考模型，通过它的7层结构可以让网络传输变得稳定。通过有效的网络优化手段（TCP三次握手、精简传输内容、浏览器缓存等），能让网络传输变得更高效。

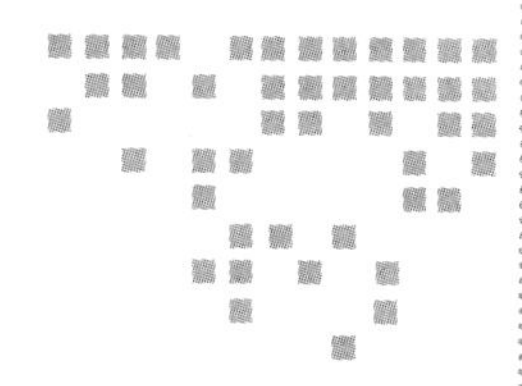

第4章 Chapter 4

分布式架构 Nginx

Nginx 是一个高性能的 HTTP 和反向代理 Web 服务器。Nginx 可以作为一个 HTTP 服务器进行网站的发布处理，也可以作为反向代理进行负载均衡的实现，由于其占用内存少，并发能力强，所以可以广泛应用在互联网中。

本章重点内容如下：

- Nginx 工作原理
- Nginx 源码编译安装
- Nginx 配置
- Nginx 代理 & 负载均衡
- Nginx 缓存
- Nginx 限流
- Nginx 屏蔽
- Nginx 优化
- Nginx 高可用

4.1 Nginx 工作原理

Nginx 进程模型，如图 4-1 所示。

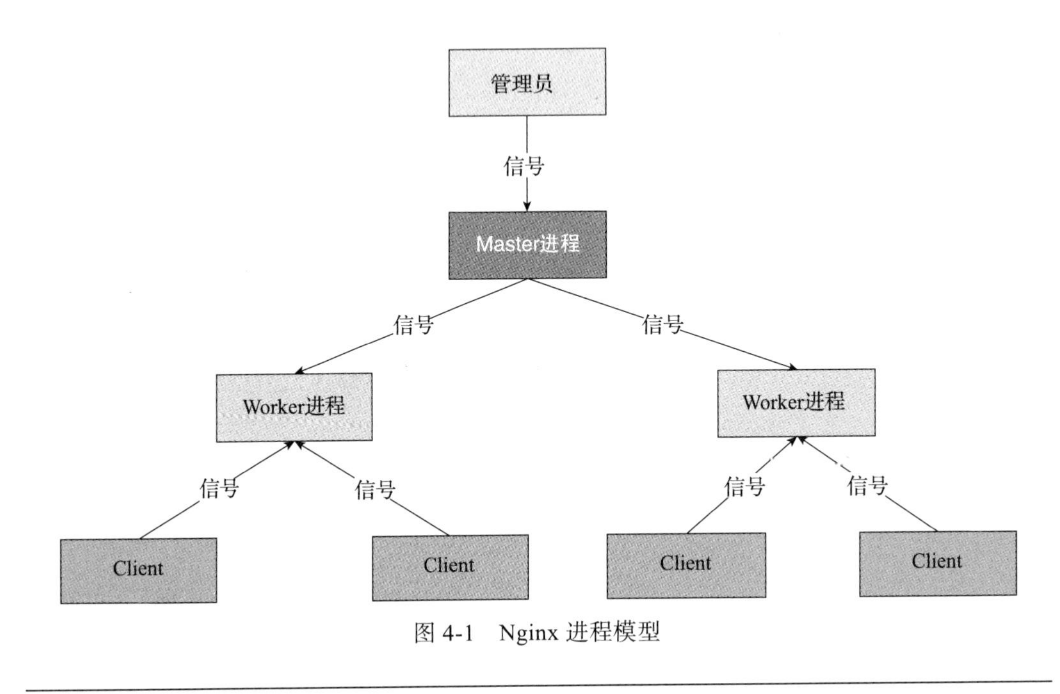

图 4-1 Nginx 进程模型

注意 Nginx 默认采用多进程工作方式，其中 Master 负责对进程进行监护，管理 Worker 进程以实现重启服务、平滑升级、更换日志文件、配置文件实时生效等功能，而 Worker 用来处理基本的网络事件。

Nginx 启动后，会生成一个 Master 进程和多个 Worker 进程。

Master 进程工作原理： Master 主进程充当整个进程组与用户的交互接口，同时管理 Worker 子线程，包括接收信号并将信号发送给 Worker 进程；监听 Worker 进程工作状态；当 Worker 进程非正常退出时，启动新的 Worker 进程。多个 Worker 进程之间是平等的，共同竞争来自客户端的请求，各进程之间相互独立，一个请求被一个 Worker 进程处理。

当 Master 进程收到重新加载的信号，如（./nginx -s reload），Master 会重新加载配置文件，然后启动新的 Worker 进程来接收请求，并通知老的 Worker 进程。老的 Worker 进程处理完手中正在处理的请求就会退出。

Worker 进程工作原理： Master 会根据配置文件生成一个监听相应端口的 Socket，然后复制多个 Worker 子进程，每个 Worker 子进程都可以监听 Socket 的消息。当一个连接过来时，每一个 Worker 都能收到通知，但是只有一个 Worker 能与这个连接建立关系，其他的 Worker 都会连接失败，而 Nginx 会提供一个互斥锁（accept_mutex），当连接过来时，只有一个 Worker 去接收这个连接。当一个 Worker 进程接收到 accept 连接之后，就开始读取、解析并处理请求，产生数据后，再返回给客户端，最后才断开连接。

那么互斥锁（accept_mutex）如何控制 Worker 进程接收并处理请求呢？

只有获得了 accept_mutex 的进程才会去添加 accept 事件。Nginx 使用变量 ngx_accept_disabled 来控制是否去竞争 accept_mutex 锁（ngx_accept_disabled = Nginx 单进程的所有连接总数 /8 – 空闲连接数量），当 ngx_accept_disabled 大于 0 时，不会去尝试获取 accept_mutex 锁，ngx_accept_disable 越大，让出的机会就越多，这样其他进程获取锁的机会也就越大。不添加 accept，每个 Worker 进程的连接数就控制下来了，其他进程的连接池就会得到充分利用，这样，Nginx 就控制了多进程间连接的平衡。

为什么多个 Worker 进程能够同时接受上万个请求呢？

传统 Web 服务器，每个消费者独占一个线程，当并发量规模到十万及以上时，由于线程数目过多，会频繁消耗 CPU 资源，而当线程堵塞时，会挂载或睡眠，严重消耗服务器的资源，久而久之会到达服务器瓶颈。

Nginx 服务器采用无阻塞事件驱动模型，它不会为每个消费事件创建一个进程或线程，不会由于进程间频繁切换占用 CPU 而产生瓶颈。Nginx 将一个请求分为多个阶段来异步处理，每个阶段只处理请求的一部分，当请求的这部分发生阻塞，Nginx 将不会等待，继续处理其他请求的某部分内容，当该阶段任务完成后再进入下一阶段。

4.2 Nginx 源码编译安装

以 Centos 平台编译环境为例，安装 Make 并编译 Gcc/GccDemo 的方法如代码清单 4-1 所示。

代码清单 4-1 GccDemo 代码

```
yum -y install gcc automake autoconf libtool make
yum install gcc gcc-c++
```

Nginx 重写 rewrite，需要安装 pcre，而 Gzip 压缩需要安装 zlib，网络转发需要 ssl 设定源码目录为 /usr/local/source。安装 pcre、zlib、ssl 的方法如代码清单 4-2 所示。

代码清单 4-2 Nginx 插件安装

```
------------pcre-----------------
cd /usr/local/source
```

```
wget http://www.programming.cn/pcre/pcre-8.36.tar.gz
tar -zxvf pcre-8.36.tar.gz
cd pcre-8.36
./configure
make
make install
-----------zlib-------------
wget http://zlib.net/zlib-1.2.7.tar.gz
tar -zxvf zlib-1.2.7.tar.gz
cd zlib-1.2.7
./configure
make
make install
-----------ssl-------------
wget https://www.openssl.org/source/openssl-1.0.1t.tar.gz
tar -zxvf openssl-1.0.1t.tar.gz
```

Nginx 安装的方法如代码清单 4-3 所示。

代码清单 4-3　Nnigx 安装

```
wget http://nginx.org/download/nginx-1.5.8.tar.gz
tar -zxvf nginx-1.5.8.tar.gz
cd nginx-1.5.8
```

下载 Nginx 包的页面效果如图 4-2 所示。

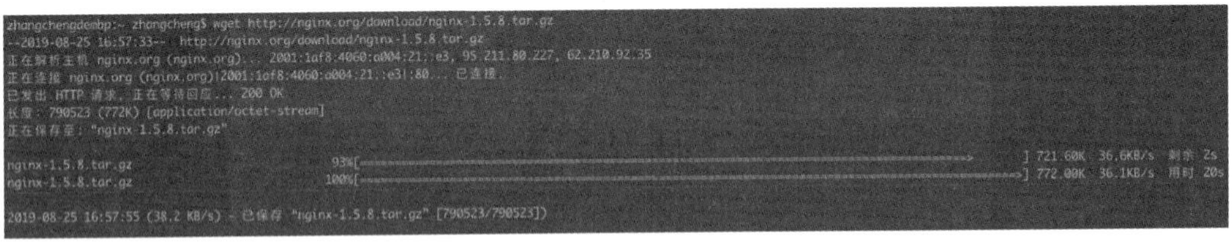

图 4-2　下载 Nginx 包

解压 Nginx 包，如图 4-3 所示。

具体的 Nginx 参数配置，如代码清单 4-4 所示。

代码清单 4-4　Nginx 参数配置

```
./configure --sbin-path=/usr/local/nginx/nginx \
--conf-path=/usr/local/nginx/nginx.conf \
--pid-path=/usr/local/nginx/nginx.pid \
--with-http_ssl_module \
```

```
--with-pcre=/opt/app/openet/zachary/pcre-8.36 \
--with-zlib=/opt/app/openet/zachary/zlib-1.2.7 \
--with-openssl=/opt/app/openet/zachary/openssl-1.0.1t
make
make install
```

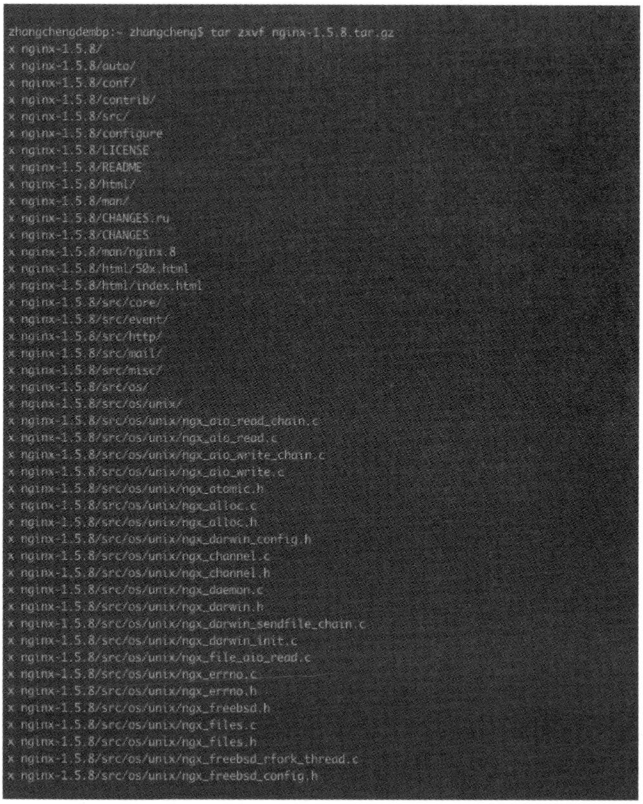

```
zhangchengdembp:~ zhangcheng$ tar zxvf nginx-1.5.8.tar.gz
x nginx-1.5.8/
x nginx-1.5.8/auto/
x nginx-1.5.8/conf/
x nginx-1.5.8/contrib/
x nginx-1.5.8/src/
x nginx-1.5.8/configure
x nginx-1.5.8/LICENSE
x nginx-1.5.8/README
x nginx-1.5.8/html/
x nginx-1.5.8/man/
x nginx-1.5.8/CHANGES.ru
x nginx-1.5.8/CHANGES
x nginx-1.5.8/man/nginx.8
x nginx-1.5.8/html/50x.html
x nginx-1.5.8/html/index.html
x nginx-1.5.8/src/core/
x nginx-1.5.8/src/event/
x nginx-1.5.8/src/http/
x nginx-1.5.8/src/mail/
x nginx-1.5.8/src/misc/
x nginx-1.5.8/src/os/
x nginx-1.5.8/src/os/unix/
x nginx-1.5.8/src/os/unix/ngx_aio_read_chain.c
x nginx-1.5.8/src/os/unix/ngx_aio_read.c
x nginx-1.5.8/src/os/unix/ngx_aio_write_chain.c
x nginx-1.5.8/src/os/unix/ngx_aio_write.c
x nginx-1.5.8/src/os/unix/ngx_atomic.h
x nginx-1.5.8/src/os/unix/ngx_alloc.c
x nginx-1.5.8/src/os/unix/ngx_alloc.h
x nginx-1.5.8/src/os/unix/ngx_darwin_config.h
x nginx-1.5.8/src/os/unix/ngx_channel.c
x nginx-1.5.8/src/os/unix/ngx_channel.h
x nginx-1.5.8/src/os/unix/ngx_daemon.c
x nginx-1.5.8/src/os/unix/ngx_darwin.h
x nginx-1.5.8/src/os/unix/ngx_darwin_sendfile_chain.c
x nginx-1.5.8/src/os/unix/ngx_darwin_init.c
x nginx-1.5.8/src/os/unix/ngx_file_aio_read.c
x nginx-1.5.8/src/os/unix/ngx_errno.c
x nginx-1.5.8/src/os/unix/ngx_errno.h
x nginx-1.5.8/src/os/unix/ngx_freebsd.h
x nginx-1.5.8/src/os/unix/ngx_files.c
x nginx-1.5.8/src/os/unix/ngx_files.h
x nginx-1.5.8/src/os/unix/ngx_freebsd_rfork_thread.c
x nginx-1.5.8/src/os/unix/ngx_freebsd_config.h
```

图 4-3　解压 Nginx 包

其中，make 用于编译，它从 Makefile 中读取指令，然后编译；make install 用于安装，它也从 Makefile 中读取指令，将 Nginx 安装到指定的位置；configure 命令用于检测安装平台的目标特征，它定义了系统的各个方面，包括 Nginx 被允许使用的连接处理的方法，比如它会检测是不是有 CC 或 GCC（并不是需要 CC 或 GCC，它是个 shell 脚本，执行结束时，它会创建一个 Makefile 文件）。

Nginx 的 configure 命令支持以下参数。

- --prefix=path：定义一个目录，存放服务器上的文件，也就是 Nginx 的安装目录。

默认使用 /usr/local/nginx。

- --sbin-path=path：设置 Nginx 的可执行文件的路径，默认为 prefix/sbin/nginx。
- --conf-path=path：设置 nginx.conf 配置文件的路径。Nginx 允许使用不同的配置文件启动，通过命令行中的 -c 选项实现。默认为 prefix/conf/nginx.conf。
- --pid-path=path：设置 nginx.pid 文件，将存储主进程的序号。安装完成后，可以随时改变文件名，在 nginx.conf 配置文件中使用。默认情况下，文件名为 prefix/logs/nginx.pid。
- -error-log-path=path：设置主错误、警告和诊断文件的名称。安装完成后，可以随时改变文件名，在 nginx.conf 配置文件中使用。默认情况下，文件名为 prefix/logs/error.log。
- --http-log-path=path：设置主请求 HTTP 服务器的日志文件的名称。安装完成后，可以随时改变文件名，在 nginx.conf 配置文件中使用。默认情况下，文件名为 prefix/logs/access.log。
- --user=name：设置 Nginx 工作进程的用户。安装完成后，可以随时更改名称，在 nginx.conf 配置文件中使用。默认用户名为 nobody。
- --group=name：设置 Nginx 工作进程的用户组。安装完成后，可以随时更改名称，在 nginx.conf 配置文件中使用。默认为非特权用户。
- --with-select_module --without-select_module：启用或禁用构建一个模块来允许服务器使用 select() 方法。如果平台不支持 kqueue、epoll、rtsig 或 /dev/poll，该模块将自动建立。
- --with-poll_module --without-poll_module：启用或禁用构建一个模块来允许服务器使用 poll() 方法。如果平台不支持 kqueue、epoll、rtsig 或 /dev/poll，该模块将自动建立。
- --without-http_gzip_module：不编译压缩的 HTTP 服务器的响应模块。编译并运行此模块需要 zlib 库。
- --without-http_rewrite_module：不编译重写模块。编译并运行此模块需要 PCRE 库支持。
- --without-http_proxy_module：不编译 http_proxy 模块。
- --with-http_ssl_module：使用 HTTPS 协议模块。默认情况下，该模块没有被构建。必须建立并运行此模块的 OpenSSL 库。

- --with-pcre=path：设置 PCRE 库的源码路径。PCRE 库的源码（版本 4.4-8.30）需要从 PCRE 网站下载并解压。其余工作是由 Nginx 的 ./ configure 和 make 来完成的。
- --with-pcre-jit：编译 PCRE，包含 just-in-time compilation（即 PCRE 1.1.12 中的 pcre_jit 指令）。
- --with-zlib=path：设置 zlib 库的源码路径。要从 zlib（版本 1.1.3 ～ 1.2.5）下载并解压。其余的工作是由 Nginx 的 ./ configure 和 make 完成的。ngx_http_gzip_module 模块需要使用 zlib。
- --with-cc-opt=parameters：设置额外的参数，并将被添加到 CFLAGS 变量中。例如，当在 FreeBSD 上使用 PCRE 库时需要使用 --with-cc-opt="-I /usr/local/include；要增加 select() 支持的文件数量时需要使用 --with-cc-opt="-D FD_SETSIZE=2048"。
- --with-ld-opt=parameters：设置附加的参数，用于链接期间。例如，当在 FreeBSD 下使用该系统的 PCRE 库时，应指定 --with-ld-opt="-L /usr/local/lib"。

其中相关路径说明如下：

- --with-pcre=/usr/src/source/pcre-8.36：pcre-8.36 的源码路径。
- --with-zlib=/usr/src/source/zlib-1.2.7：zlib-1.2.7 的源码路径。

安装成功后，/usr/local/nginx 目录如下：

```
fastcgi.conf                koi-win                nginx.conf.default
fastcgi.conf.default        logs                   scgi_params
fastcgi_params              mime.types             scgi_params.default
fastcgi_params.default      mime.types.default     uwsgi_params
html                        nginx                  uwsgi_params.default
koi-utf                     nginx.conf             win-utf
```

注意　Nginx 默认端口是 80，启动之前应先检查 80 端口的使用情况，使用的指令是 netstat -ano|grep 80，如果查不到结果则说明该端口未占用，反之，有如下两种处理方式：

- 更改 Nginx 默认 80 端口，通过指令 whereis nginx.conf 找到默认配置文件，更改方式为 listen 80 default_server；
- 找到占用 80 端口的应用，然后 kill 掉该应用以释放 80 端口。

温馨提示：80 端口默认可以隐藏，例如：zachary.sh.cn:80 等同于 zachary.sh.cn，同理 80 端口也非常容易受到攻击。建议更换默认端口。

4.3 Nginx 配置

nginx.conf 配置文件如代码清单 4-5 所示。

代码清单 4-5 nginx.conf 配置文件

```
# 启动进程
worker_processes  2;
# 全局错误日志及 PID 文件
error_log  /var/log/nginx/error.log;
pid        /var/nginx.pid;
# 工作模式及连接数上限
events {
use epoll;               #epoll 是多路复用 I/O 中的一种方式，可以大大提高 nginx 的性能
worker_connections 1024; # 单个后台 worker process 进程的最大并发连接数
# multi_accept on;
}

# 设定 HTTP 服务器，利用它的反向代理功能提供负载均衡支持
http {
# 设定 mime 类型，类型由 mime.type 文件定义
include       /etc/nginx/mime.types;
default_type  application/octet-stream;
# 设定日志格式
access_log    /var/log/nginx/access.log;
#sendfile 指令指定 Nginx 是否调用 sendfile 函数 (zero copy 方式) 来输出文件，对于普通应用，
# 必须设为 on，如果用来进行下载等应用磁盘 I/O 重负载应用，可设置为 off，以平衡磁盘与网络 I/O
# 处理速度，降低系统的 uptime
sendfile        on;
# 将 tcp_nopush 和 tcp_nodelay 两个指令设置为 on 以防止网络阻塞
tcp_nopush      on;
tcp_nodelay     on;
# 连接超时时间
keepalive_timeout  65;
# 开启 Gzip 压缩
gzip  on;
gzip_disable "MSIE [1-6]\.(?!.*SV1)";
# 设定请求缓冲
client_header_buffer_size    1k;
large_client_header_buffers  4k;

include /etc/nginx/conf.d/*.conf;
include /etc/nginx/sites-enabled/*;

# 设定负载均衡的服务器列表
upstream zachary.sh.cn {
#ip_hash
# weigth 参数表示权值，权值越高被分配到的概率越大
```

```
# 默认weight=1，不推荐使用ip_hash，客户端IP会变化，如动态IP、翻墙、代理
server 192.168.10.1:3128 weight=5;
server 192.168.10.2:80  weight=1;
server 192.168.10.3:80  weight=6;
}


server {
# 侦听80端口
listen       80;
# 默认请求
location / {
    root   /root;                  # 定义服务器的默认网站根目录位置
    index index.html index.htm;    # 定义首页索引文件的名称
}
# 定义错误提示页面
error_page   500 502 503 504 /50x.html;
    location = /50x.html {
    root   /root;
}

# 静态文件，Nginx自己处理
location ~ ^/(images|javascript|js|css|flash|media|static)/ {
    root /zachary/shop;
    # 这里设置为30天过期，若静态文件不经常更新，过期时间可以设大一点，若文件频繁更新，则可
    # 以设置得小一点
    expires 30d;
}


}

server {

listen       8081;
server_name  zachary.sh.cn;

# 对http://zachary.sh.cn:8081/shop 进行负载均衡请求
location ~* ^/shop {

    # 定义服务器的默认网站根目录位置
    root   /root;

    # 定义首页索引文件的名称
    index index.html index.htm;

    #zachary 定义的服务器列表
    proxy_pass  http://zachary.sh.cn;
```

```
# 失败的请求被发送到下一台服务器重试；只有在没有向客户端发送任何数据以前，将请求转给下一台后
# 端服务器才是可行的
    proxy_next_upstream http_502 http_504 http_404 error timeout invalid_header;
    # 以下是一些反向代理的配置，可删除
    proxy_redirect off;

    #Web 服务器可以通过 X-Forwarded-For 获取用户真实 IP
    proxy_set_header Host $host;
    proxy_set_header X-Real-IP $remote_addr;
    proxy_set_header X-Forwarded-For $proxy_add_x_forwarded_for;
    client_max_body_size 10m;        # 允许客户端请求的最大单文件字节数
    client_body_buffer_size 128k;    # 缓冲区代理缓冲用户端请求的最大字节数
    proxy_connect_timeout 90;        # Nginx 跟后端服务器连接超时时间 ( 代理连接超时 )
    proxy_send_timeout 90;           # 后端服务器数据回传时间 ( 代理发送超时 )
    proxy_read_timeout 90;           # 连接成功后，后端服务器响应时间 ( 代理接收超时 )
    proxy_buffer_size 4k;            # 设置代理服务器 (Nginx) 保存用户头信息的缓冲区大小
    proxy_buffers 32k;               # proxy_buffers 缓冲区，这里设置为 32KB 以下
    proxy_busy_buffers_size 64k;     # 高负荷下缓冲大小 (proxy_buffers*2)
    proxy_temp_file_write_size 64k;  # 设定缓存文件夹大小，大于这个值，将从 upstream 服
                                     # 务器传

    }
}
}
```

代码清单 4-5 所示的处理过程如下：

1）Worker 接收到请求后会监控 80/8081 端口，在请求反向代理到后台服务器（如 tomcat）的过程中，可自定义多种负载均衡算法，默认为轮询方式。

2）静态资源不代理到后台服务器，直接可以到专有静态资源服务器、分布式共享存储获取，如 NFS/MFS。

3）Nginx 单点的 HA 高可用：proxy_next_upstream 可配置，如果指向服务器 1，此时服务器 1 处于异常，它会重新把请求指向下一台服务器，依次类推。

注意，关于 worker_processes 进程数设置，通常是 CPU 个数的 2 倍，对于 http://zachary.sh.cn:8081/shop 进行负载均衡请求，其中会根据服务器的权重分配请求次数，以求达到负载均衡效果。在其中一台服务器在没有向客户端发送任何数据之前就处理失败的情况下，系统会重新把当前请求分配给下一台服务器消费，以保证请求不丢失。

4.4 Nginx 代理 & 负载均衡

Nginx 处理 HTTP 请求的流程如图 4-4 所示。

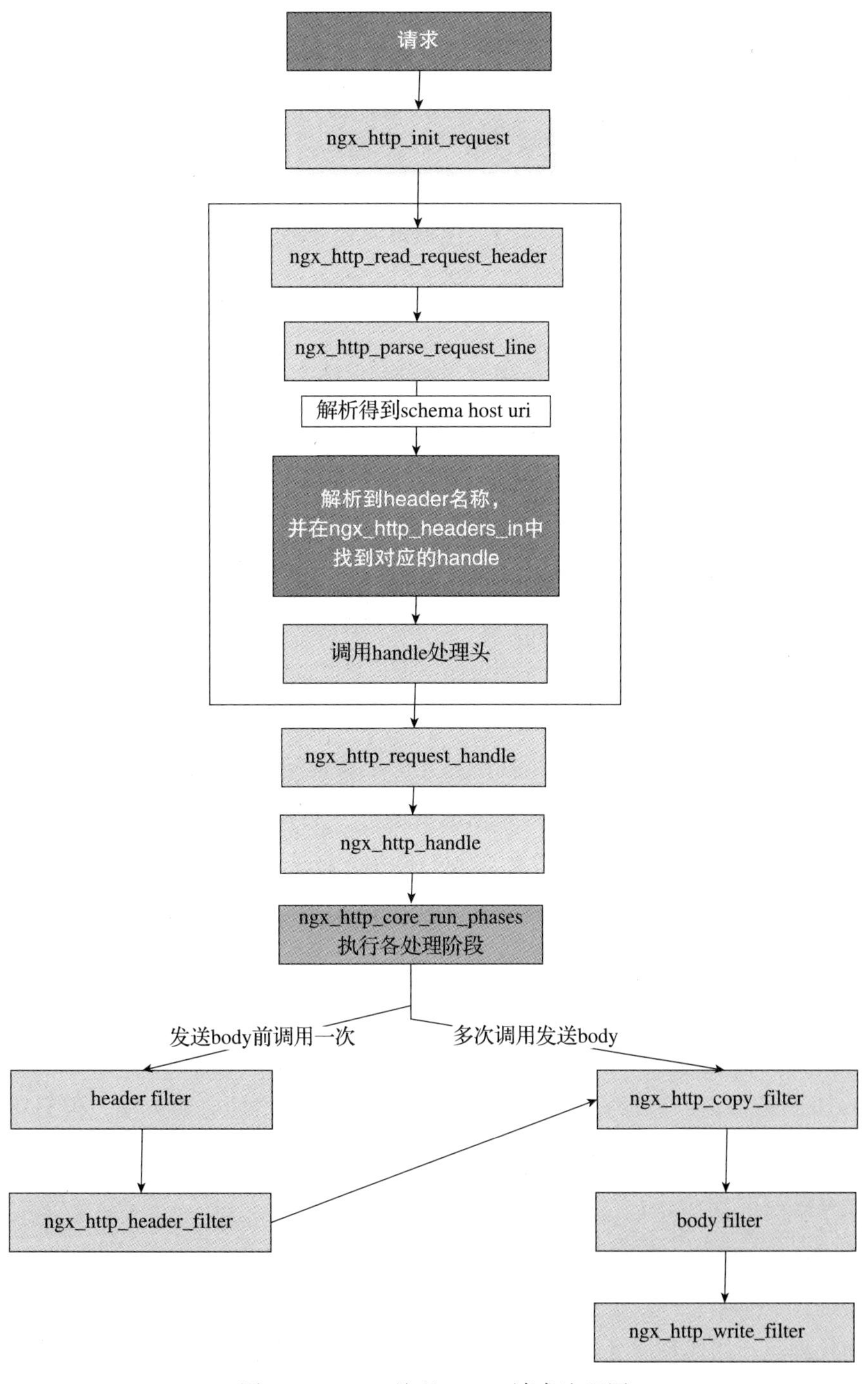

图 4-4 Nginx 处理 HTTP 请求流程图

注意 通常一个连接建立好后，会读取一行数据，并分析出请求行中包含的method、uri、http_version等信息。然后再一行一行处理请求头，并根据请求method与请求头的信息来决定是否有请求体以及请求体的长度，然后再去读取请求体。得到请求后，处理该请求并输出相应的数据，再生成响应行、响应头以及响应体。在将响应发送给客户端之后，一个完整的请求就处理完了。

负载均衡的作用如下：

1）转发功能：按照一定的算法（默认为轮询），将客户端请求转发到不同应用服务器上，以减轻单个服务器压力，提高系统并发量。

2）故障移除：通过心跳检测的方式，判断应用服务器当前是否可以正常工作，如果服务器宕掉，自动将请求发送到其他应用服务器。

3）恢复添加：如检测到发生故障的应用服务器，则自动将恢复工作添加到处理用户请求队伍中。

4.4.1 正向代理

正向代理通常简称为代理，是指在用户无法正常访问外部资源时，通过代理的方式，让用户绕过防火墙，从而连接到目标网络或者服务。例如，用户不能访问zachary.sh.cn，但能访问代理服务器AS，而代理服务器AS能访问zachary.sh.cn，故可以先连接代理服务器AS，通过AS获取zachary.sh.cn的内容。正向代理服务器是一个位于客户端和原始服务器之间的服务器。为了从原始服务器取得内容，客户端向代理发送一个请求并指定目标（原始服务器），然后代理向原始服务器转交请求并将获得的内容返回给客户端。

正向代理访问zachary.sh.cn的过程，如图4-5所示。其中，目标服务器无法正常访问到zachary.sh.cn服务器，目标服务器和zachary.sh.cn服务器之间有防火墙，但目标服务器可访问代理服务器AS，由于AS和zachary.sh.cn服务器相通，所以可通过AS获取内容返回目标服务器。

4.4.2 反向代理

反向代理是指用代理服务器来接收Internet上的连接请求，然后将请求转发给内部网络上的服务器，并将从服务器上得到的结果返回给Internet上请求连接的客户端的过程。

此时，代理服务器对外就表现为一个服务器。例如，客户端访问 http://zachary.sh.cn/demo，但是 zachary.sh.cn 上不存在 demo 页面，于是 zachary.sh.cn 反向代理到其他服务器读取到 demo 页面，然后将其作为自己的内容返回给用户，用户此时并不知道内容不是 zachary.sh.cn 的。

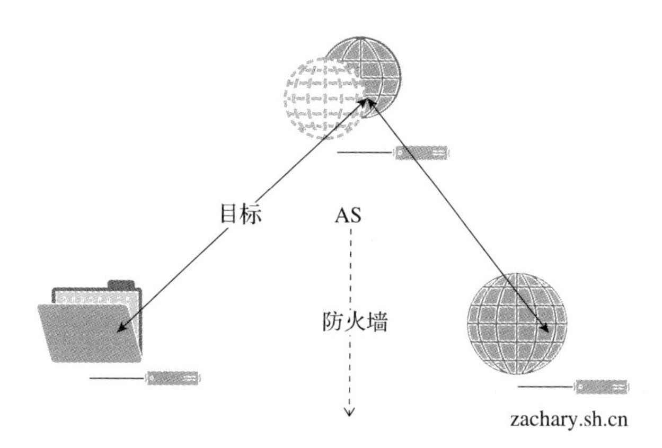

图 4-5　Nginx 正向代理流程图

反向代理服务器对于客户端而言是原始服务器，客户端向反向代理的命名空间中的内容发送普通请求，由反向代理服务器判断向何处（原始服务器）转交请求，并将获得的内容返回给客户端。

反向代理访问 zachary.sh.cn 的过程，如图 4-6 所示。

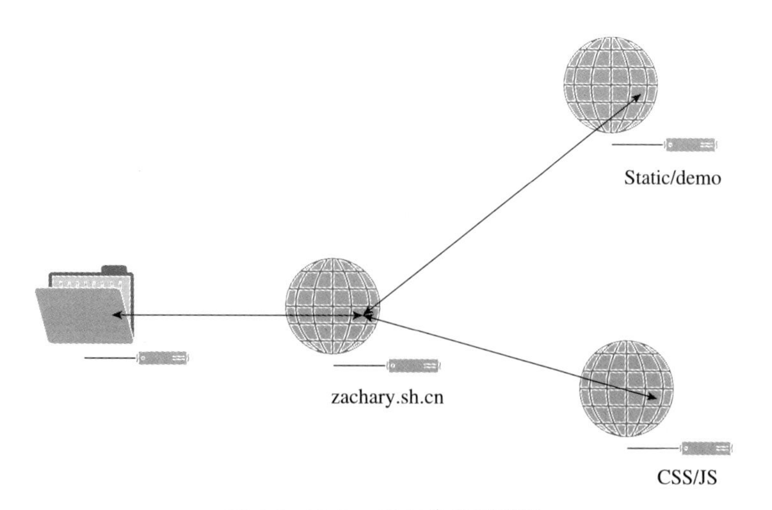

图 4-6　Nginx 反向代理流程图

如图 4-6 所示，zachary.sh.cn 服务器上没有 demo 相关页面，于是 zachary.sh.cn 服务

器反向代理到 Static 服务器上并返回页面相关信息。工作流程如下：

1）用户通过域名发出访问 Web 服务器的请求，该域名被 DNS 服务器解析为反向代理服务器的 IP 地址；

2）反向代理服务器接受用户的请求；

3）反向代理服务器在本地缓存中查找请求的内容，找到后直接把内容发送给用户；

4）如果本地缓存里没有用户所请求的信息内容，反向代理服务器会代替用户向源服务器请求同样的信息内容，并把信息内容发给用户。如果信息内容是在本地缓存中，则还会把它保存到缓存中。

代理服务器只用于代理内部网络对 Internet 外部网络的连接请求，客户机必须指定代理服务器，并将本来要直接发送到 Web 服务器上的 HTTP 请求发送到代理服务器中。不支持外部网络对内部网络的连接请求，因为内部网络对外部网络是不可见的。一个代理服务器若能够代理外部网络上的主机访问内部网络时，这种代理服务的方式就称为反向代理服务。此时代理服务器对外就表现为一个 Web 服务器，外部网络就可以简单把它当作一个标准的 Web 服务器而不需要特定的配置。不同之处在于，这个服务器没有保存任何网页的真实数据，所有的静态网页或者 CGI 程序都保存在内部的 Web 服务器上。因此对反向代理服务器的攻击并不会使得网页信息遭到破坏，这样就提高了 Web 服务器的安全性。

4.4.3 动静分离

在介绍动静分离之前，需先了解动态和静态。所谓动态，指的是需更新编译处理的资源，如 JSP/PHP。相对由服务端编程语言实现的页面，这种页面需要在服务端动态处理。所谓静态，指的是不需要更新编译的资源，如 CSS/JSS/HTML 等。

Nginx 实现动静分离：在利用反向代理的过程中，Nginx 会判断是否是静态的资源，如果是，则直接从 Nginx 发布的路径去读取，而不需要从后端服务器获取。

动静分离优势：充分利用服务器资源，减少不必要的请求，减少后端服务器的压力，快速提高页面加载速度。

Nginx 实现动静分离的方法如代清单码 4-6 所示。

代码清单 4-6 Nginx 实现动静分离

```
location / {
    root   /root;                 # 定义服务器的默认网站根目录位置
    index index.html index.htm; # 定义首页索引文件的名称
```

```
}
# 定义错误提示页面
error_page   500 502 503 504 /50x.html;
    location = /50x.html {
    root   /root;
}
#静态文件，Nginx 自己处理
location ~ ^/(images|javascript|js|css|flash|media|static)/ {
    root /zachary/shop;
    #过期 5 天
    expires 5d;
}
```

当浏览器请求获取静态资源时，若浏览器请求的响应状态码为 304，其表示从缓存中获取静态资源，而 Nginx 可以对静态资源进行缓存，则当下次浏览器再请求静态资源时，如资源未变更，后续请求会从浏览器缓存中读取加载。

注意　浏览器获取静态资源不请求后端服务器，从而达到动静分离的效果。

4.4.4　负载均衡策略

upstream 机制提供了负载均衡的功能，可以将请求负载分担到集群服务器的某个服务器上面。它的工作流程如下：

1）分析客户端请求报文，构建发往上游服务器的请求报文；

2）调用 ngx_http_upstream_init 开始与上游服务器建立 TCP 连接；

3）发送在第一步中组建的请求报文；

4）接收来自上游服务器的响应头并进行解析，之后往下游转发；

5）接收来自上游服务器的相应体，并进行转发。

注意　upstream 机制允许开发人员自己设定相应的处理方式，来达到自己的目的。

upstream 支持 6 种负载分配方式，前三种为 Nginx 原生支持的分配方式，后三种为第三方支持的分配方式。

1. Nginx 轮询

轮询是 upstream 的默认分配方式，即每个请求按照时间顺序轮流分配到不同的后端服务器，如果某个后端服务器宕掉后，则能自动将其剔除，剩下的继续轮询。Niginx 轮询实现如代码清单 4-7 所示。

代码清单 4-7 Nginx 轮询

```
upstream zachary.sh.cn {
    server 192.168.1.10:8081;
    server 192.168.1.11:8081;
}
```

Nginx 轮询代理示意如图 4-7 所示。

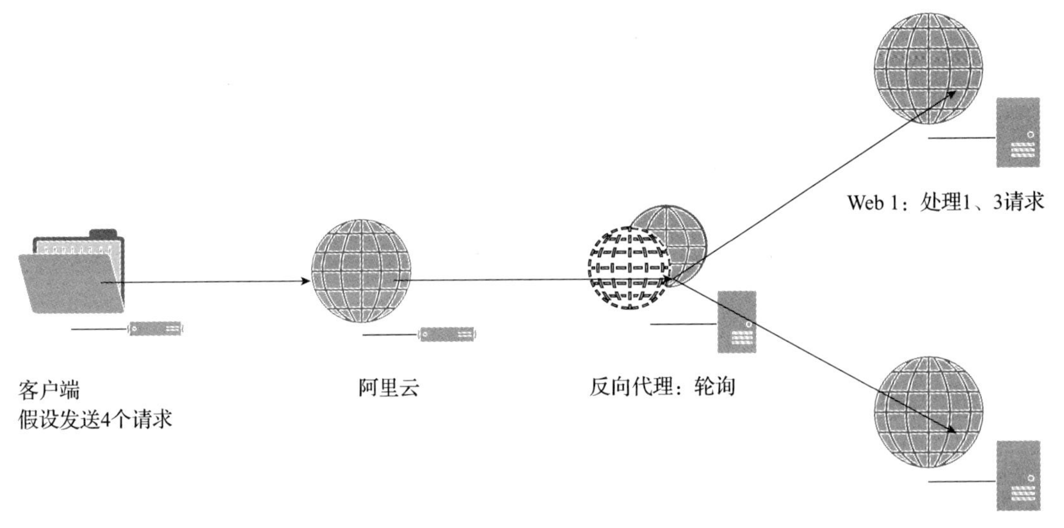

图 4-7 Nginx/upstream 轮询代理图

2. Nginx 权重

权重是轮询的加强版，即在轮询的基础上还可以指定轮询比率，weight 和访问概率成正比，主要应用于应用服务器性能不均的情况。Nginx 权重实现如代码清单 4-8 所示，这里 192.168.1.11 的访问比例是 192.168.1.10 的两倍。

代码清单 4-8 Nginx 权重

```
upstream zachary.sh.cn {
    server 192.168.1.10:8081 weight=1;
    server 192.168.1.11:8081 weight=2;
}
```

Nginx 权重代理示意如图 4-8 所示。

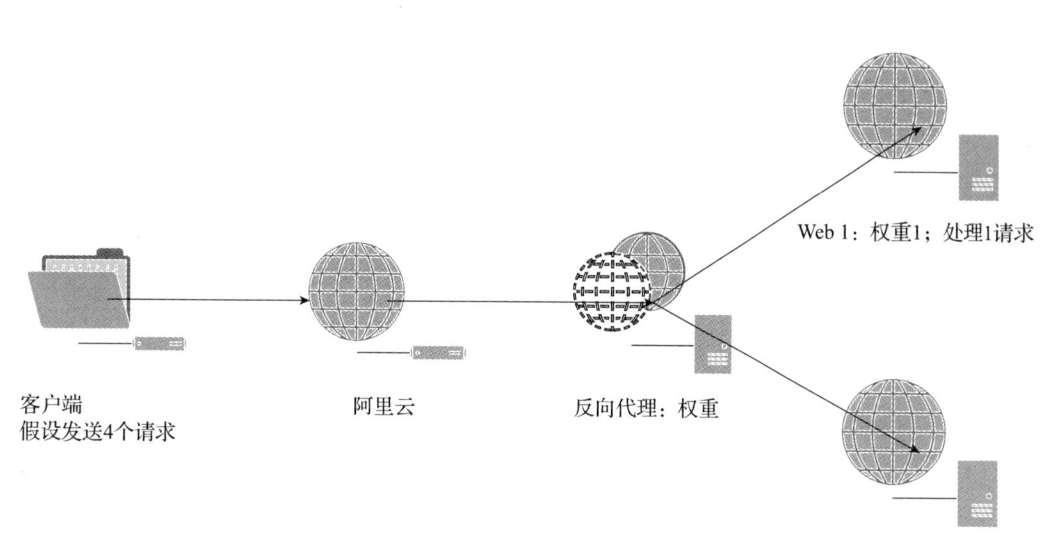

图 4-8　Nginx/upstream 权重代理图

3. Nginx ip_hash

ip_hash 即每个请求会按照访问 IP 的 hash 值分配，这样同一客户端连续的 Web 请求都会被分发到同一服务器进行处理，可以解决 session 的问题。如果服务器宕掉，则能自动将其剔除，如代码清单 4-9 所示。

代码清单 4-9　Nginx ip_hash

```
upstream zachary.sh.cn {
    ip_hash
    server 192.168.1.10:8081;
    server 192.168.1.11:8081;
}
```

Nginx ip_hash 的代理示意如图 4-9 所示。

4. Nginx fair

fair 即按后端服务器的响应时间来分配请求，响应时间短的优先分配，如代码清单 4-10 所示。

代码清单 4-10　Nginx fair

```
upstream zachary.sh.cn {
    server 192.168.1.10:8081;
```

```
    server 192.168.1.11:8081;
    fair;
}
```

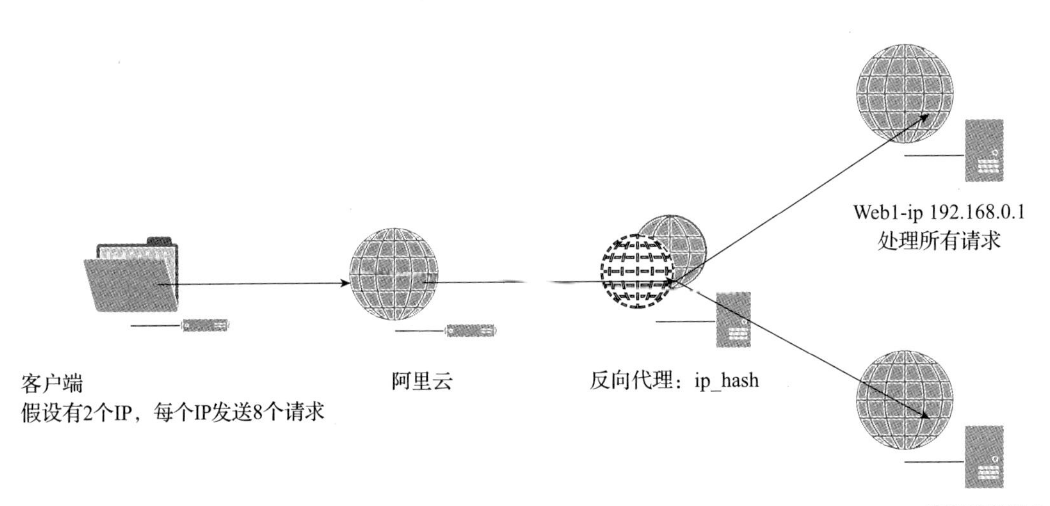

图 4-9　Nginx/upstream ip_hash 代理图

Nginx fair 的代理示意如图 4-10 所示。

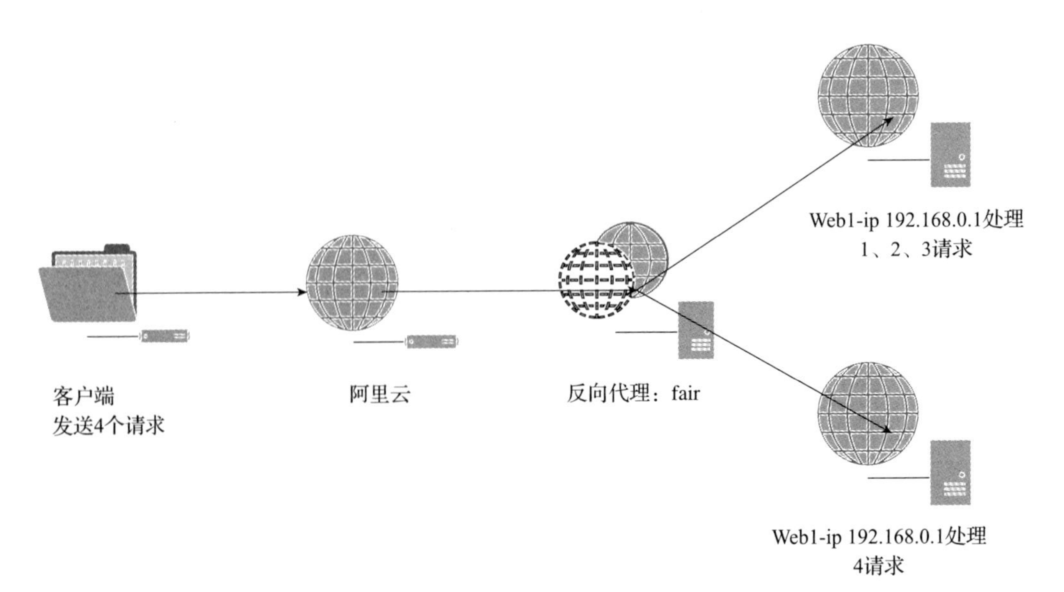

图 4-10　Nginx/upstream fair 代理图

5. Nginx url_hash

url_hash 与 ip_hash 类似，但是其按照访问 URL 的 hash 结果来分配请求，使得每个 URL 定向到同一个后端服务器，主要应用于后端服务器为缓存时的场景中，如代码清单 4-11 所示。

代码清单 4-11　Nginx url_hash

```
upstream zachary.sh.cn {
    server 192.168.1.10:8081;
    server 192.168.1.11:8081;
    hash $request_uri;
    hash_method crc32;
}
```

6. Nginx least_conn

least_conn 把请求转发给连接数较少的后端服务器，如代码清单 4-12 所示。

代码清单 4-12　Nginx least_conn

```
upstream zachary.sh.cn {
    least_conn;    # 把请求转发给连接数较少的后端服务器
    server 192.168.1.10:8081;
    server 192.168.1.11:8081;
}
```

Nginx least_conn 的代理示意如图 4-11 所示。

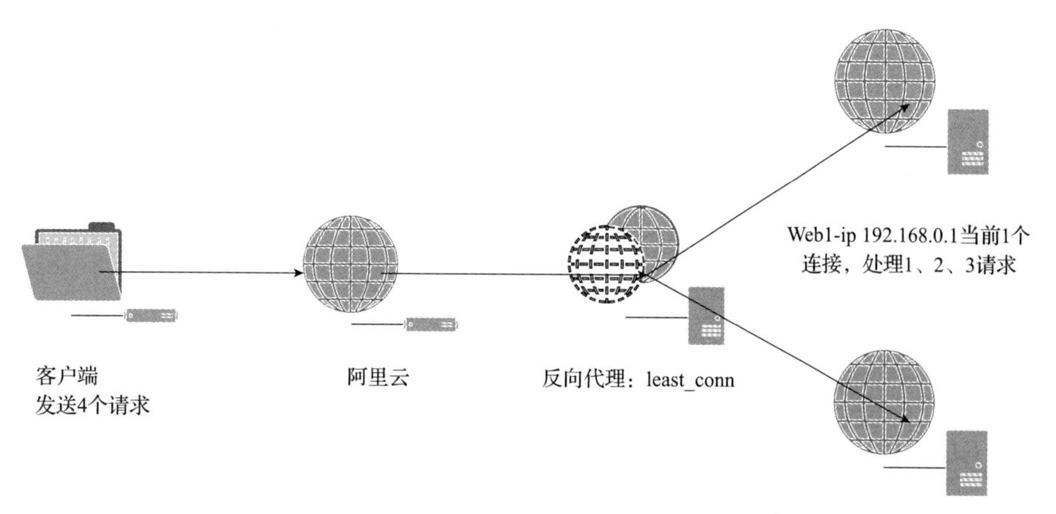

图 4-11　Nginx/upstream ip_hash 代理图

4.5 Nginx缓存

使用Nginx代理缓存可以减少后端服务端压力，提升网站性能，减小并发延时。Nginx设置缓存的代码如代码清单4-13所示。

代码清单4-13 Nginx设置缓存

```
upstream zachary.sh.cn{
    server 192.168.10.1:8081;
    server 192.168.10.2:8082;
}
proxy_cache_path /cache levels=1:2 keys_zone=cache:10m max_size=10g inactive=60m
use_temp_path=off;
server {
    listen 80;
    server_name zachary.sh.cn;
    index index.html;
    location / {
        proxy_pass http://zachary.sh.cn;
        proxy_set_header X-Real-IP $remote_addr;
        proxy_set_header X-Forwarded-For $proxy_add_x_forwarded_for;
        proxy_set_header Host $host;
        proxy_cache cache;
        proxy_cache_valid 200 304 6h;
        proxy_cache_valid any 6m;
        proxy_cache_key $uri$request_body;
        proxy_cache_methods GET POST;
        add_header Nginx-Cache "$upstream_cache_status";
        proxy_next_upstream error timeout invalid_header http_500 http_502 http_
            503 http_504;
    }
}
```

在代码清单4-13中，proxy_cache_path /cache用于设置Nginx缓存资源的存放地址。各参数说明如下。

1）levels：按照两层目录分层。

2）key_zone：在共享内存中设置一块存储区域来存放缓存的key和metadata（类似使用次数），Nginx可以快速判断一个请求是否命中缓存，1MB可以存储8000个key，10MB可以存储80000个key。

3）max_size：最大缓存空间，如果不指定，会使用所有硬盘空间，当达到配额后，会删除最少使用的缓存文件。

4）inactive：未被访问文件在缓存中的保留时间。如果文件60分钟未被访问，则不论状态是否为 expired，缓存控制程序都会删掉文件。inactive 默认是 10 分钟。需要注意的是，inactive 和 expired 配置项的含义是不同的，expired 只是使缓存过期，但不会删除缓存文件，inactive 是删除指定时间内未被访问的缓存文件。

5）use_temp_path：如果为 off，则 Nginx 会将缓存文件直接写入指定的缓存文件中，而不是使用 temp_path 存储。official 建议为 off，因为这可以避免文件在不同文件系统中被不必要拷贝。

6）proxy_cache：用于启用 proxy 缓存，并指定 key_zone。另外，如果 proxy_cache 为 off，则表示关闭缓存。

7）proxy_cache_valid：状态码 200|304 的过期时间为 6h，其余状态码 6 分钟过期。

8）proxy_cache_key：缓存的 key，一般为 URL+ 请求参数。

9）proxy_cache_methods：支持缓存的请求方式。

10）add_header：增加头信息，观察客户端 responce 是否命中。

11）proxy_next_upstream：出现 502 ～ 504 或其他错误，会跳过此台服务器访问下一台服务器。

其中，$upstream_cache_status 的可能值如下。

- MISS：响应在缓存中找不到，所以需要在服务器中取得。
- HIT：响应包含来自缓存的最新且有效的内容。
- STALE：内容陈旧是因为原始服务器不能正确响应。需要配置 proxy_cache_use_stale。
- UPDATING：内容过期了，是因为相对于之前的请求，响应的入口（entry）已经更新，并且 proxy_cache_use_stale 的 updating 已被设置。
- EXPIRED：缓存中的某一项过期了，来自原始服务器的响应，包含最新的内容。
- REVALIDATED：proxy_cache_revalidate 命令被启用，经过 Nginx 检测得知当前的缓存内容依然有效（If-Modified-Since 或者 If-None-Match）。

清除 Nginx 缓存的方法如下：

- 手动删除已缓存的数据，如：rm –rf /cache/*。
- 通过 ngx_cache_purge 扩展模块指定 URL 来清理缓存。

安装 ngx_cache_purge，如代码清单 4-14 所示。

代码清单 4-14　安装 ngx_cache_purge

```
wget http:// labs.frickle.com/files/ngx_cache_purge-2.3.tar.gz
tar -zxvf ngx_cache_purge-2.3.tar.gz
./configure --prefix=/usr/local/nginx --with-http_stub_status_module --with-
```

```
http_ssl_module --add-module=../ngx_cache_purge-2.3
    make
    make install
```

查看 Nginx 插件进程，如代码清单 4-15 所示。

代码清单 4-15　查看 Nginx 插件进程

```
ps -ef|grep nginx
nginx:master process /usr/local/nginx/sbin/nginx
nginx:worker process
nginx:cache manager process      //插件进程
nginx:cache loader process       //插件进程
```

此时可以通过 URL 路线来清除缓存。

4.6　Nginx 限流

在系统高峰期间存在高并发、系统被外界攻击等一系列潜在风险，为此 Nginx 提供了限流的策略，以规避掉潜在风险，整体提高系统的安全性。Nginx 使用漏桶算法按请求速率对模块进行限速，即能够强行保证请求的实时处理速度不会超过设置的阈值。漏桶算法思想如下：

1）水（请求）从上方倒入水桶，从水桶下方流出（被处理）；

2）来不及流出的水存在水桶中（缓冲），以固定速率流出；

3）水桶满后水溢出（丢弃）；

4）请求放入缓存，匀速处理，多余的请求直接丢弃。

Nginx 限制频率的代码如代码清单 4-16 所示。

代码清单 4-16　Nginx 限制频率

```
limit_conn_log_level notice;
    limit_conn_status 503;
    limit_conn_zone $server_name zone=perserver:10m;
    limit_conn_zone $binary_remote_addr zone=perip:10m;
    limit_req_zone $binary_remote_addr zone=zachary:100m  rate=2r/s;

    server {
        listen 80;
        limit_conn perserver 250;
        limit_conn perip 2;
```

```
        limit_req  zone=zachary;
        limit_rate_after 5m;
        limit_rate 800k;
        location / {
            proxy_pass http:// zachary.sh.cn;
        }
    }
```

其中，$binary_remote_addr 通过 remote_addr 这个标识来限制同一客户端 IP 地址。

zone=perip:10m; 表示生成一个大小为 10MB，名称为 one 的内存区域，用来存储访问的频次信息。

rate=2r/s 表示允许相同标识的客户端的访问频次为每秒 2 次，zone=zachary 表示使用 zachary 区域来做限制。

当单个 IP 在 50ms 内发送了 8 个请求时，处理流程为：Nginx 的限流统计是基于毫秒的，设置的速度是 2r/s，换算成毫秒是 500ms 内单个 IP 允许通过 1 个请求。所以，当前只有 1 个请求会被处理，其余 7 个请求会被直接拒绝。真实网络环境中请求到来不是匀速的，很可能有“突发请求”的情况，对于突发请求的处理方式是将其放入缓存，而不是直接拒绝。

Nginx 限制频率并缓存处理（排队等待）的代码如代码清单 4-17 所示。

代码清单 4-17　Nginx 限制频率并缓存处理 / 排队等待

```
limit_req_zone $binary_remote_addr zone=zachary:100m  rate=2r/s;

    server {
        listen 80;
        limit_conn perserver 250;
        limit_conn perip 2;
        limit_req  zone=zachary  burst=3;
        limit_rate_after 5m;
        limit_rate 800k;
        location / {
            proxy_pass http:// zachary.sh.cn;

        }
    }
```

其中，burst=3 表示设置了一个大小为 3 的缓冲区，即每个 IP 最多允许 3 个突发请求的到来，burst 的作用是让多余的请求可以先放到队列里，慢慢处理。

如代码清单 4-17 所示，1 个请求被立即处理，3 个请求被放到 burst 队列里，另外4个请求被拒绝。被放到burst队列里的3个请求，系统会每隔500ms(rate=2r/s)取一个请求进行处理，最后一个请求要等待1.5s才会被处理，显然请求排队的时间会比较长。

Nginx限制频率并缓存处理（不排队等待）的代码如代码清单4-18所示。

代码清单 4-18　Nginx 限制频率并缓存处理 / 不排队等待

```
limit_req_zone $binary_remote_addr zone=zachary:100m  rate=2r/s;

    server {
        listen 80;
        limit_conn perserver 250;
        limit_conn perip 2;
        limit_req  zone=zachary  burst=3 nodelay;
        limit_rate_after 5m;
        limit_rate 800k;
        location / {
            proxy_pass http:// zachary.sh.cn;

        }
    }
```

其中，nodelay表示超过访问频次而且缓冲区也满了的时候就会直接返回503，如果没有设置，则所有请求会排队等待。

nodelay能降低排队时间，nodelay参数允许请求在排队的时候被立即处理，只要请求能够进入burst队列，就会立即被后台worker处理。

当单个IP在50ms内发送了8个请求时，处理流程为：1个请求被立即处理，3个请求被放到burst队列里，另外4个请求被拒绝。

由于队列中的请求同时具有了被处理的资格，所以4个请求是同时被处理的，花费的时间自然变短了。

使用Nginx限流时，应当设置自定义状态，如代码清单4-19所示。

代码清单 4-19　自定义设置状态

```
limit_req_zone $binary_remote_addr zone=zachary:100m  rate=2r/s;
    server {
        listen 80;
        limit_conn perserver 250;
        limit_conn perip 2;
        limit_req  zone=zachary  burst=3 nodelay;
```

```
        limit_req_status 600;
        limit_rate_after 5m;
        limit_rate 800k;
        location / {
            proxy_pass http:// zachary.sh.cn;
        }
    }
```

4.7　Nginx 屏蔽

Nginx 拒绝或允许指定 IP，是使用模块 HTTP 访问控制模块实现的。该模块会按照声明的顺序进行检查，首条匹配 IP 的访问规则将被启用。

Nginx 屏蔽规则，如代码清单 4-20 所示。

代码清单 4-20　屏蔽规则

```
location / {
    deny     192.168.1.10;
    allow    192.168.1.0/24;
    allow    10.1.1.0/16;
    deny     all;
}
```

注意　白名单：允许 192.168.1.0/24 和 10.1.1.0/16 网络段访问。

黑名单：不允许 92.168.1.10 访问。

4.8　Nginx 优化

4.8.1　优化思路

默认 Nginx 是经过优化的，而我们针对 Nginx 优化主要集中在配置调整上。如果优化后效果不理想，则增加硬件，如增加机器数量、结合 F5 负载等。

4.8.2　核心配置优化

4.3 节中的 Nginx 配置可进行的优化如下。

1）worker_processes：表示 worker 进程数量。worker_processes 默认情况下为 1，官

方的建议是修改成 CPU 的内核数，增加 worker_processes 数量，充分利用 I/O 带宽，以减小机器 I/O 带来的影响。

服务器 A（2C/4G），测试运行结果如下：

- 设置 worker_processes=1，打开 2 个线程，其中有一个是主线程，运行很稳定；
- 设置 worker_processes=2，打开 3 个线程，其中有一个是主线程，运行相对较稳，高并发请求时会出现 502 的错误；
- 设置 worker_processes=4，打开 5 个线程，其中有一个是主线程，运行很稳定。

2）worker_connections：表示 work 进程连接数量，默认是 1024。worker_connections 优化需要考量两个指标，即内存和操作系统级别的“进程最大可打开文件数”。建议设置到 65535，可根据内存自行调整。

- 内存：每个连接数分别对应一个 read_event、一个 write_event 事件。一个连接数大概占用 232B，2 个事件共占用 96B，所以一个连接总共占用 328B。100W 连接大概占用 100W*328/1024/1024~=310MB。
- 进程最大可打开文件数：受限于操作系统，通过 ulimit -n 命令可查询，默认是 1024，建议设置为 65535。

3）keepalive_timeout：表示 KeepAlive 的超时时间，指定每个 TCP 连接最多可以保持多长时间。Nginx 的默认值是 75 秒。

【示例】 以电商网站上传附件功能为例，客户端使用 Nginx 反向代理。

对于电商后台管理模块来说，运营人员每天会定时上传商品的附件，有时上传的附件较大，需要等待很久服务器才响应，有时候超过默认值后会提示“超时”等现象。经日志分析请求发现，超时等问题和 Nginx 的 keepalive_timeout 配置项相关。页面请求后端采用 HTTP 方式。由于 HTTP 底层采用 TCP 协议网络传输，故当上传附件时页面会向服务端发送一个请求，由于附件过大，上传处理时间超过了 TCP 连接最多可以保持时间，从而导致“超时”等异常。

评估附件上传的平均时长后，更改 keepalive_timeout 默认配置项，将其调整到 500，运行过程中不再出现“超时”等现象。在后续运行过程中，发现批量上传的视频数量较多时，会出现部分视频上传失败的问题，日志提示“ socket() failed (24: Too many open files) while connecting to upstream”。分析可知，是连接数不够，于是调制 worker_connections 默认连接数到 8729。之后批量上传视频时，在视频的大小均衡且总数量偏小的情况下功能正常。但当出现视频大小不均衡并且总数量偏大情况，部分视频还会上传失败。

继续分析日志，发现由于 keepalive_timeout 设置过长，在上传视频时，有些请求传输的过程会很快执行完毕，如果超时时间设置过长，因处理完毕的请求连接没有被释放掉，所以会导致请求过多积累后会出现异常。

那么如何合理设置 keepalive_timeout 的时间呢？

优化思路：在存在一些业务功能比较耗时的情况下，可以优化程序，比如采用同步转异步、多线程等优化手段，这样可提高应用程序整体的执行效率，减少响应时间。不要因为业务功能而牺牲其他网络、系统、代理相关的服务，由于部分浏览器仅支持最多保持在 60s 左右，所以把 keepalive_timeout 调整到 60s 左右比较合理，如 keepalive_timeout 60。

4）gzip：表示 Nginx 采用 Gzip 压缩的形式发送数据。这将减少我们发送的数据量，建议开启该功能，即 gzip on。

5）gzip_proxied：允许或者禁止压缩基于请求和响应的响应流。比如，gzip_proxied any 表示压缩所有的请求。

6）gzip_min_length：表示数据启用压缩的最少字节数，建议请求大于 1KB 及以上时进行压缩，如 gzip_min_length 1000。压缩过小的数据会降低处理此请求的所有进程的速度。

7）gzip_comp_level：表示开启 Gzip 压缩。Gzip 的压缩参数值的范围是 1 到 9，那么，将其设置为多少合适呢？

【示例】 静态文件包括 4 个 H5 文件、4 个 JS、2 个 CSS 文件，合计大小为 380KB，设置 gzip_comp_level 参数从 1 到 9 的结果如下：

- gzip_comp_level=1，资源文件大小为 160KB；
- gzip_comp_level=2，资源文件大小为 150KB；
- gzip_comp_level=3，资源文件大小为 142KB；
- gzip_comp_level=4，资源文件大小为 127KB；
- gzip_comp_level=5，资源文件大小为 119KB；
- gzip_comp_level=6，资源文件大小为 102KB；
- gzip_comp_level=7，资源文件大小为 102KB；
- gzip_comp_level=8，资源文件大小为 97KB；

- gzip_comp_level=9，资源文件大小为 97KB。

随着压缩比例升高，CPU 消耗也不断升高，正常虚拟机 2C/4G 建议设置为 4，4C/8G 建设设置为 5。建议根据服务器的配置取值 4 或 5 即可。

8）gzip_type：设置需要压缩的数据格式。如 gzip_type text/plain text/css application/json application/x-javascript text/xml application/xml application/xml+rss text/javascript。

9）access_log：设置 Nginx 是否存储访问日志。如有其他日志记录，建议关闭这个选项，这样可以有效让读取磁盘的 I/O 操作执行得更快，如 access_log off。

10）sendfile：表示是否使用 sendfile 来传输文件，若使用，可实现在两个文件描述符之间直接传递数据（完全在内核中操作），从而避免数据在内核缓冲区和用户缓冲区之间的重复拷贝，提高操作效率，被称为零拷贝。建议开启，即 sendfile on。

11）tcp_nopush：表示 Nginx 在一个数据包里发送所有头文件，而不是一个接一个地发送。建议开启，即 tcp_nopush on。

12）tcp_nodelay：表示 Nginx 不要缓存数据，而是一段一段地发送。当需要及时发送数据时，就应该给应用设置这个属性，这样发送一小块数据信息时就不能立即得到返回值。建议开启，即 tcp_nodelay on。

13）reset_timeout_connection：关闭不响应的客户端连接，释放客户端占有的内存空间。

14）client_header_buffer_size：表示为请求头分配一个缓冲区，这样能减少一次内存分配。当大部分请求头很大时，建议设置 client_header_buffer_size。

15）large_client_header_buffers：表示请求中只有少量请求头很大，仅需在处理大头部时分配更多的空间，从而减少无谓的内存浪费。

16）client_body_buffer_size：表示处理客户端请求体 buffer 的大小。设置缓冲区 buffer 大小，可用来处理 POST 请求数据、上传文件。缓冲区过小会导致 Nginx 把内容写到磁盘，使用临时文件存储 response，会引起磁盘读写 I/O。

4.9 Nginx 高可用

分布式环境中存在众多不确定因素，而 Nginx 作为核心代理服务器用于网络请求负载时，若出现宕机或无响应的情况，网页端请求会无法正常代理到后端应用，这会导致业务无法正常运转，因此需避免单点风险，实现高可用。

首先介绍 Keepalived。Keepalived 是用来做什么的？

Keepalived 是一个高性能服务器的高可用或支持热备的解决方案，其主要特点是可以预防服务器单点故障的发生。Keepalived 专门用于监控集群系统中各个服务节点的状态，它根据 TCP/IP 参考模型的第三、第四层、第五层交换机制检测每个服务节点的状态，如果某个服务器节点出现异常，或者工作出现故障，Keepalived 会及时发现并将出现故障的服务器节点从集群系统中剔除，这些工作全部是自动完成的，不需要人工干涉，需要人工完成的只是修复出现故障的服务节点。

后续 Keepalived 又加入了 VRRP 的功能（虚拟路由冗余协议），用于解决静态路由的单点故障问题。通过 VRRP 可以实现网络不间断稳定运行，因此 Keepalived 一方面具有服务器状态检测和故障隔离功能，另外一方面也有 HAcluster 功能。

Keepalived 的两大核心功能包括健康检查和失败切换。所谓健康检查，就是采用 TCP 三次握手、icmp 请求、HTTP 请求等方式对负载均衡器后面的实际服务器（通常是承载真实业务的服务器）进行保活。失败切换主要是指应用于配置了主备模式的负载均衡器，利用 VRRP 维持主备负载均衡器的心跳，当主负载均衡器出现问题时，由备负载均衡器承载对应的业务，从而在最大限度上减少流量损失，提高服务的稳定性。

1. VRRP 实现原理

VRRP 可以保证当主机的一台路由出现故障时，由另一台路由器来代替出现故障的路由器进行工作。通过 VRRP 可以在网络发生故障时透明地进行设备切换而不影响主机之间的数据通信。VRRP 包括以下几个部分：

1）虚拟路由器：虚拟路由器是 VRRP 备份组中所有路由器的集合，从备份组外面看备份组中的路由器，组中的所有路由器都一样，可以理解为在一个组中，主路由器 + 所有备份路由器 = 虚拟路由器。虚拟路由器有一个虚拟的 IP 地址和 MAC 地址。主机将虚拟路由器当作默认网关。虚拟 MAC 地址的格式为 00-00-5E-00-01-{VRID}。通常情况下，虚拟路由器回应 ARP 请求使用的是虚拟 MAC 地址，只有虚拟路由器做特殊配置的时候，才会回应接口的真实 MAC 地址。

2）主路由器：虚拟路由器通过虚拟 IP 对外提供服务，而在虚拟路由器内部同一时间只有一台物理路由器对外提供服务，这台提供服务的物理路由器被称为主路由器。一般情况下，Master 是由选举算法产生的，它拥有对外服务的虚拟 IP，提供各种网络功能，如 ARP 请求、ICMP 数据转发等。

3）备份路由器：虚拟路由器中的其他物理路由器不拥有对外的虚拟 IP，也不对外提供网络功能，仅接受 Master 的 VRRP 状态通告信息，这些路由器被称为备份路由器。当主路由器失败时，处于 Backup 角色的备份路由器将重新进行选举，产生一个新的主路由器进入 Master 角色，继续提供对外服务，整个切换对用户来说是完全透明的。

VRRP 路由器在运行过程中有以下状态：

- Initialize 状态（系统启动后进入 Initialize，此状态下路由器不对 VRRP 报文做任何处理）;
- Master 状态；
- Backup 状态。

主路由器处于 Master 状态，备份路由器处于 Backup 状态。

VRRP 使用选举机制来确定路由器的状态，具体优先级选举机制如下：

- VRRP 组中 IP 拥有者。如果虚拟 IP 地址与 VRRP 组中的某台 VRRP 路由器 IP 地址相同，则此路由器为 IP 地址拥有者，这台路由器将被定位为主路由器；
- 比较优先级。如果没有 IP 地址拥有者，则比较路由器的优先级，优先级的范围是 0 ～ 255，优先级大的作为主路由器；
- 比较 IP 地址。在没有 IP 地址拥有者和优先级相同的情况下，IP 地址大的作为主路由器。

2. VRRP 工作过程

根据优先级来确定主备角色，优先级高的路由器成为 Master 路由器，优先级低的成为 Backup 路由器。Master 拥有对外服务的虚拟 IP，提供各种网络功能，并定期发送 VRRP 报文，通知备份组内的其他设备自己工作正常。Backup 路由器只接收 Master 发来的报文信息，用来监控 Master 的运行状态。当 Master 失效时，Backup 路由器进行选举，优先级高的 Backup 将成为新的 Master。

抢占方式下，当 Backup 路由器收到 VRRP 报文后，会将自己的优先级与报文中的优先级进行比较。如果 Backup 路由器的 URRP 报文大于通告报文中的优先级，则该路由器成为 Master 路由器；否则将保持 Backup 状态。

非抢占方式下，只要 Master 路由器没有出现故障，备份组中的路由器就会始终保持 Master 或 Backup 状态。Backup 路由器即使随后被配置了更高的优先级也不会成为 Master 路由器。

如果 Backup 路由器的定时器超时后仍未收到 Master 路由器发送来的 VRRP 报文，则认为 Master 路由器已经无法正常工作，此时 Backup 路由器会认为自己是 Master 路由器，并对外发送 VRRP 报文。备份组内的路由器根据优先级选举出 Master 路由器，并承担报文的转发功能。

利用 Keepalived 的 VRRP，可实现 Nginx 的高可用。Nginx 高可用结构如图 4-12 所示。

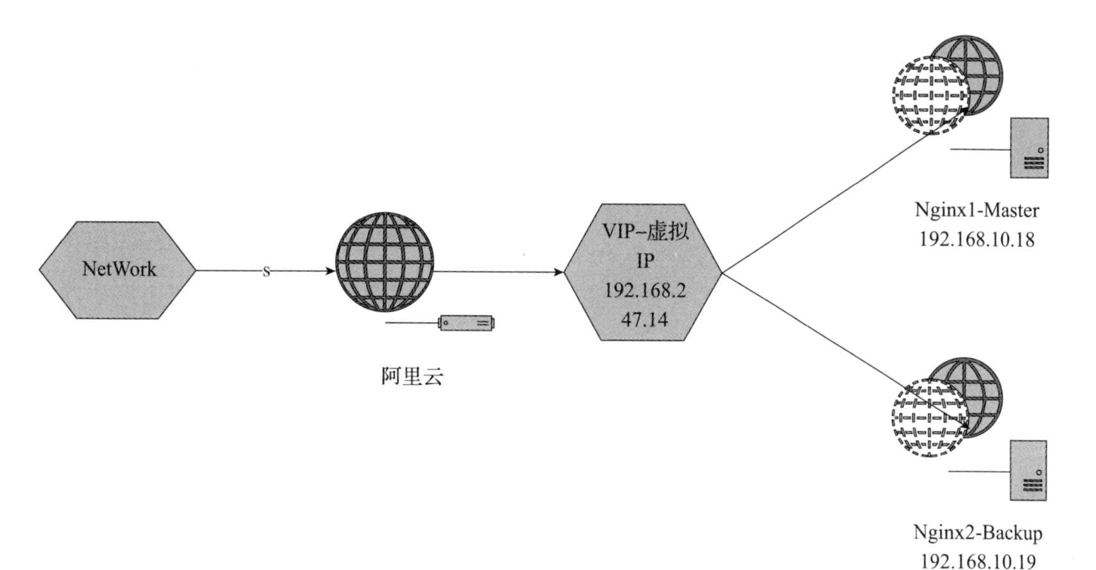

图 4-12 Nginx 高可用结构图

使用 Keepalived 的 VRRP 来管理两台 Nginx 服务器，并虚拟出一个 VIP（192.168.247.14），外界请求直接访问虚拟 IP 而不是真正的 Nginx 的 IP。虚拟 IP 绑定的是 Master，Backup 服务器会和 Master 保持通信，并监听 Master 服务器的健康状态。当 Master 宕机或发生异常时，Master 无法和 Backup 通信，Backup 健康监听机制会认为 Master 已经宕机，从而将选举升级为 Master，并把 VIP 绑定到自身，提供 Master 相应的功能。当之前宕机的主服务器恢复后，原服务器依然充当主服务器，而升级后的主服务器会降级到从服务器。

4.10 本章小结

本章主要讲述了分布式环境中 Nginx 的使用，主要从源码编译安装、配置讲解、负载均衡、缓存、限流、优化、高可用等方面进行分析和说明。具体分析流程如下：

1）工作流程部分主要讲述 Nginx 内部的处理机制；

2）源码编译安装部分主要讲解 Nginx 各种版本间的差异以及相关编译指令；

3）配置部分讲解配置的使用方法；

4）代理和负载均衡部分主要讲解 Nginx 的核心作用；

5）缓存部分主要讲解高效的交互方式；

6）限流和屏蔽部分主要讲解安全机制；

7）高可用部分主要讲解在分布式环境中如何构建健壮的方案；

8）优化是需一直关注的问题。根据特定的环境和配置，经过一次又一次的优化和演练，可让系统高效运行并减少冗余资源开销。

通过案例说明 Nginx 的使用场景，可帮更多人轻松了解和使用 Nginx。Nginx 较成熟，目前在互联网中广泛使用，当然 Nginx 只是代理服务器中的一种，目前市面上还有多种具有类似功能的服务器或技术，如 LVS、F5 等，Nginx 的优势是开源且性能高。

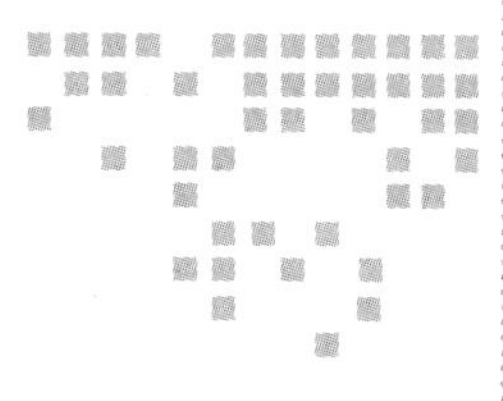

第 5 章 Chapter 5

分布式架构 Varnish

Varnish 是一款高性能且开源的反向代理服务器和 HTTP 加速器，主要通过缓存来实现 Web 访问加速。它基于内存进行缓存，支持精确缓存时效，性能高效。其 VCL 配置管理比较灵活，支持后端服务器负载和健康检查，内部实现了负载均衡轮询调用服务器。

本章重点内容如下：

- Varnish 工作原理
- Varnish 源码编译安装
- Varnish 配置
- Varnish 核心指令
- Varnish 缓存
- Varnish 处理策略
- Varnish 健康检查
- Varnish 优化
- Varnish 高可用

5.1 Varnish 工作原理

Varnish 主要有两个进程，管理进程（Management）和子进程（Child）。其中，管理进程主要负责配置变更、编译 VCL、监控运行、初始化、定期检查子进程（子进程宕机会重新开启）；子进程包括 Worker 线程、Acceptor 线程、Expiry 线程，内部使用 workspace 工作区来减少多个线程间对内存的竞争。

Varnish 工作模型图如图 5-1 所示。

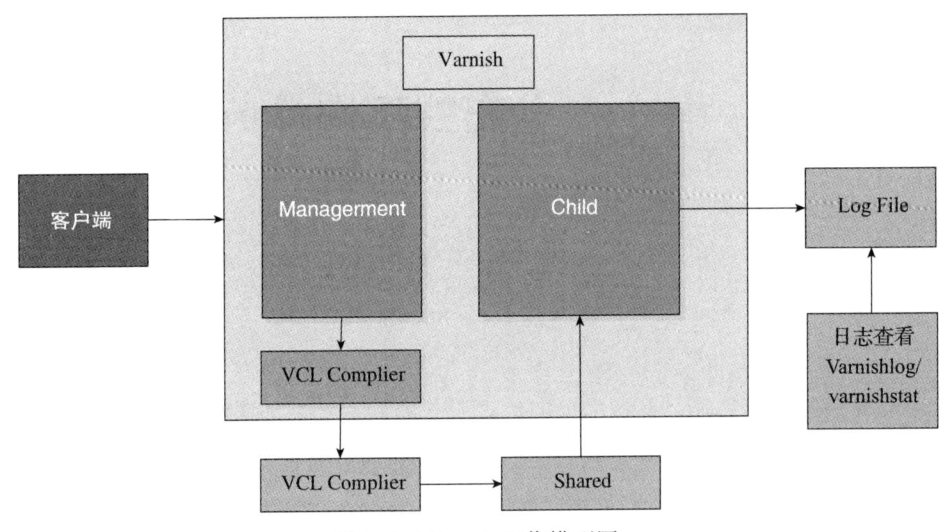

图 5-1　Varnish 工作模型图

如图 5-1 所示，Varnish 的工作流程如下。

1）Varnish 的某个负责接收新 HTTP 连接的线程开始等待用户，如果有新的 HTTP 连接过来，它会负责接收，然后叫醒某个等待中的线程，并把具体的处理过程交给它。Worker 线程读入 HTTP 请求的 URI，查找已有的 object。如果命中则直接返回并回复用户；如果没有命中，则需要从后端服务器中读取所请求的内容并存到缓存中，然后再回复。

2）分配缓存的过程：Varnish 缓存对象时，默认会忽略体积过大的对象，因此会事先读取对象（object）的大小，经过默认配置的验证和筛选，保证其自身缓存策略的高效性。

为了读写高效性，会将筛选后合适的对象（object）压缩，压缩过程中会从现有的空闲存储结构体中查找，找到最合适大小的空闲存储块并将 object 分配给它。如果空闲块没有用完，就用多余的内存另外组成一个空闲存储块，挂到管理结构体上。如果缓存已满，就根据 LRU 机制，把最旧的 object 释放掉。

3）释放缓存的过程：有一个超时线程，检测缓存中所有 object 的生存期，如果超出设定的TTL（Time To Live）还没有被访问，就删除该object，并且释放相应的结构体及存储内存。注意释放时会检查该存储内存块前后空闲内存块，如果前后空闲内存和该释放内存是连续的，就将它们合并成一块更大的内存。

4）整个文件缓存的管理，没有考虑文件与内存的关系，实际上认为所有的object都在内存中，如果内存不足，系统会自动将其换到swap空间，而不需要Varnish程序去控制。

5）日志：为了与系统的其他部分进行交互，Child进程使用了可以通过文件系统接口进行访问的共享内存日志（shared memory log），因此，如果某线程需要记录信息，其仅需要持有一个锁，而后向共享内存中的某内存区域写入数据，再释放持有的锁即可。为了减少竞争，每个worker线程都使用了日志数据缓存。

6）共享内存日志大小一般为90MB，其分为两部分，前一部分为计数器，后一部分为客户端请求的数据。Varnish提供了多个不同的工具，如varnishlog、varnishncsa、varnishstat等，用以来分析共享内存日志中的信息并以指定的方式进行显示。

Varnish的优势如下：

- Varnish支持更多的并发连接，因为Varnish的TCP连接比squid快；
- Varnish访问速度快，因为其采用了Visual Page Cache技术，直接从内存中读取数据；
- Varnish通过管理端口，使用正则表达式批量清除部分缓存；
- Varnish量级轻且开源。

Varnish的缺点如下：

- 进程一旦挂掉或重启，缓存的数据将从内存中完全释放；
- 用多台Varnish实现负载均衡时，每次请求都会落到不同的Varnish服务器中，可能会造成URL请求穿透到后端。

5.2　Varnish源码编译安装

以Centos平台编译环境为例，安装Make并编译Varnish以及相关依赖插件的方法如代码清单5-1所示。

代码清单5-1　编译Varnish以及依赖插件

```
# 需要安装编译gcc，已安装忽略
yum -y install gcc automake autoconf libtool make
```

```
yum install gcc gcc-c++

# 安装 pcre 正规表达式，已安装忽略
wget http://www.programming.cn/pcre/pcre-8.36.tar.gz
tar -zxvf pcre-8.36.tar.gz
cd pcre-8.36
./configure --prefix=/usr/local/pcre/

make
make install

# 安装 libedit-dev，已安装忽略
yum install libedit-dev*

# 安装 Varnish
wget -c http://repo.varnish-cache.org/source/varnish-3.0.1.tar.gz
tar xzvf varnish-3.0.1.tar.gz
cd varnish-3.0.1
./configure --prefix=/usr/local/varnish PKG_CONFIG_PATH=/usr/lib/pkgconfig
make
make install
```

在 Varnish 的 configure 命令中，--prefix=path 定义一个目录，也就是 Varnish 的安装目录，用于存放服务器上的文件。默认使用 /usr/local/ varnish。

安装成功后 /usr/local/varnish 目录如下：

```
bin     etc     include
lib     sbin    share       var
```

设置软连接 ln -s /usr/local/varnish/sbin/varnishd /usr/sbin/, ln -s /usr/local/varnish/bin/* /usr/local/bin/，目的是让里面的内容暴露到外层，方便查看。

通过 /usr/sbin -V 查看 varnish 版本号，复制核心配置文件（default.vcl）到外层，如：cp /usr/local/varnish/share/doc/varnish/example.vcl /usr/local/varnish/default.vcl

启动 varnish 的方法如下：

```
进入 cd /usr/sbin/
运行 ./varnished -f /usr/local/varnish/default.vcl -s malloc,32M -T 192.168.
10.101:2000 -a 0.0.0.0:2222
```

其中，-s malloc 表示存储类型和容量，-T 192.168.10.101:2000 表示指定管理 IP 和端口，-a 0.0.0.0:2222 表示对外界提供 Web 服务的 IP 和端口。

关闭 varnish 的方法如下：

```
进入cd /usr/sbin/
运行pkill varnished
```

通过 Varnish 代理运行的方法如下：

外部地址端口（http://192.168.10.101:2222/zachary/demo/showtime）被 Varnish 代理成内部地址端口（http://192.168.10.101:9021/zachary/demo/showtime），并可直接访问 Tomcat 页面。

Varnish 提供了基于端口的管理方式，用户可以通过 telnet 方式登录到管理端口，对 Varnish 子进程进行启动、关闭、查看状态和清除缓存等操作，如代码清单 5-2 所示。

代码清单 5-2 Varnish 后台管理

```
[root@varnish ~]#telnet 192.168.10.101 2000
Trying 192.168.10.101...
Connected to localhost.localdomain (192.168.10.101).
Escape character is '^]'.
200 154
-----------------------------
Varnish HTTP accelerator CLI.
-----------------------------
Type 'help' for command list.
Type 'quit' to close CLI session.

# 输入"help"即可得到如下帮助信息
help
200 377
help [command]
ping [timestamp]
auth response
quit
banner
status                          # 显示服务运行状态
start                           # 启动 Varnish 的子服务
stop                            # 关闭 Varnish 的子服务
stats                           # 显示服务的全部状态
# 操作 VCL 配置文件的相关操作，如果要修改 VCL 文件
vcl.load <configname> <filename>
vcl.inline <configname> <quoted_VCLstring>
vcl.use <configname>            # 载入指定的配置文件
vcl.discard <configname>        # 丢弃指定的 VCL 配置文件
vcl.list                        # 显示当前载入的 VCL 配置文件信息
vcl.show <configname>           # 可以显示某个 VCL 文件的内容
param.show [-l] [<param>]       # 用于显示程序的运行参数
param.set <param> <value>       # 用于动态更改某个运行参数
purge.url <regexp>              # 用来清除指定规则的 URL 缓存
purge <field> <operator> <arg>
purge.list                      # 列出执行过的规则
```

5.3 Varnish 配置

Varnish 状态引擎处理流程如图 5-2 所示。

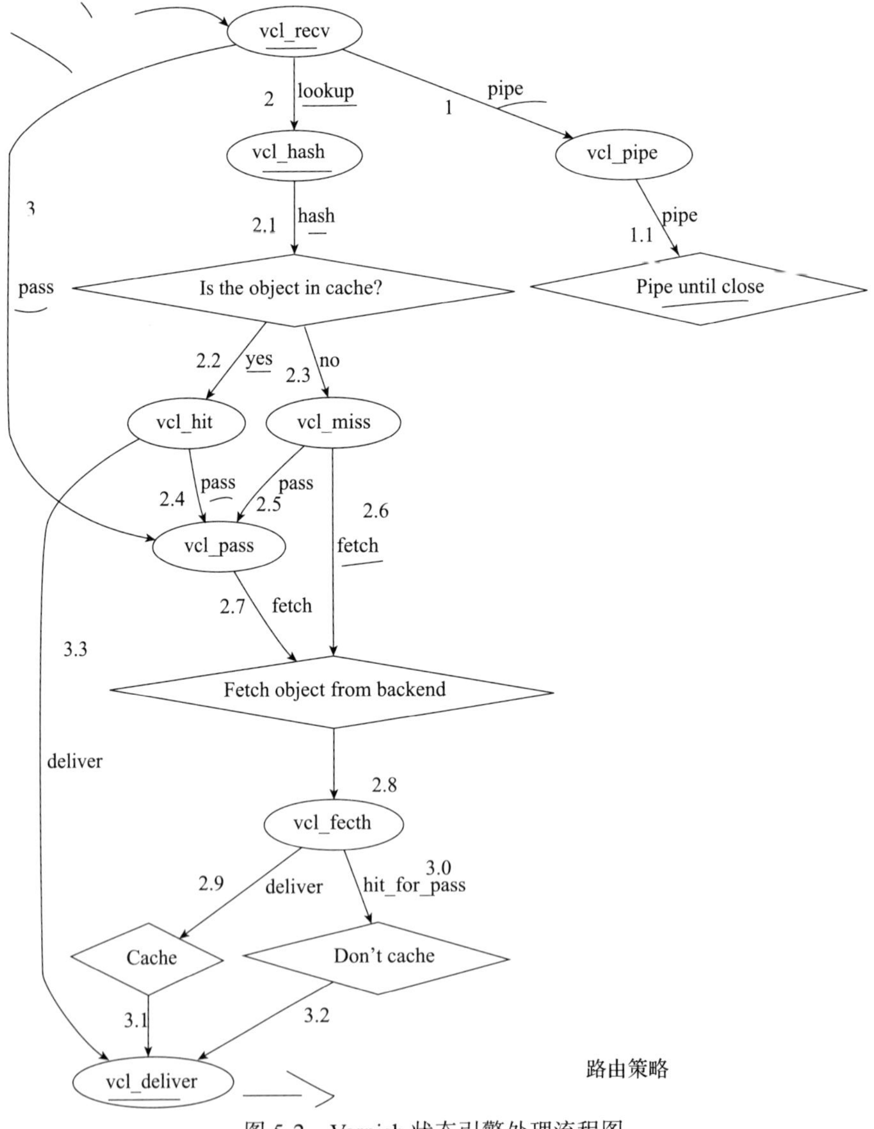

图 5-2　Varnish 状态引擎处理流程图

对图 5-2 所示的流程分析如下。

vcl_recv：用于接收并处理用户请求，当接收到一个完整的请求时，它会检查并分析是否可以为这个请求服务，判断请求的数据并决定如何处理请求。vcl_recv 可以选择多个策略，如 1.pipe、2.lookup、3.pass。它会将控制权传递给下游，如 vcl_pipe、vcl_hash、vcl_pass。

- 1.1 vcl_pipe：不会缓存数据，其会进入 pipe 模式，由管道后端处理数据，直到管道处理完毕后关闭。
- 2.1 vcl_hash：缓存数据，通过 hash 处理机制，默认 URL 可作为 key，key 的方式可自定义调整，同时可以根据客户端是否区分压缩数据而进一步判断是否存储缓存。
- 2.2 vcl_hit：一个请求从缓存中命中需要的内容。
- 2.3 vcl_miss：一个请求从缓存中未命中需要的内容。
- 2.4/2.5 vcl_pass：对命中或未命中的数据提供数据处理功能。
- 2.8 vcl_fetch：从后端服务器获得请求目标数据。
- 2.9 deliver：从后端服务器获得数据后，根据策略检查是否需要缓存起来。
- 3.1/3.2 vcl_deliver：内容返回给客户端。

对图 5-2 所示流程中涉及的函数介绍如下。

- pipe：将请求交给 vcl_pipe 函数。error code[reason] 表示返回 code 给客户端并放弃请求，code 是错误标示，例如 200、405 等，reason 是错误原因。
- vcl_pipe：该函数在进入 pipe 模式时被调用，用于将请求直接传递给后端主机，在请求和返回内容没有改变的情况下，将不变的内容返回给客户端，直到这个链接关闭。
- vcl_pass：该函数在进入 pass 模式时被调用，用于直接将请求发送给后端主机，后端主机响应后发送给客户端，不进行任何缓存，每次都返回最新内容。
- vcl_hash：可缓存数据，通过 hash 机制处理，默认将 URL 作为 key；也可以自定义，根据客户端是否支持处理压缩数据来区分缓存。
- lookup：在缓存中查找被请求的对象，并且根据查找的结果交给 vcl_hit 函数（命中）或 vcl_miss 函数（未命中）处理。
- vcl_hit：在执行 lookup 后，如果在缓存中命中对象，该函数将会被自动调用。
- deliver：表示找到内容并发送给客户端，把控制权交给 vcl_deliver 函数。
- vcl_miss：在执行 lookup 后，如果缓存中没有命中对象，该函数会被调用，可用于判断是否从后端请求内容。

- fetch：表示从后端获取内容，并把控制权交给 vcl_fetch 函数。
- vcl_fetch：从后端主机更新缓存并获取内容后调用该函数，接着判断获取的内容是放入缓存还是直接给客户端。
- vcl_deliver：将在缓存中找到的内容发送给客户端调用的方法。

下面介绍 Varnish 的配置文件（default.vcl），如代码清单 5-3 所示。

代码清单 5-3　default.vcl 配置文件

```
probe tz1{
    .url="/demo/xxxx.index.html";      // 检查后端健康页面
    .timeout=0.3s;                     // 过期时间
    .window=8;                         // 检查后端服务次数
    .threshod=3;                       // 检查后端 8 次访问，若成功 3 次则认为服务是存活的
    .initial=3;                        // Varnish 启动，确保多少个 probe 正常
    .expected_response=200;            // 期望 expected code，默认是 200
    .interval=6;                       // 定义 probe 多久检查一次后端，默认为 5s
 }

 backend zachary{
    .host="127.0.0.1";
    .port="2222";
    .connect_timeout=1s;
    .first_byte_timeout=5s;
    .between_byte.timeout=2s;
    .max_connections=1000;
    .probe=tz1;
 }

 backend resource{
    .host="127.0.0.1";
    .port="8099";
    .connect_timeout=2s;               // 定义等待连接后端的时间
    .first_byte_timeout=5s;            // 定义等待从 backend 传输过来的第一个字节的时间
    .between_byte.timeout=2s;          // 定义两个字节的间隔时间

 }

 director zachary random{             // 随机
    .retries=5;                        // 查找可用后端次数
    {
        .backend=zachary;              // 引用已存在的 backend
        .weight=6;
    }
    {
        .backend=resource;             // 引用已存在的 backend
```

```
        .weight=2;                        //类似Nginx权重
    }
    {
        .backend={                        //定义新的backend

        }
        .weight=2;
    }
}

director zachary round-robin{             //轮询
    {
        .backend=zachary;                 //引用已存在的backend

    }
    {
        .backend=resource;                //引用已存在的backend

    }
    {
        .backend={                        //定义新的backend
        }

    }
}

#权限访问控制列表
acl purgeallow {
    "127.0.0.1";
    !"192.168.0.102"
}

sub vcl_recv{

    if(!req.backend.healthy){
        set req.grace=30m;                //Varnish缓存时间+50分钟返回给客户端
    }else{
        set req.grace=5s;
    }

    if (req.url ~ "\.(css|js|html|htm|bmp|png|gif|jpg|jpeg|ico|gz|tgz|bz2|t
        bz|zip|rar|mp3|mp4|ogg|swf|flv)($|\?)") {
        unset req.http.cookie;
        return (hash);
    }
    if(req.request== "PURGE"){
        (!client.ip ~ purgeallow){
            error 405 "not allowed";
```

```
        }
        return(lookup);
    }

    if (req.restarts == 0) {
        if (req.http.x-forwarded-for) {
            set req.http.X-Forwarded-For = req.http.X-Forwarded-For + ", " +
                client.ip;
        } else {
            set req.http.X-Forwarded-For = client.ip;
        }
    }
if (req.http.Cache-Control ~ "(?i)no-cache") {
       if (!(req.http.Via || req.http.User-Agent ~ "(?i)bot" || req.http.X-
           Purge)) {
           return (purge);
       }
    }

if(req.http.host ~"^(www.)?zachary.cn$"){
        set req.backnd=zachary;
    }

    if(req.request== "GET" && req.url ~ "\.(jpg|png|gif|swf|flv|ico|jpeg)$"){
        unset req.http.cookie;
    }

    if(req.request== "GET" && req.url ~ "(?i)\.jsp($|\?)"){
        set req.backnd=resource;
        return pass(pass);
    }
 }

 sub vcl_fetch{

    set beresp.grace=30m;                //后端服务器返回 Varnish 缓存时间 +50 分钟
    if(req.request== "GET" req.url ~ "\.(jpg|png|gif|swf|flv|ico|jpeg)$"){
        set beresp.ttl=1d;
    }

    if(req.url ~ "^.*/zachary/demo/.*"){
        set beresp.ttl=1d;
        return(deliver);
    }

 }

 sub vcl_hit{
```

```
    std.log("url hit,your need to check it; it's url ="+req.url);
    if(req.request=='PURGE'){
        set obj.ttl=0s;                 //清除缓存
        error 200 "Purged.";
    }
    return(fetch);
}

sub vcl_miss{
    std.log("url miss,your need to check it; it's url ="+req.url);
    if(req.request=='PURGE'){
        error 200 "Purged.";
    }

    return(fetch);
}
```

对上述代码中的重点流程介绍如下。

1）1个请求对应1个backend，可配置连接后端服务。其中，connect_timeout表示连接后端超时时间，first_byte_timeout表示传输第一个字节的时间，between_byte.timeout表示第二个和第一个中间传输所用的时间，max_connections表示连接后端服务的最大限制数。

2）backend有多种配置策略，如随机、循环、DNS等，可参考代码清单5-3中的相关配置。

3）probe用于配置健康检查。

4）acl用于设置权限列表，可配置相关IP。

当多个客户端请求同时访问一个页面时，Varnish只会发送一次请求到后端，其他请求会被挂起以等待返回结果，体验较差。当服务器请求流量高时，比如在秒杀活动中、同时产生数千万点击率时等，用户不可能挂起等待结果。

针对以上问题，Varnish提供了Grace模式来延长缓存失效时间，即上次过期数据结果在失效时间之后延期多长时间，具体时间需根据系统斟酌设置，当后端服务器出现问题时，负载过高后，Varnish不访问后端直接返回旧缓存数据到客户端。

VCL返回策略：

- return(pass)：不缓存，直接调用服务器。
- return(lookup)：先从缓存获取，缓存中没有数据再从服务器获取。
- return(pipe)：当前连接未关闭前，所有的请求都直接由服务器处理，Varnish不处理请求。

- return(deliver)：请求目标被缓存，然后返回客户端。

5.4 Varnish 核心指令

5.4.1 Varnish 核心指令之 backend

backend 是用于定义后端服务器的子例程。其具体使用方法如代码清单 5-4 所示。

代码清单 5-4　backend 定义子例程

```
backend zachary{
    .host="127.0.0.1";   //指明后端主机
    .port="2222";
    .connect_timeout=1s;
    .first_byte_timeout=5s;
    .between_byte.timeout=2s;
    .max_connections=1000;
    .probe=tz1;
}

backend resource{
    .host="192.168.0.1"; //指明后端主机
    .port="8099";
    .connect_timeout=1s;
    .first_byte_timeout=5s;
    .between_byte.timeout=2s;

}
```

注意　Varnish 允许定义多个 backend 后端服务器。

5.4.2 Varnish 核心指令之 director

director 是后端服务器控制组。前文提到通过 backend 可定义多个后端服务源，那么如何实现负载均衡呢？可以通过 director 来管理，Varnish 提供多种算法，具体如下。

- round-robin：采用循环的方式依次选择 backend。
- random：根据所设置的权重来选择 backend。

- client：根据请求的客户端属性（IP、cookie、session）来选择 backend。
- hash：根据 hash 表来选择。
- dns：根据 DNS 解析来选择。

1. round-robin

round-robin 是 Varnish 轮询算法，其实现如代码清单 5-5 所示。

代码清单 5-5　Varnish 轮询算法

```
director zachary round-robin {
    {
        .backend=zachary;          //引用已存在的backend

    }
    {
        .backend=resource;         //引用已存在的backend

    }
    {
        .backend={                 //定义新的backend
        }

    }
}
```

Varnish 轮询的代理示意如图 5-3 所示。

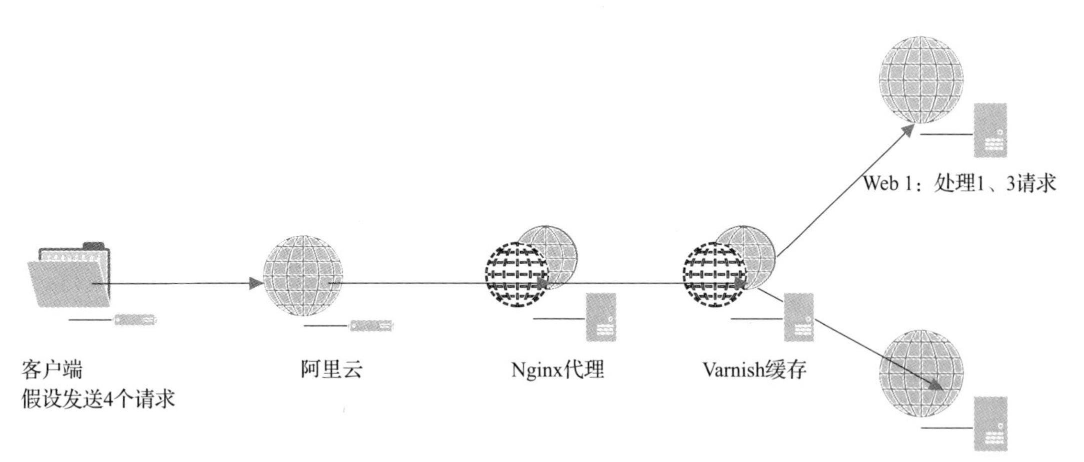

图 5-3　Varnish/director 轮询代理图

注意 Nginx 发送请求到 Varnish 后，Varnish 会根据策略匹配，如已缓存到数据，直接返回，否则会通过轮询方式去后端服务器获取数据。

2. random

Varnish random 算法，如代码清单 5-6 所示。

代码清单 5-6　Varnish random 算法

```
director zachary random{            // 随机
    .retries=5;                     // 查找可用后端次数
    {
        .backend=zachary;           // 引用已存在的 backend
        .weight=6;
    }
    {
        .backend=resource;          // 引用已存在的 backend
        .weight=2;                  // 类似 Nginx 权重
    }
    {
        .backend={                  // 定义新的 backend

        }
        .weight=2;
    }
}
```

Varnish random 的代理示意如图 5-4 所示。

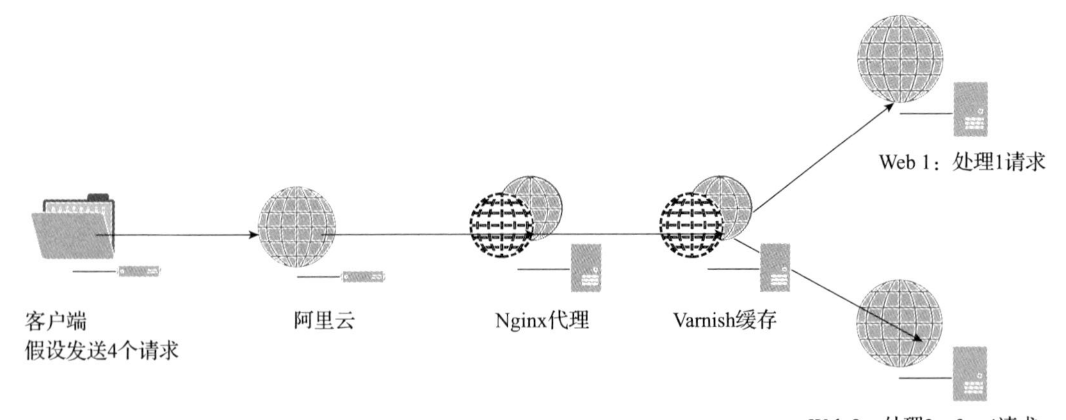

图 5-4　Varnish/director random 的代理图

3. client

Varnish client 算法如代码清单 5-7 所示。

代码清单 5-7　Varnish client 算法

```
director zachary client{
    {
        .backend=zachary;          //引用已存在的backend

    }
    {
        .backend=resource;         //引用已存在的backend

    }
    {
        .backend={                 //定义新的backend
        }

    }
}
```

4. hash

通过 hash 算法，Varnish 会选择后端服务器中压力最小的一台服务器来承担消费。Varnish hash 算法如代码清单 5-8 所示。

代码清单 5-8　Varnish hash 算法

```
director zachary hash {
    {
        .backend=zachary;          //引用已存在的backend

    }
    {
        .backend=resource;         //引用已存在的backend

    }
    {
        .backend={                 //定义新的backend
        }

    }
}
```

5. dns

Varnish 会通过 DNS 策略引用后端服务器列表。Varnish dns 算法如代码清单 5-9 所示。

代码清单 5-9　Varnish DNS 算法

```
director zachary dns {
    .list = {
            .host_header = "www.zachary.com";
            .port = "80";
            .connect_timeout = 0.4;
            "192.168.15.0"/24;  # IP段 0~255
            "192.168.16.128"/25;
    }
    .ttl = 5m;                   # 查找缓存时间
    .suffix = "xxx.com";         # 主机名后缀
}
```

5.5 Varnish 缓存

5.5.1 Varnish 缓存状态

通过浏览器访问对应的网页可查看 Varnish 缓存的状态。如果 Varnish 缓存成功，第二次打开网页的速度会明显比第一次快，但是这种方式并不能充分说明缓存状态。下面以命令行的方式，通过查看网页头部来查看命中情况，如代码清单 5-10 所示。

代码清单 5-10　查看 Varnish 缓存状态

```
[root@varnish ~]# curl -I http://127.0.0.1:2222/zachary/demo/showtime
HTTP/1.1 200 OK
Server: Tomcat/8.0
Last-Modified: Sat, 10 Jul 2019 11:25:15 GMT
ETag: "5e850b-616d-48b06c6031cc0"
Content-Type: application/json
Content-Length: 24941
Date: Fri, 09 Jul 2019 08:29:16 GMT
X-Varnish: 1364285597
Age: 0
Via: 1.1 varnish
Connection: keep-alive
X-Cache: MISS from 127.0.0.1
```

在代码清单 5-10 中，X-Cache:MISS 表示此次访问未从缓存中读取，当我们第二次访问后，查看 Varnish 缓存状态，如代码清单 5-11 所示。

代码清单 5-11　查看 Varnish 缓存状态

```
[root@varnish ~]# curl -I http://127.0.0.1:2222/zachary/demo/showtime
HTTP/1.1 200 OK
Server: Tomcat/8.0
Last-Modified: Sat, 10 Jul 2019 11:25:15 GMT
ETag: "5e850b-616d-48b06c6031cc0"
Content-Type: application/json
Content-Length: 24941
Date: Fri, 09 Jul 2019 08:29:16 GMT
X-Varnish: 1364285597
Age: 0
Via: 1.1 varnish
Connection: keep-alive
X-Cache: HIT from 127.0.0.1
```

在代码清单 5-11 中，X-Cache:HIT 表示此次访问从缓存中读取。通过查看请求的头部和响应能看出数据是否已经被 Varnish 缓存，但只有通过缓存命中率的高低才能说明 Varnish 运行的效果。较高的缓存命中率说明 Varnish 运行良好，反之，说明 Varnish 的配置策略存在问题，需要调整。因此，从整体的命中率上可以直接反馈出 Varnish 的效果。Varnish 提供了 varnishstat 命令，可以监控命中的过程。下面介绍 varnishstat 命令使用方法，如代码清单 5-12 所示。

代码清单 5-12　varnishstat 命令使用

```
[root@varnish ~]#/usr/local/varnish/bin/varnishstat  -n /cache
Hitrate ratio:      10      90      120
Hitrate avg:     0.9999  0.9964  0.9964

      19960       98.92        1229.70 Client connections accepted
     225820      660.84       8701.07 Client requests received
     336802      530.78       6891.20 Cache hits
         68        0.00        691.34 Cache misses
       5688       33.96        220.37 Backend conn. success
       6336        1.00        191.52 Backend conn. reuses
       2642       33.96         47.14 Backend conn. was closed
       8978       29.96         29.67 Backend conn. recycles
       6389        1.00         70.79 Fetch with Length
       2630       32.96         69.08 Fetch chunked
        444          .            .   N struct sess_mem
         23          .            .   N struct sess
```

```
          64           .             .  N struct object
          78           .             .  N struct objectcore
          78           .             .  N struct objecthead
         132           .             .  N struct smf
           2           .             .  N small free smf
           3           .             .  N large free smf
           6           .             .  N struct vbe_conn
          14           .             .  N worker threads
          68        1.00          0.34  N worker threads created
           0        0.00          0.00  N queued work requests
        1201       11.99          5.98  N overflowed work requests
           1           .             .  N backends
           4           .             .  N expired objects
        3701           .             .  N LRU moved objects
      118109      942.85        587.61  Objects sent with write
        9985       71.91         49.68  Total Sessions
      121820      953.84        606.07  Total Requests
```

其中的参数详解如下。

- Client connections accepted：表示客户端向反向代理服务器成功发送 HTTP 请求的总数量。
- Client requests received：表示到现在为止，浏览器向反向代理服务器发送 HTTP 请求的累计次数。由于可能会使用长连接，因此这个值一般会大于 Client connections accepted 的值。
- Cache hits：表示反向代理服务器在缓存区中查找并且命中缓存的次数。
- Cache misses：表示直接访问后端主机的请求数量，也就是非命中数。
- N struct object：表示当前被缓存的数量。
- N expired objects：表示过期的缓存内容数量。
- N LRU moved objects：表示被淘汰的缓存内容数量。

5.5.2 Varnish 缓存管理

Varnish 缓存管理的主要工作是迅速有效地控制和清除指定的缓存内容。Varnish 清除缓存的操作相对比较复杂，可以通过 Varnish 的管理端口发送 purge 指令来清除不需要的缓存。清除缓存的命令如代码清单 5-13 所示。

代码清单 5-13 Varnish 清除缓存命令

```
# 清除指定 URL 的缓存
```

```
/usr/local/varnish/bin/varnishadm -T 192.168.10.101:2000 purge.url /xxx 相对路径
# 例如清除缓存 (http:// 192.168.10.101:2222/zachary/demo/showtime)
/usr/local/varnish/bin/varnishadm -T 192.168.10.101:2000 purge.url /zachary/
demo/showtime

# 如 /demo/ 下面有很多访问连接，需要批量清除
/usr/local/varnish/bin/varnishadm -T 192.168.10.101:2000 purge.url^/zachary/
demo/*$

# 清除所有的缓存
/usr/local/varnish/bin/varnishadm -T 192.168.10.101:2000 purge.url^.*$

# 查看最近清除的缓存
/usr/local/varnish/bin/varnishadm -T 192.168.10.101:2000 purge.list
```

有时不想通过 Linux 命令清除缓存，此时可以通过 telnet 到管理端口来清除缓存，如代码清单 5-14 所示。

代码清单 5-14　后台管理清除缓存

```
[root@varnish ~]#telnet 192.168.10.101 2000
Trying 192.168.10.101...
Connected to localhost.localdomain (192.168.10.101).
Escape character is '^]'.
200 154
-----------------------------
Varnish HTTP accelerator CLI.
-----------------------------
Type 'help' for command list.
Type 'quit' to close CLI session.

purge.url  /zachary/demo/query  # 清除这个连接的缓存数据
200 0

purge.url  ^/nodes/data/*$      # 清除 /nodes/data/ 目录下缓存数据
200 0
```

5.6　Varnish 处理策略

分析 Varnish 处理请求策略之前，先介绍 HTTP 建立连接过程。

鉴于分布式网络传输文章中有详细描述，本节仅配合 Varnish 处理进行简单讲述。当在浏览器输入网址后，浏览器会和服务器建立连接。建立连接会经过一系列的认证、三次握手、初始化网络配置等过程，确认建立后开始进行内容传输直到传输完毕后断开

连接。

HTTP 请求类型包含 GET、POST 等，而 Varnish 的 vcl_recv 脚本的策略支持 HTTP 请求类型的处理。下面介绍 vcl_recv 的处理策略。

5.6.1 pass

当 HTTP 请求到 Varnish，其 vcl_recv 调用 pass 函数时，pass 会将当前的请求直接转发到后端服务器，不会被缓存。但是后续的请求会通过 Varnish 本身的策略来处理。

pass 适用于处理静态页面，如 GET/HEAD 请求等，而 POST 请求一般用于处理动态数据，不适用 pass 处理策略。处理方式如代码清单 5-15 所示。

代码清单 5-15 pass 处理策略

```
sub vcl_recv{
    //请求类型是 HEAD
    if(req.request== "HEAD"){
        set req.http.cookie;
        return pass(pass);
    }

    //请求类型是 GET
    if(req.request== "GET"){
        set req.backnd=resource;
        return pass(pass);
    }
 }
```

5.6.2 pipe

当 HTTP 请求到 Varnish，其 vcl_recv 调用 pipe 函数时，Varnish 会在客户端和服务器端之间建立一个连接，之后客户端的所有请求都会直接发送给服务器端，Varnish 不会再检查请求并对其进行处理，直到连接断开。

该策略不缓存数据，适用于请求类型，即通过 POST 类型进行文件上传、下载等操作，还适用于变更频率较大的数据，如热点数据等。处理方式如代码清单 5-16 所示。

代码清单 5-16 pipe 处理策略

```
sub vcl_recv{

    //自定义变换频率较大的请求，不走缓存
    if(req.url ~ "(?i)\/order/* ($|\?)"){
```

```
        return (pipe);
    }

    //请求类型是POST
    if(req.request!= "GET" && req.request!= "HEAD"){
        return (pipe);
    }

}
```

5.6.3　lookup

当HTTP请求到Varnish，其vcl_recv调用lookup函数时，Varnish将在缓存中提取数据。如果缓存中有相应的数据，会通过vcl_hit模块进行匹配，反之则通过pass函数从后端获取数据。

适用于缓存变更频率较短的数据，如省市区等数据，通常此类数据不会更新太频繁，且数据体内容较大，通过缓存可以减少网络开销。处理方式如代码清单5-17所示。

代码清单5-17　lookup处理策略

```
sub vcl_recv{
    //适用于Varnish通过特定请求清除缓存
    if(req.request== "PURGE"){
        (!client.ip ~ purgeallow){
            error 405 "not allowed";
        }
        return(lookup);
    }
    //省市区数据，缓存
    if(req.url ~ "(?i)\/base/areas($|\?)"){
        return (lookup);
    }
}
```

5.7　Varnish健康检查

Varnish提供了健康检查功能，该功能主要用来监控后端主机并进行健康检测分析，以及动态进行移除或恢复后端主机调度列表。下面介绍健康监测demo，如代码清单5-18所示。

代码清单5-18　健康监测demo

```
//方式一如下：
probe demo{                     #定义健康检测方法，自定义名称
    .url = "/demo.html";        #检测时请求的URL，可以自定义后端URL，默认为"/"
```

```
    .timeout = 2s;              # 超时时间
    .window = 6;                # 定义基于最近的多少次检测来判断其健康状态
    .threshold = 5;             # 最近 .window 中定义的这么多次检查中只有 .threshhold 定
                                # 义的次数是成功的
    .interval = 2s;             # 检测频度
.expected_response = 200;       # 期待返回状态码，可以自定义，默认为 200
}
// 在定义后端服务器时引用检测方法
backend wb01 {
    .host = "192.168.10.1";
    .port = "80";
    .probe = demo ;             # 引用检测方式
}
backend wb02 {
    .host = "192.168.10.2";
    .port = "8081";
    .probe = demo;              # 引用检测方式
}
// 方式二如下:
backend wb01 {
    .host = "192.168.10.1";
    .port = "80";
    .probe = {                  # 定义健康检测方法，自定义名称
   .url = "/demo.html";         # 检测时请求的 URL，可以自定义后端 URL，默认为 "/"
   .timeout = 2s;               # 超时时间
   .window = 6;                 # 基于最近的多少次检测来判断其健康状态
   .threshold = 5;              # 最近 .window 中定义的这么多次检查中只有 .threshhold 定
                                # 义的次数是成功的
   .interval = 2s;              # 检测频度
.expected_response = 200;       # 期待返回状态码，可以自定义，默认为 200
}
}
backend wb02 {
    .host = "192.168.10.2";
    .port = "8081";
    .probe = {                  # 定义健康检测方法，自定义名称
   .url = "/demo.html";         # 检测时请求的 URL，可以自定义后端 URL，默认为 "/"
   .timeout = 2s;               # 超时时间
   .window = 6;                 # 基于最近的多少次检测来判断其健康状态
   .threshold = 5;              # 最近 .window 中定义的这么多次检查中只有 .threshhold 定
                                # 义的次数是成功的
   .interval = 2s;              # 检测频度
.expected_response = 200;       # 期待返回状态码，可以自定义，默认为 200
}
}
```

通过 probe 可以对后端服务进行定制化监控。

5.8 Varnish 优化

5.8.1 Varnish 优化思路

Varnish 的优化思路可以从以下几个方面考虑。

- Varnish 默认缓存策略偏保守，如何调整？
- 如何提高 Varnish 命中率？
- 如何分析后端 URL 有哪些缓存？
- 如何合理调整 backend 的超时时间？
- 如何分析有哪些希望命中却没有命中的缓存连接？
- 如果优化后效果不理想，如何进一步优化？
- Varnish 需要缓存哪些内容？
- 将 Varnish 缓存的大小设置为多少合适？
- 后端发生变化后，如何主动通知 Varnish 更新缓存？
- Nginx 和 Varnish 如何一起使用？
- 如何调整 VCL 相关参数？

针对以上的优化思路，下面通过案例详细讲解。

5.8.2 Varnish 优化讲解

1）Varnish 默认只缓存 GET、HEAD 请求。由于 Varnish 默认的 POST 请求的数据会经常发生变化，因此默认不缓存。但在真实使用场景中，有些特定的场景会用到 POST 请求，当然此类数据也不会频繁发生改变。比如省市区数据，由于数据体大、变化概率小，就需要用到 POST 类型的请求。此时可以拦截带 cookie 和认证信息的请求，设置 POST 请求的缓存策略，减少无效请求的访问，释放资源。

参考资源代码，如代码清单 5-19 所示。

代码清单 5-19 Varnish 缓存策略调整

```
sub vcl_recv{

    if(req.request== "PURGE"){
        (!client.ip ~ purgeallow){
            error 405 "not allowed";
        }
        return(lookup);
    }
```

```
    if(req.http.host ~"^(www.)?zachary.cn$"){
        set req.backnd=zachary1;
    }

    if(req.request== "GET" req.url ~ "\.(jpg|png|gif|swf|flv|ico|jpeg)$"){
        unset req.http.cookie;
    }

    if(req.request== "GET" req.url ~ "(?i)\.jsp($|\?)"){
        set req.backnd=resource;
        return pass(pass);
    }
    if(req.request== "POST"){
        set req.backnd=zachary1;
        return pass(pass);
    }
}
```

2）可以从多个方面提高 Varnish 的命中率，具体如下：

- 检查缓存的策略是否合理，是否需要调整；
- 仔细规划、分析请求和应答，查看请求命中的过程；
- 设置缓存的过期时间，测试边界值，检查请求命中的情况。

3）通过 Varnishd 的 varnishtop 命令，分析请求后端 URL，对比策略，优化策略，调整到高效状态。varnishtop 命令如下：

- varnishtop -i rxurl：可以看到客户端请求的 URL 次数。
- Varnishtop -i txurl：可以看到请求后端服务器的 URL 次数。
- Varnishtop -i Rxheader –I Accept-Encoding：可以看见接收到的头信息中有多少次包含 Accept-Encoding。

4）合理设置 backend 超时时间时可参考前后端调用的响应时间，正常后端请求的返回时间为 100 ～ 250ms，可通过综合评估分析，取平均值。一般将 backend 超时时间设置为 2s，但也要结合网络连接、传输、交互过程中的实际情况及时调整。

5）通过 Varnish 日志辅助分析命令：如 varnish -I log，按照时间周期分批统计分析请求的过程，对比请求的策略。建议按照缓存的重要级别从高到低进行统计分析。

6）单个 Varnish 调整策略优化到瓶颈后，可以增加 Varnish 的内存分配，提高缓存的利用率，还可以增加 Varnish 服务器的数量，如部署 Varnish 集群化。

7）根据系统的状况提前设计缓存策略，按照模块维度分析（如分为静态资源和动态资源）。动态资源要细分，变化频率稍低的可以根据实际情况降低缓存时效，变化频率较高的不建议缓存。静态资源可以通过站点访问加速，如存放到 CDN 中。

8）分析出需要缓存哪些内容后，可以按照内容分类，如分为图片、静态页面、样式文件、数据文件等。分好类后，按照各种类别统计大小，总的容量需要增加 20% 的 buffer，然后估算出所用内存大小。根据后续使用过程中监控 Varnish 的内存使用情况进行调整。Varnish 每个对象的额外开销是 1KB，如果缓存中存在很多小的对象，会非常消耗内存。

9）后台内容更新后，可以更新缓存，更新方式如下：

- 如果是人工更新，可以到 Varnish 的管理后台通过命令把缓存清掉，如通过 curl -x PURGE url，可在下次请求的 URL 成功后会缓存新的内容；
- 如果是程序自动更新，Varnish 提供 PURGE 清除缓存接口，程序方可以远程调用接口清除缓存；
- 如果是程序自动更新，书写 shell 脚本，程序方调用 shell 脚本，传入需要清除的 URL，shell 脚本主动调用 Varnish 的 admin 后台管理进行清除，程序和脚本需要自写。

10）Nginx 和 Varnish 各有优缺点，Nginx 结合 Varnish 使用有如下两种方式：

- Nginx（动静）所有内容反向代理到 Varnish，Varnish 根据缓存策略，获取缓存或者反向代理到容器（tomcat）获取数据，并返回客户端；
- Nginx 存储静态资源，动态内容代理到 Varnish 处理。

建议使用第二种方式，毕竟代理到 Varnish 以及返回到 Nginx 需要网络传输消耗。

11）调整 VCL 相关内置参数，以提高运行效率，具体如下：

- 调整 cache-worker 线程数，通常情况下使用 2 个线程池；
- 调整线程池参数 thread_pool_min 和 thread_pool_max，建议将其范围控制在 500 ～ 1000 中，具体视服务器配置而定；
- Varnish 能支持上千线程同时运行，需要调整线程间存在的部分延迟，以提高机器使用率，通过 thread_pool_add_delay 将延迟时间调整到 10 ～ 50ms。

5.9　Varnish 高可用

分布式环境中，Varnish 主要充当客户端到服务器端的缓存枢纽带，Varnish 凭借出色的缓存机制和人性化的后台管理，大大节约了后端的处理开销，提高了整个交互的高效性。

下面介绍 Varnish 如何结合 Nginx、Keepalived 搭建高可用后端体系。4.9 节详细讲述了 Nginx 搭建 keepalived 的高可用方案，此处不再详叙。

基于 Nginx+Keepalived 高可用方案为什么还需要引入 Varnish 呢？

Nginx 可以通过反向代理请求到后端服务器，结合 Keepalived 后，Nginx 变得健壮，但看似很完整的一套交互流程，如果站在性能、高效交互的角度去思考和分析，会发现还存在许多不足，具体如下：

1）频繁请求数据，占用宽带，存在延迟；

2）高并发场景下，集群的资源无形中会远远增加消耗；

3）用户体验不佳，页面渲染响应存在间断卡顿、延迟等现象。

针对以上问题，总结出在请求方面还需要加快渲染速度、节约流量开销。此时引入 Varnish，可通过缓存大大提高页面的渲染速度，节约网络开销。

Varnish 结合 Nginx、Keepalived 的高可用方案如图 5-5 所示。

注意 静态页面在 Nginx1、Nginx2 上各部署一份，通过 DNS 轮询，由于页面经过压缩打包，所以静态资源等文件总体偏小，可直接同页面部署在本地，也就是 Nginx 上面（备注：如静态资源文件总体偏大，建议部署在统一的静态资源服务器、CDN 服务器）。

页面加载后如需请求数据，可将请求发送至 Varnish，Varnish 根据请求 URL 的策略进行匹配，如特定数据 / 未缓存 / 缓存失效时会主动请求后端服务获取数据。

---

1. 准备阶段

- 准备 4 台 Nginx 服务器，2 台 Varnish 服务器，2 台应用服务器（如 Tomcat、Jboss）。在 2 台 Nginx 服务器上安装 Keepalived、2 台 Varnish 服务器上安装 Keepalived。
- 4 台 Nginx 服务器 IP 分别是 192.168.10.14、192.168.10.15、192.168.10.16、192.168.10.17，2 台 Varnish 服务器 IP 分别是 192.168.10.18、192.168.10.19，2 台应用服务器 IP 分别是 192.168.10.20、192.168.10.21。
- Nginx-14、Nginx-15、Nginx-16、Nginx-17、Nginx-18、Nginx-19 均通过 Keepalived 实现高可用，其中，Nginx-14、Nginx-15 使用 VIP 为 192.168.10.201，Nginx-16、

Nginx-17 使用的 VIP 为 192.168.10.202，Varnish-18、Varnish-19 使用的 VIP 为 192.168.10.203。

- Nginx-14、Nginx-15 用于静态资源服务器处理，Nginx-16、Nginx-17 用于反向代理请求到 Varnish 服务器，Varnish 根据请求的 URL 匹配缓存策略，或向应用服务器请求数据。

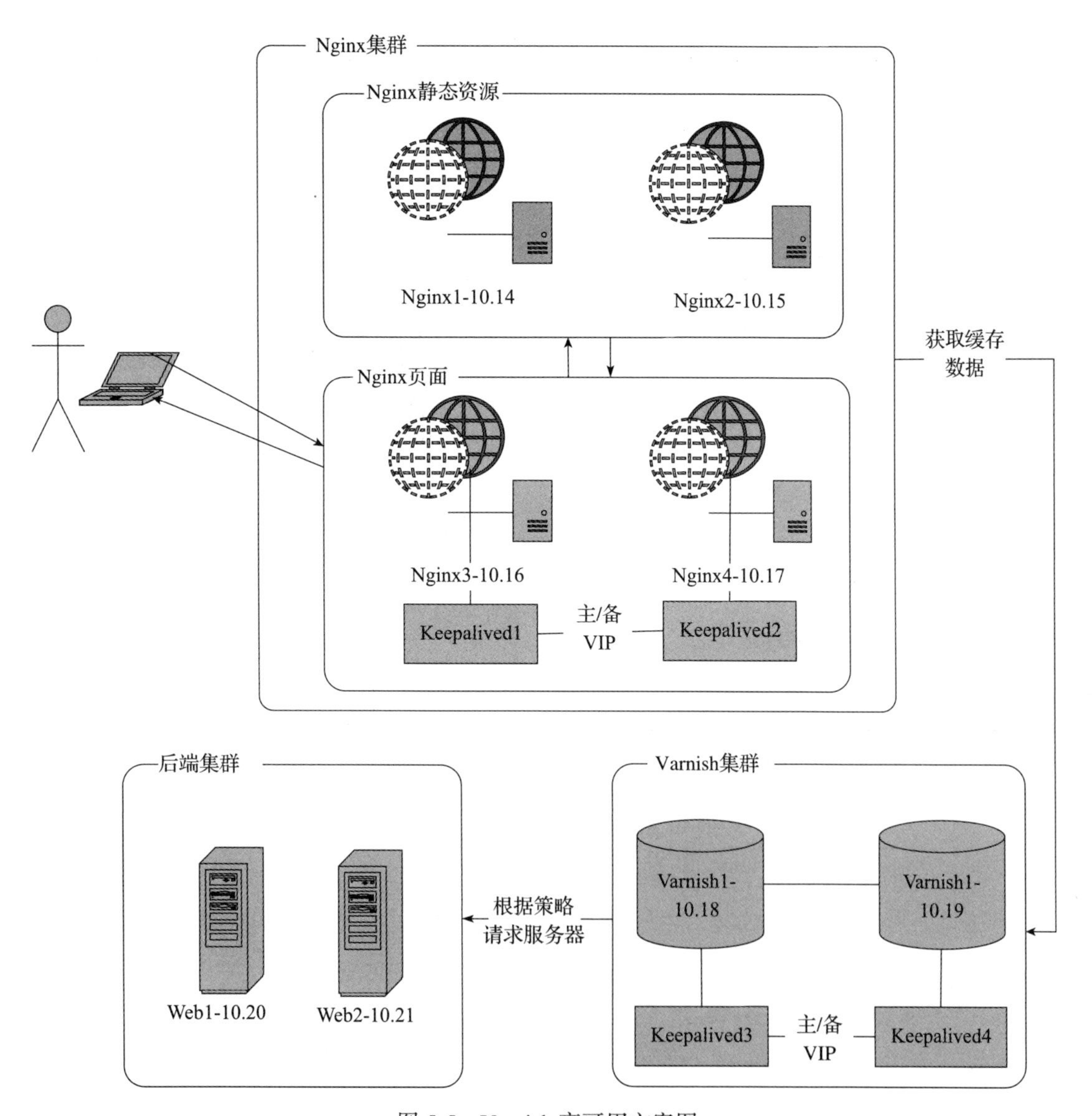

图 5-5　Varnish 高可用方案图

- 在 Nginx-14、Nginx-15 上各部署了一份客户端，当用户请求 192.168.10.201 的 Web 页面时，Nginx-14 或 Nginx-15 会把请求指向 192.168.10.202，后续 Nginx-16、Nginx-17 反向代理到 192.168.10.203。

2. 配置阶段

Nginx-14、Nginx-15 用于静态资源处理配置，如代码清单 5-20 所示。

代码清单 5-20　Nginx 静态资源配置

```
worker_processes  1;
events {
    worker_connections  1024;
}
http {
    include       mime.types;
    default_type  application/octet-stream;
    sendfile       on;
    keepalive_timeout  65;
    server {
            listen       80;
            server_name  zachar.sh.cn;
            location / {
            proxy_pass http:// zachar.sh.cn;
            root   html;
            index  index.html index.htm;
            }
        error_page   500 502 503 504  /50x.html;
            location = /50x.html {
            root   html;
            }
        }
}
```

Nginx-14、Nginx-15 上的 Keepalived 配置，如代码清单 5-21 所示。

代码清单 5-21　Keepalived 配置

```
global_defs {
    notification_email {
    root@localhost
}
notification_email_from keadmin@localhost
    smtp_server 127.0.0.1
    smtp_connect_timeout 30
    router_id CentOS7A.luo.com
    vrrp_mcast_group4 224.0.0.22
}
```

```
vrrp_instance Vs {
    state MASTER
    interface ens33
    virtual_router_id 15
    priority 150
    advert_int 1
    authentication {
        auth_type PASS
        auth_pass ggggggg
    }
        virtual_ipaddress {
        172.16.80.201
    }
}
```

Varnish 配置，如代码清单 5-22 所示。

代码清单 5-22　Varnish 配置

```
backend cp_master_server{
    .host="192.168.10.20";
    .port="8091";
    .connect_timeout=1s;
    .first_byte_timeout=5s;
    .between_byte.timeout=2s;
    .max_connections=1000;
    .probe=tz1;
 }
backend cp_slave _server{
    .host="192.168.10.21";
    .port="8091";
    .connect_timeout=1s;
    .first_byte_timeout=5s;
    .between_byte.timeout=2s;
    .max_connections=1000;
    .probe=tz1;
 }
director zachary round-robin{ //轮询
    {
        .backend= cp_master_server;

    }
    {
        .backend= cp_slave _server;
    }
 }
probe tz1{
    .url="/cp/health";            //检查后端健康页面
```

```
        .timeout=0.3s;                  //过期时间
        .window=8;                      //检查后端服务次数
        .threshod=3;                    //检查后端 8 次访问，若成功 3 次则认为服务是存活的
        .initial=3;                     //varnish 启动，确保多少个 probe 正常
        .expected_response=200;         //期望 expected code，默认是 200
        .interval=6;                    //定义 probe 多久检查一次后端，默认 5s
 }
sub vcl_recv{

    if(req.request== "GET" req.url ~ "(?i)\.jsp($|\?)"){
        set req.backnd=cp_master_server;
        return pass(pass);
    }
    if(req.request== "POST"){
        set req.backnd=cp_master_server;
        return(deliver);
    }
}
```

3. 运行阶段

运行阶段的流程包括：

1）关闭防火墙（systemctl stop firewalld）；

2）启动 Keepalived（systemctl start keepalived）；

3）启动 Nginx（systemctl start nginx）；

4）启动 Varnish（systemctl start varnish）。

5.10 本章小结

本章主要讲述了分布式环境中 Varnish 的使用过程，通过实战案例从工作原理、源码编译、配置、缓存、优化、高可用等多方面进行分析和说明。具体分析流程如下：

1）工作原理主要讲述 Varnish 内部的处理机制；

2）源码编译安装部分主要讲解 Varnish 各种版本间的差异以及编译指令；

3）配置部分讲解配置的使用方法；

4）缓存部分讲述如何设置及使用；

5）优化部分主要从高性能交互、使用上对可能存在的问题进行讲解；

6）高可用部分主要讲解在分布式环境中如何构建健壮的方案。

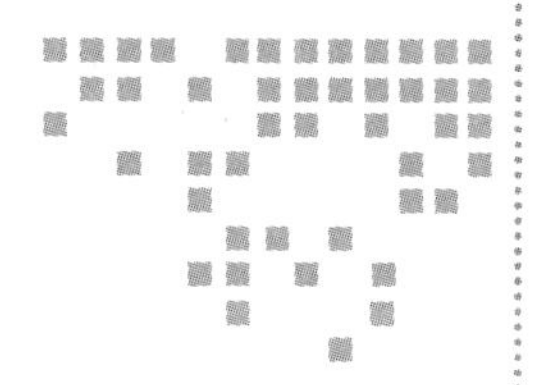

第6章 Chapter 6

分布式架构 Tomcat

Tomcat是一个免费的开放源代码的Web应用服务器，主要应用于中小型系统，内部具有Servlet和JSP规范，且较轻量级，深受广大开发者喜爱和使用，目前较流行。实际上Tomcat部分应用是Apache服务器的扩展，作为一个与Apache独立的进程单独运行。

本章重点内容如下：

- ❑ Tomcat原理
- ❑ Tomcat生命周期
- ❑ Tomcat源码编译安装
- ❑ Tomcat目录结构
- ❑ Tomcat加载过程
- ❑ Tomcat安全
- ❑ Tomcat集群
- ❑ JVM
- ❑ Tomcat性能调优

6.1 Tomcat原理

Tomcat容器结构图，如图6-1所示。

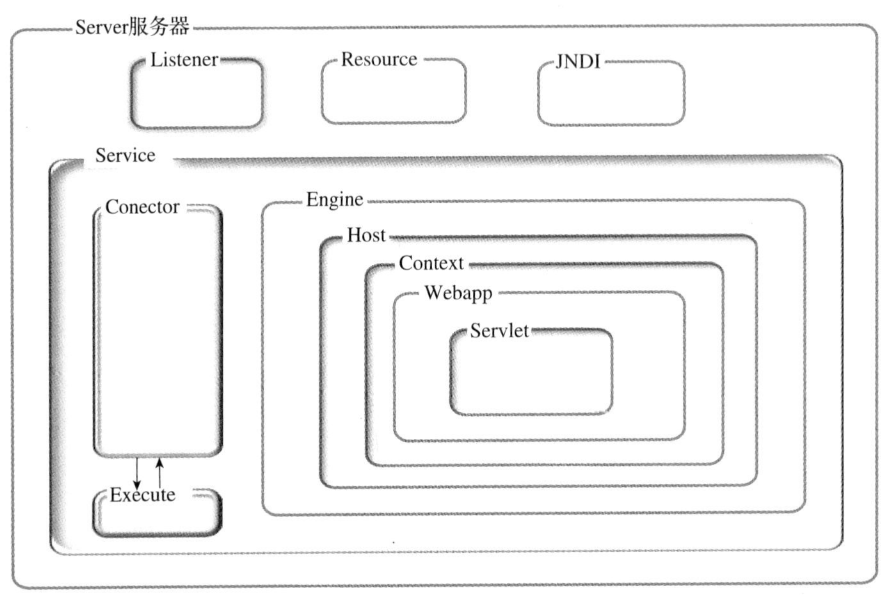

图 6-1 Tomcat 容器结构图

注意，如图 6-1 所示，阴影部分代表存在多个同样元素。Tomcat 主要由 Server、Service、Engine、Host、Context 等部分组成，介绍如下。

- Server：服务器 Tomcat 的顶级元素。
- Service：Engine（引擎）的集合，包括线程池 Executor 和连接器 Connector 的定义。
- Engine（引擎）：Engine 代表一个完整的 Servlet 引擎，它接收来自 Connector 的请求，并决定传给哪个 Host 来处理。
- Container（容器）：Host、Context、Engine 和 Wraper 都继承自 Container 接口，它们都是容器。
- Connector（连接器）：将 Service 和 Container 连接起来，注册到一个 Service，把来自客户端的请求转发到 Container。
- Host：站点（虚拟机），通过配置 Host 可以添加站点。
- Context：Web 应用程序，一个 Context 即对应一个 Web 应用程序。Context 容器直接管理 Servlet 的运行，将 Servlet 包装成一个 StandardWrapper 类去运行。Wrapper 负责管理一个 Servlet 的装载、初始化、执行以及资源回收，是最底层容器。
- Listener：监听器。
- Resource：配置 Tomcat 数据源。

- JNDI：它是一个为 Java 应用程序提供命名服务的应用程序接口，为我们提供了查找和访问各种命名和目录服务的通用统一的接口。通过 JNDI 统一接口，我们可以访问各种不同类型的服务。

一个 Tomcat 中只有一个 Server，一个 Server 可以包含多个 Service，一个 Service 可以有多个 Connector 和一个 Engine，即一个服务可有多个连接。Service 对外提供服务，Service 的生命周期由 Server 管理控制。

Tomcat 容器结构配置 Server.xml 如代码清单 6-1 所示。

代码清单 6-1　Tomcat 容器结构配置

```
<?xml version="1.0" encoding="UTF-8"?>
<Server port="8005" shutdown="SHUTDOWN">
  <Listener className="org.apache.catalina.startup.VersionLoggerListener" />
  <!-- Security listener. Documentation at /docs/config/listeners.html
  <Listener className="org.apache.catalina.security.SecurityListener" />
  -->
  <!--APR library loader. Documentation at /docs/apr.html -->
  <Listener className="org.apache.catalina.core.AprLifecycleListener" SSLEngine=
"on" />
  <!-- Prevent memory leaks due to use of particular java/javax APIs-->
  <Listener className="org.apache.catalina.core.JreMemoryLeakPreventionListener" />
  <Listener className="org.apache.catalina.mbeans.GlobalResourcesLifecycleListener" />
  <Listener className="org.apache.catalina.core.ThreadLocalLeakPreventionListener" />

  <!-- Global JNDI resources
       Documentation at /docs/jndi-resources-howto.html
  -->
  <GlobalNamingResources>
    <!-- Editable user database that can also be used by
         UserDatabaseRealm to authenticate users
    -->
    <Resource name="UserDatabase" auth="Container"
              type="org.apache.catalina.UserDatabase"
              description="User database that can be updated and saved"
              factory="org.apache.catalina.users.MemoryUserDatabaseFactory"
              pathname="conf/tomcat-users.xml" />
  </GlobalNamingResources>

  <!-- A "Service" is a collection of one or more "Connectors" that share
       a single "Container" Note:  A "Service" is not itself a "Container",
       so you may not define subcomponents such as "Valves" at this level.
       Documentation at /docs/config/service.html
   -->
  <Service name="Catalina">
```

```
        <!--The connectors can use a shared executor, you can define one or more
named thread pools-->
        <!--
        <Executor name="tomcatThreadPool" namePrefix="catalina-exec-"
            maxThreads="150" minSpareThreads="4"/>
        -->


        <!-- A "Connector" represents an endpoint by which requests are received
             and responses are returned. Documentation at :
             Java HTTP Connector: /docs/config/http.html
             Java AJP  Connector: /docs/config/ajp.html
             APR (HTTP/AJP) Connector: /docs/apr.html
             Define a non-SSL/TLS HTTP/1.1 Connector on port 8080
        -->
        <Connector port="8077" protocol="HTTP/1.1"
                   connectionTimeout="20000"
                   redirectPort="8443" />
        <!-- A "Connector" using the shared thread pool-->
        <!--
        <Connector executor="tomcatThreadPool"
                   port="8080" protocol="HTTP/1.1"
                   connectionTimeout="20000"
                   redirectPort="8443" />
        -->
        <!-- Define a SSL/TLS HTTP/1.1 Connector on port 8443
             This connector uses the NIO implementation. The default
             SSLImplementation will depend on the presence of the APR/native
             library and the useOpenSSL attribute of the
             AprLifecycleListener.
             Either JSSE or OpenSSL style configuration may be used regardless of
             the SSLImplementation selected. JSSE style configuration is used below.
        -->
        <!--
        <Connector port="8443" protocol="org.apache.coyote.http11.Http11NioProtocol"
                   maxThreads="150" SSLEnabled="true">
            <SSLHostConfig>
                <Certificate certificateKeystoreFile="conf/localhost-rsa.jks"
                             type="RSA" />
            </SSLHostConfig>
        </Connector>
        -->
        <!-- Define a SSL/TLS HTTP/1.1 Connector on port 8443 with HTTP/2
             This connector uses the APR/native implementation which always uses
             OpenSSL for TLS.
             Either JSSE or OpenSSL style configuration may be used. OpenSSL style
             configuration is used below.
        -->
        <!--
```

```
<Connector port="8443" protocol="org.apache.coyote.http11.Http11AprProtocol"
           maxThreads="150" SSLEnabled="true" >
    <UpgradeProtocol className="org.apache.coyote.http2.Http2Protocol" />
    <SSLHostConfig>
        <Certificate certificateKeyFile="conf/localhost-rsa-key.pem"
                     certificateFile="conf/localhost-rsa-cert.pem"
                     certificateChainFile="conf/localhost-rsa-chain.pem"
                     type="RSA" />
    </SSLHostConfig>
</Connector>
-->

<!-- Define an AJP 1.3 Connector on port 8009 -->
<Connector port="8009" protocol="AJP/1.3" redirectPort="8443" />



<Engine name="Catalina" defaultHost="localhost">


  <Realm className="org.apache.catalina.realm.LockOutRealm">
    <Realm className="org.apache.catalina.realm.UserDatabaseRealm"
           resourceName="UserDatabase"/>
  </Realm>

  <Host name="localhost"  appBase="webapps"
        unpackWARs="true" autoDeploy="true">


    <Valve className="org.apache.catalina.valves.AccessLogValve" directory="logs"
           prefix="localhost_access_log" suffix=".txt"
           pattern="%h %l %u %t &quot;%r&quot; %s %b" />

  </Host>
</Engine>
</Service>
</Server>
```

核心代码介绍如下。

1）<Server port="8005" shutdown="SHUTDOWN">。Tomcat启动一个Server实例，它会监听8005端口以接收shutdown命令，使用telnet连接8005端口可以直接执行SHUTDOWN命令来关闭Tomcat，多个Server定义不能使用同一个端口。

2）<Service name="Catalina">定义了一个名为Catalina的Service，会产生相关的日志信息记录在日志文件中。

3）<Connector port="8080" protocol="HTTP/1.1"executor=" tomcatThreadPool " connectionTimeout="20000"redirectPort="8443"/>。Connector 用于接收连接请求，即客户端可以通过 8080 端口使用 HTTP 协议访问 Tomcat。其中，port 指定了请求的端口号，protocol 属性指定了请求的协议，connectionTimeout 表示连接的超时时间，redirectPort 表示当请求是 HTTPS 类型时，重定向至 8443 的端口号。

4）Tomcat 一个引擎可以有一个或多个连接器，以适应多种请求方式定义。定义连接器类型通常分为 HTTP 连接器、SSL 连接器、AJP1.3 连接器、proxy 连接器。上述内容定义了 HTTP 连接器，设置配置端口（8080）、连接器协议（HTTP/1.1）、线程组、等待客户端发送请求的超时时间（20s）、重定向转发端口（8443）等。

5）<Executor name="tomcatThreadPool" namePrefix="jh-exec-" maxThreads="150" acceptCount="100 " minSpareThreads="4"/> 定义了线程组相关参数，如线程名称的前缀、队列最大长度（用于处理 Tomcat 线程繁忙状态下，将后续新的请求放置于队列中等待处理）、线程最大并发连接数、最小空闲线程等。

6）<Engine name="Catalina" defaultHost="localhost">。Engine 是 Servlet 处理器的一个实例，即 servlet 引擎。Engine 需要 defaultHost 属性来为其定义一个接收所有发往非明确定义虚拟主机的请求的 host 组件。Tomcat 支持基于 FQDN 的虚拟主机，这些虚拟主机可以通过在 Engine 容器中定义多个不同的 Host 组件来实现。但如果此引擎的连接器收到一个发往非明确定义虚拟主机的请求，就需要将此请求发往一个默认的虚拟主机进行处理。因此，在 Engine 中定义的多个虚拟主机的主机名称中至少要有一个与 defaultHost 定义的主机名称同名，Engine 容器中可以包含 Realm、Host、Listener 和 Valve 子容器。Name 是 Engine 组件的名称，用于记录日志和错误信息时区别不同的引擎。

7）<Host name="localhost" appBase="webapps" unpackWARs="true" autoDeploy="true">。Host 组件位于 Engine 容器中，用于接收请求并进行相应处理的主机或虚拟主机。appBase 是 Host 存放的 webapps 目录，即存放非归档的 Web 应用程序的目录或归档后的 WAR 文件的目录路径。autoDeploy 用于标识在 Tomcat 处于运行状态时放置于 appBase 目录中的应用程序文件是否自动进行 deploy。unpackWars 用于标识在启用此 webapps 时是否对 WAR 格式的归档文件先进行展开。

8）<Context path="/jh" docBase="/web/webapps" reloadable="false"/>。Context 在某些意义上类似于 Apache 中的路径别名，一个 Context 定义用于标识 Tomcat 实例中的一个 Web 应用程序。docBase 是 Web 应用程序的存放位置，也可以使用相对路径。path 是相

对 Web 服务器根路径而言的 URI，为空 "" 则表示为此 webapp 的根路径。reloadable 是用于标识是否允许重新加载与此 context 相关的 Web 应用程序的类。

9）<Realm className="org.apache.catalina.realm.LockOutRealm">。Realm 表示一个安全上下文，它是一个授权访问某个给定 Context 的用户列表和某用户所允许切换的角色相关定义的列表。

10）<Valve className="org.apache.catalina.valves.AccessLogValve" directory="logs" prefix="localhost_access_log" suffix=".txt" pattern="%h %l %u %t "%r" %s %b"/>。Valve 类似于过滤器，它可以工作于 Engine 和 Host/Context 之间、Host 和 Context 之间以及 Context 和 Web 应用程序的某资源之间。

6.2　Tomcat 生命周期

Tomcat Server 处理一个 HTTP 请求的过程如图 6-2 所示。

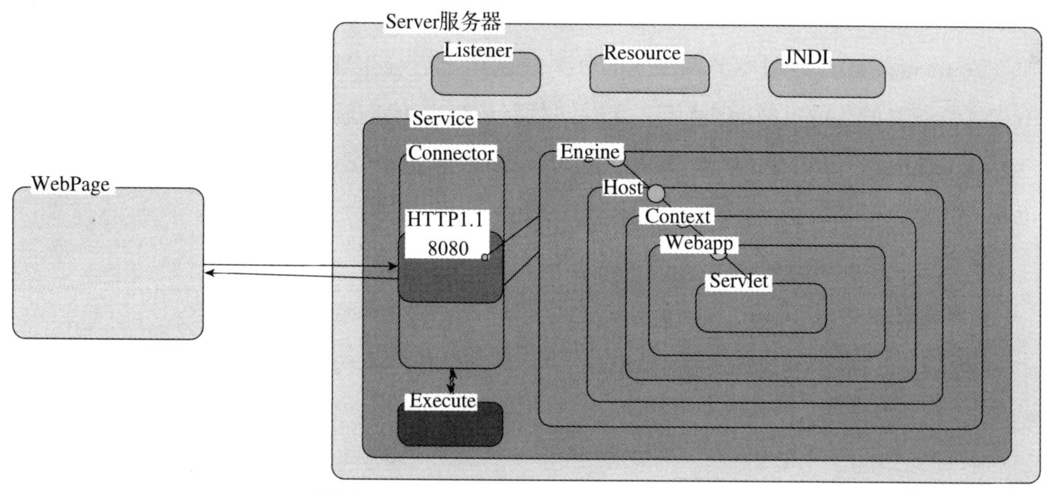

图 6-2　Tomcat/Server 处理 HTTP 流程图

Tomcat Server 处理一个 HTTP 请求的过程如下。

1）用户点击网页内容，请求被发送到本机端口 8080，被在那里监听的 Coyote HTTP/1.1 Connector 获得。

2）Connector 把该请求交给它所在的 Service 的 Engine 来处理，并等待 Engine 的回应。

3）Engine 获得请求 localhost/test/index.jsp，匹配所有的虚拟主机 Host。

4）Engine 匹配到名为 localhost 的 Host（即使匹配不到也把请求交给该 Host 处理，

因为该 Host 被定义为该 Engine 的默认主机)，名为 localhost 的 Host 获得请求 /test/index.jsp，匹配它所拥有的所有 Context。Host 匹配到路径为 /test 的 Context。(如果匹配不到就把该请求交给路径名为 " " 的 Context 去处理。)

5）path="/test" 的 Context 获得请求 /index.jsp，在它的 mapping table 中找出对应的 Servlet。Context 匹配到 URL PATTERN 为 *.jsp 的 Servlet，对应于 JspServlet 类。

6）构造 HttpServletRequest 对象和 HttpServletResponse 对象，作为参数调用 JspServlet 的 doGet() 或 doPost()，执行业务逻辑、数据存储等程序。

7）Context 把执行完的 HttpServletResponse 对象返回 Host。

8）Host 把 HttpServletResponse 对象返回 Engine。

9）Engine 把 HttpServletResponse 对象返回 Connector。

10）Connector 把 HttpServletResponse 对象返回客户 Browser。

6.3 Tomcat 源码编译安装

Tomcat 和 JDK 的版本要匹配（部分系统创建之后会生成默认 JDK，由于版本较低，不能与高版本的 Tomcat 结合使用，此时卸载默认版本 JDK 后，安装新版本 JDK 即可）。

以 Centos 平台编译环境、JDK 1.8、Tomcat 8 为例，安装 Make 并编译，如代码清单 6-2 所示。

代码清单 6-2 安装编译代码

```
// 删除默认自带 openJDK
Yum -y remove java-1.7.0-openjdk-1.7.0.75-2.5.4.2.el7_0.x86_64
Yum -y remove java-1.7.0-openjdk-1.7.0.75-2.5.4.2.el7_0.x86_64
// 安装 Jdk1.8
wget  http://download.oracle.com/otn-pub/java/jdk/8u40-b26/jdk-8u40-linux-x64.rpm
mkdir  /usr/java
cd  /usr/java
rpm -ivh  jdk-8u40-linux-x64.rpm
// 修改环境变量
Vim /etc/profile
添加如下内容
JAVA_HOME=/usr/java/jdk1.8.0_40
PATH=$JAVA_HOME/bin:$PATH
CLASSPATH=.:$PATH/lib/dt.jar:$PATH/lib/tools.jar
export JAVA_HOME
export PATH
export CLASSPATH
```

```
//运行此文件
Source   /etc/profile
//安装 Tomcat1.8
wget
http://mirror.bit.edu.cn/apache/tomcat/tomcat-8/v8.0.21/bin/apache-tomcat-8.5.15.tar.gz
//解压安装包
tar -zfx  apache-tomcat-8.5.15.tar.gz
//创建 tomcat 主目录
mkdir  /usr/local/tomcat
//将解压后的目录拷贝到 /usr/local/tomcat
cp  -r apache-tomcat-8.5.15 /usr/local/tomcat
cd /usr/local/tomcat/bin
//运行启动脚本
sh startup.sh
```

查看 8080 端口是否开启（lsof -i :8080），如图 6-3 所示。

```
zhangchengdeMacBook-Pro:~ zhangcheng$
zhangchengdeMacBook-Pro:~ zhangcheng$ lsof -i :8080
COMMAND   PID       USER   FD   TYPE             DEVICE SIZE/OFF NODE NAME
java    71313 zhangcheng  359u  IPv6 0xf14a2a9c5b36531d      0t0  TCP *:http-alt (LISTEN)
zhangchengdeMacBook-Pro:~ zhangcheng$
```

图 6-3　查看 8080 端口图

在浏览器输入 http://localhost:8080 可以看到 Tomcat 默认首页，如图 6-4 所示。

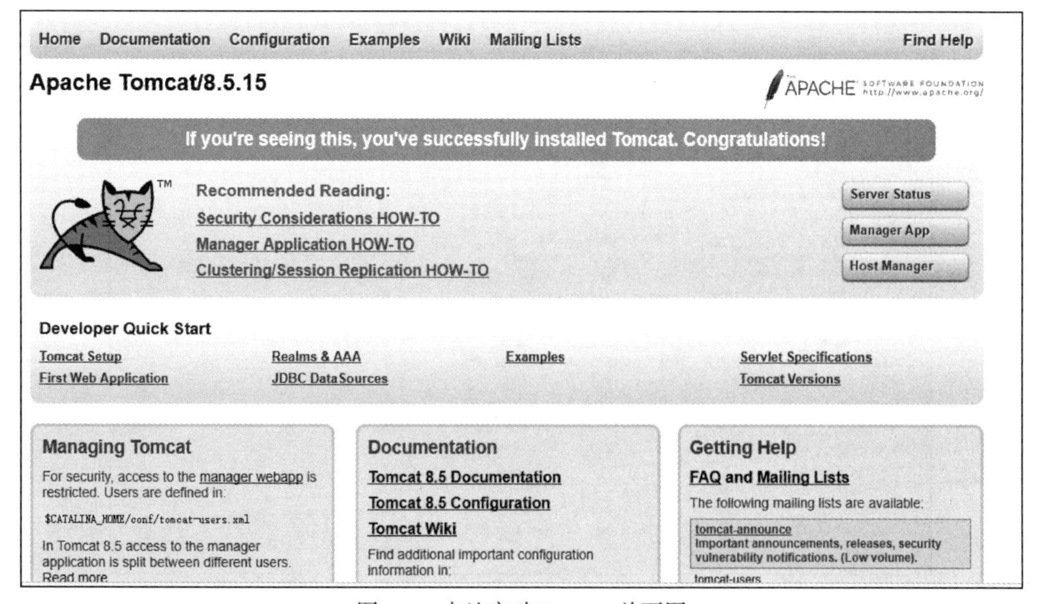

图 6-4　本地启动 Tomcat 首页图

6.4 Tomcat 目录结构

Tomcat 解压之后的目录结构，如图 6-5 所示。

名称	修改日期	类型	大小
bin	2017/5/5 12:03	文件夹	
conf	2017/6/6 11:12	文件夹	
lib	2017/5/5 12:03	文件夹	
logs	2019/6/25 22:35	文件夹	
temp	2017/5/5 12:03	文件夹	
webapps	2019/6/25 22:35	文件夹	
work	2017/6/6 11:12	文件夹	
LICENSE	2017/5/5 12:03	文件	57 KB
NOTICE	2017/5/5 12:03	文件	2 KB
RELEASE-NOTES	2017/5/5 12:03	文件	8 KB
RUNNING.txt	2017/5/5 12:03	TXT 文件	17 KB

图 6-5　Tomcat 解压目录图

下面逐一介绍主要目录。

6.4.1　bin 目录

bin 目录主要用来存放 Tomcat 的命令，分两类：.sh（Linux 命令）结尾和 .bat 结尾（Windows 命令）。bin 目录中可以设置环境变量，如 JDK 路径、Tomcat 路径，如图 6-6 所示。

名称	修改日期	类型	大小
bootstrap.jar	2017/5/5 12:03	Executable Jar File	34 KB
catalina.bat	2017/5/5 12:03	Windows 批处理...	15 KB
catalina.sh	2017/5/5 12:03	Shell Script	22 KB
catalina-tasks.xml	2017/5/5 12:03	小黑记事本 xml ...	2 KB
commons-daemon.jar	2017/5/5 12:03	Executable Jar File	24 KB
commons-daemon-native.tar.gz	2017/5/5 12:03	KuaiZip.gz	201 KB
configtest.bat	2017/5/5 12:03	Windows 批处理...	2 KB
configtest.sh	2017/5/5 12:03	Shell Script	2 KB
daemon.s	2017/5/5 12:03	Shell Script	8 KB
digest.ba	2017/5/5 12:03	Windows 批处理...	3 KB
digest.sh	2017/5/5 12:03	Shell Script	2 KB
setclasspath.bat	2017/5/5 12:03	Windows 批处理...	4 KB
setclasspath.sh	2017/5/5 12:03	Shell Script	4 KB
shutdown.bat	2017/5/5 12:03	Windows 批处理...	2 KB
shutdown.sh	2017/5/5 12:03	Shell Script	2 KB
startup.bat	2019/6/25 21:50	Windows 批处理...	3 KB
startup.sh	2017/5/5 12:03	Shell Script	2 KB
tomcat-juli.jar	2017/5/5 12:03	Executable Jar File	41 KB
tomcat-native.tar.gz	2017/5/5 12:03	KuaiZip.gz	391 KB
tool-wrapper.bat	2017/5/5 12:03	Windows 批处理...	4 KB
tool-wrapper.sh	2017/5/5 12:03	Shell Script	5 KB
version.bat	2017/5/5 12:03	Windows 批处理...	2 KB
version.sh	2017/5/5 12:03	Shell Script	2 KB

类型: Shell Script
大小: 1.87 KB
修改日期: 2017/5/5 12:03

图 6-6　bin 目录图

- startup 用来启动 Tomcat，shutdown 用来关闭 Tomcat，可通过修改 catalina 设置 Tomcat 的内存分配。
- configtest 表示 Tomcat 的配置测试脚本，version 查看 Tomcat 版本信息、本机操作系统版本信息以及 Java 环境信息。
- setclasspath 命令用于寻找、检查 JAVA_HOME 和 JRE_HOME 这两个系统环境变量。
- tool-wrapper 是一个命令行工具的通用包装器，这个工具将对命令行的内容进行包装（包括加载所需要的类、环境变量等）。
- commons-daemon.jar 用于提供 Java 服务的安装，实现将一个普通的 Java 应用变成系统的一个后台服务，在 Linux 下部署为守护进程（后台运行程序），在 Windows 下部署为服务。Tomcat 就是用这个将自己变成一个后台服务。
- commons-daemon-native.tar.gz Linux 版。
- catalina-tasks.xml 用于配置 Catalina 的爬虫任务，目的是搜寻 jar 包。
- bootstrap.jar 引导程序，是 Tomcat 的入口。

6.4.2 conf 目录

conf 目录主要存放 Tomcat 的一些配置文件，如图 6-7 所示。

名称	修改日期	类型	大小
Catalina	2017/6/6 11:12	文件夹	
catalina.policy	2017/5/5 12:03	POLICY 文件	13 KB
catalina.properties	2017/5/5 12:03	PROPERTIES 文件	8 KB
context.xml	2017/5/5 12:03	小黑记事本 xml ...	2 KB
jaspic-providers.xml	2017/5/5 12:03	小黑记事本 xml ...	2 KB
jaspic-providers.xsd	2017/5/5 12:03	XSD 文件	3 KB
logging.properties	2017/5/5 12:03	PROPERTIES 文件	4 KB
server.xml	2017/6/6 11:11	小黑记事本 xml ...	8 KB
tomcat-users.xml	2017/5/5 12:03	小黑记事本 xml ...	3 KB
tomcat-users.xsd	2017/5/5 12:03	XSD 文件	3 KB
web.xml	2017/5/5 12:03	小黑记事本 xml ...	169 KB

图 6-7　conf 目录列表图

- server.xml 可以设置端口号、域名或 IP、默认加载的项目、请求编码。
- web.xml 可以设置 Tomcat 支持的文件类型。
- context.xml 可以用来配置数据源之类。

- tomcat-users.xml 用来配置管理 Tomcat 的用户与权限。
- Catalina：在该目录下可以设置默认加载的项目。
- catalina.policy 是 Tomcat 安全机制的配置文件，默认情况下 Tomcat 是非安全模式运行的，如果需要使用安全模式，那么需要在启动命令行中添加 -security 参数。
- catalina.properties 是 Catalina 的配置文件，主要有安全设置、类加载设置、不需要扫描的类设置、字符缓存设置四大块。
- jaspic-providers.xml 表示 Tomcat 实现了 JASPIC 1.1 Maintenance Release B 标准，并通过这个配置文件集成第三方 JASPIC 身份验证。
- jaspic-providers.xsd 定义了 jaspic-providers.xml 所使用到的标签。
- logging.properties 是 Tomcat 的日志配置文件。

6.4.3 lib 目录

lib 目录主要存放 Tomcat 运行需要加载的 jar 包，例如，可以将连接数据库的 jdbc 的包加入 lib 目录中，如图 6-8 所示。

名称	修改日期	类型	大小
annotations-api.jar	2017/5/5 12:03	Executable Jar File	18 KB
catalina.jar	2017/5/5 12:03	Executable Jar File	1,569 KB
catalina-ant.jar	2017/5/5 12:03	Executable Jar File	52 KB
catalina-ha.jar	2017/5/5 12:03	Executable Jar File	116 KB
catalina-storeconfig.jar	2017/5/5 12:03	Executable Jar File	73 KB
catalina-tribes.jar	2017/5/5 12:03	Executable Jar File	263 KB
ecj-4.6.3.jar	2017/5/5 12:03	Executable Jar File	2,393 KB
el-api.jar	2017/5/5 12:03	Executable Jar File	80 KB
jasper.jar	2017/5/5 12:03	Executable Jar File	575 KB
jasper-el.jar	2017/5/5 12:03	Executable Jar File	160 KB
jaspic-api.jar	2017/5/5 12:03	Executable Jar File	27 KB
jsp-api.jar	2017/5/5 12:03	Executable Jar File	61 KB
servlet-api.jar	2017/5/5 12:03	Executable Jar File	239 KB
tomcat-api.jar	2017/5/5 12:03	Executable Jar File	11 KB
tomcat-coyote.jar	2017/5/5 12:03	Executable Jar File	759 KB
tomcat-dbcp.jar	2017/5/5 12:03	Executable Jar File	246 KB
tomcat-i18n-es.jar	2017/5/5 12:03	Executable Jar File	66 KB
tomcat-i18n-fr.jar	2017/5/5 12:03	Executable Jar File	40 KB
tomcat-i18n-ja.jar	2017/5/5 12:03	Executable Jar File	42 KB
tomcat-jdbc.jar	2017/5/5 12:03	Executable Jar File	141 KB
tomcat-jni.jar	2017/5/5 12:03	Executable Jar File	34 KB
tomcat-util.jar	2017/5/5 12:03	Executable Jar File	132 KB
tomcat-util-scan.jar	2017/5/5 12:03	Executable Jar File	200 KB

图 6-8 lib 目录图

如需添加 Tomcat 依赖的 jar 文件，可以把它放到这个目录中，当然也可以把应用依赖的 jar 文件放到这个目录中。lib 目录中 jar 包的所有项目都可以共享，但如果你将应用放到其他 Tomcat 下时就不能再共享这个目录下的 jar 包了，所以建议只把 Tomcat 需要的 jar 包放到这个目录下。

6.4.4　logs 目录

logs 目录用于存放 Tomcat 在运行过程中产生的日志文件，如图 6-9 所示。

名称	修改日期	类型	大小
catalina.2019-06-25.log	2019/6/25 22:37	小黑记事本 日志...	8 KB
host-manager.2019-06-25.log	2019/6/25 22:35	小黑记事本 日志...	0 KB
localhost.2019-06-25.log	2019/6/25 22:37	小黑记事本 日志...	1 KB
localhost_access_log.2019-06-25.txt	2019/6/25 22:39	TXT 文件	1 KB
manager.2019-06-25.log	2019/6/25 22:35	小黑记事本 日志...	0 KB

图 6-9　logs 目录列表图

- catalina.log：表示 Tomcat 的标准输出（stdout）和标准出错（stderr）。
- catalina.xxx.log：日志文件包含 Tomcat 启动、异常、运行的日志输出，其中 xxx 可配置化，根据年 / 月 / 日 / 时 / 分 / 秒生成相关日志文件。
- localhost_access_log.xxxxx.txt：主要用来记录 config/server.xml 更改日志。
- localhost.xxx.log：主要是应用初始化（listener, filter, servlet）未处理的异常最后被 Tomcat 捕获而输出的日志。

6.4.5　webapps 目录

webapps 目录用于存放应用程序，当 Tomcat 启动时会去加载 webapps 目录下的应用程序。可以以文件夹、war 包、jar 包的形式发布应用，如图 6-10 所示。

名称	修改日期	类型	大小
docs	2017/5/5 12:03	文件夹	
examples	2017/5/5 12:03	文件夹	
host-manager	2017/5/5 12:03	文件夹	
manager	2017/5/5 12:03	文件夹	
pushlian	2019/6/25 22:35	文件夹	
ROOT	2017/5/5 12:03	文件夹	
pushlian.war	2019/6/25 22:33	WAR 文件	70,032 KB

图 6-10　webapps 目录列表图

例如，pushlian.war 是一个 war 应用，依赖进来后启动 Tomcat，Tomcat 会自动解压

war 包至文件夹，启动成功后访问地址 http://localhost:8080/pushlian。

其中 ROOT 是一个特殊的项目，在地址栏中没有给出项目目录时，对应的就是 ROOT 项目。访问地址 http://localhost:8080/examples，进入示例项目。其中 examples 是项目名，即文件夹的名字。

6.5 Tomcat 加载过程

Tomcat 启动入口是 Bootstrap.main，Bootstrap 和启动相关类的说明如下。

- ClassLoaderFactory：负责创建类加载器。
- SecurityClassLoad：负责加载已经编译好的整个 Server 的 class 文件。
- CatalinaProperties：作为属性加载器，读取整个 Server 的系统属性，也读取同包中的 Catalina.Properties 的属性。

6.5.1 Bootstrap 类初始化

Bootstrap 类初始化主要对类相关加载器进行赋值操作，如代码清单 6-3 所示。

代码清单 6-3　Bootstrap 类初始化

```
public final class Bootstrap {

      private static final Log log = LogFactory.getLog(Bootstrap.class);
      private static Bootstrap daemon = null;
      // 文件路径
      private static final File catalinaBaseFile;
      private static final File catalinaHomeFile;
      private static final Pattern PATH_PATTERN = Pattern.compile("(\".*?\")|(([^,])*)");
      private object catalinaDaemon = null;
      // 类加载器
      ClassLoader commonLoader = null;
      ClassLoader catalinaLoader = null;
      ClassLoader sharedLoader = null;


static {
         String userDir = System.getProperty("user.dir");
         String home = System.getProperty("catalina.home");
         File homeFile = null;
         File f;
         if (home != null) {
```

```
        f = new File(home);
        try {
            homeFile = f.getCanonicalFile();
        } catch (IOException e1) {
            homeFile = f.getAbsoluteFile();
        }
    }

    File baseFile;
    if (homeFile == null) {
        f = new File(userDir, "bootstrap.jar");
        if (f.exists()) {
            baseFile = new File(userDir, "..");

            try {
                homeFile = baseFile.getCanonicalFile();
            } catch (IOException e2) {
                homeFile = baseFile.getAbsoluteFile();
            }
        }
    }

    if (homeFile == null) {
        f = new File(userDir);

        try {
            homeFile = f.getCanonicalFile();
        } catch (IOException var7) {
            homeFile = f.getAbsoluteFile();
        }
    }

    catalinaHomeFile = homeFile;
    System.setProperty("catalina.home", catalinaHomeFile.getPath());
    String base = System.getProperty("catalina.base");
    if (base == null) {
        catalinaBaseFile = catalinaHomeFile;
    } else {
        baseFile = new File(base);

        try {
            baseFile = baseFile.getCanonicalFile();
        } catch (IOException var6) {
            baseFile = baseFile.getAbsoluteFile();
        }

        catalinaBaseFile = baseFile;
```

```
        }

        System.setProperty("catalina.base", catalinaBaseFile.getPath());
    }
```

6.5.2 Bootstrap 启动

Bootstrap.main 启动入口，如代码清单 6-4 所示。

代码清单 6-4 Bootstrap.main

```
/**
     * Main method and entry point when starting Tomcat via the provided
     * scripts.
     *
     * @param args Command line arguments to be processed
 */

public static void main(String[] args) {
          if (daemon == null) {
              // 完成初始化后再设置 daemon
              //Bootstrap bootstrap = new Bootstrap();

              try {
                //调用 init()
                bootstrap.init();
              } catch (Throwable e1) {
                 handleThrowable(e1);
                 e1.printStackTrace();
                 return;
            }

             daemon = bootstrap;
        } else {
             //服务运行时，停止调用会在一个新的线程上进行，所以要确保类加载器的正确性，
             //防止出现找不到相关类的异常出现
             Thread.currentThread().setContextClassLoader(daemon.catalinaLoader);
        }

        try {
             String command = "start";
             if (args.length > 0) {
                 command = args[args.length - 1];
             }

             if (command.equals("startd")) {
                args[args.length - 1] = "start";
```

```
                daemon.load(args);
                daemon.start();
            } else if (command.equals("stopd")) {
                args[args.length - 1] = "stop";
                daemon.stop();
            } else if (command.equals("start")) {
                daemon.setAwait(true);
                daemon.load(args);
                daemon.start();
            } else if (command.equals("stop")) {
                daemon.stopServer(args);
            } else if (command.equals("configtest")) {
                daemon.load(args);
                if (null == daemon.getServer()) {
                    System.exit(1);
                }

                System.exit(0);
            } else {
                log.warn("Bootstrap: command \"" + command + "\" does not exist.");
            }
        } catch (Throwable e2) {
            //捕捉异常以获得更清晰的错误报告
            Throwable t = e2;
            if (e2 instanceof InvocationTargetException && e2.getCause() != null) {
                t = e2.getCause();
            }

            handleThrowable(t);
            t.printStackTrace();
            System.exit(1);
        }

    }
```

daemon 是 Bootstrap 类中的一个静态成员变量，初始时为 null，调用过 init 方法之后才会为该变量赋值。Bootstrap.main 实例化一个 Bootstrap 对象后接着调用 init 方法，如代码清单 6-5 所示。

代码清单 6-5　Bootstrap.init 方法

```
    /**
     * Initialize daemon.
     */
    public void init()
        throws Exception
```

```
{

    //设置 Catalina 路径
    setCatalinaHome();
    setCatalinaBase();

    initClassLoaders();

    Thread.currentThread().setContextClassLoader(catalinaLoader);

    SecurityClassLoad.securityClassLoad(catalinaLoader);

    //加载我们的启动类并调用 process() 方法
    if (log.isDebugEnabled())
        log.debug("Loading startup class");
    Class<?> startupClass =
        catalinaLoader.loadClass
        ("org.apache.catalina.startup.Catalina");
    Object startupInstance = startupClass.newInstance();

    //设置 sharedloader 类加载器
    if (log.isDebugEnabled())
        log.debug("Setting startup class properties");
    String methodName = "setParentClassLoader";
    Class<?> paramTypes[] = new Class[1];
    paramTypes[0] = Class.forName("java.lang.ClassLoader");
    Object paramValues[] = new Object[1];
    paramValues[0] = sharedLoader;
    Method method =
        startupInstance.getClass().getMethod(methodName, paramTypes);
    method.invoke(startupInstance, paramValues);

    catalinaDaemon = startupInstance;

}
```

创建了 commonLoader、catalinaLoader、sharedLoader 三个类加载器，装载 catalina.properties 配置目录下的文件和 jar 包，后两个加载器的父加载器都是第一个，最后注册了 MBean，用于在 JVM 中监控该对象。实例化一个 org.apache.catalina.startup.Catalina 对象，并赋值给静态成员 catalinaDaemon，以 sharedLoader 作为入参通过反射调用该对象的 setParentClassLoader 方法。Bootstrap.load 方法的实现如代码清单 6-6 所示。

代码清单 6-6 Bootstrap. load 实现

```
/**
     * Load daemon.
```

```
 */
private void load(String[] arguments)
    throws Exception {

    //调用 load() 方法
    String methodName = "load";
    Object param[];
   Class<?> paramTypes[];
   if (arguments==null || arguments.length==0) {
       paramTypes = null;
       param = null;
   } else {
       paramTypes = new Class[1];
       paramTypes[0] = arguments.getClass();
       param = new Object[1];
       param[0] = arguments;
   }
   Method method =
       catalinaDaemon.getClass().getMethod(methodName, paramTypes);
   if (log.isDebugEnabled())
       log.debug("Calling startup class " + method);
   method.invoke(catalinaDaemon, param);

}
```

catalinaDaemon对象在init方法中已经实例化了，Bootstrap.load通过反射调用catalinaDaemon对象的load方法。同load相似，Bootstrap.start方法也通过反射调用catalinaDaemon对象上的start方法，到此Tomcat加载完毕。

6.6　Tomcat安全

Tomcat默认配置上存在一定的安全隐患，可能会被恶意攻击，下面通过多个方式来加固Tomcat的安全。

6.6.1　配置调整

1）Tomcat配置文件调整，如代码清单6-7所示。

代码清单6-7　sever.xml配置调整

```
// 默认使用 telnet 连接进来可以输入 SHUTDOWN 直接关闭 tomcat，这样极不安全。可以将默认的管理端口 8005 修改为其他端口，修改 SHUTDOWN 指令为其他字符串
```

```
<Server port="8390" shutdown="IN0IT">
// Tomcat 服务器通过 Connector 连接器组件与客户程序建立连接，Connector 组件负责接收客户的请求，以及把 Tomcat 服务器的响应结果发送给客户，默认情况下，Tomcat 在 server.xml 中配置了两种连接器，一种使用 ajp，要和 apache 结合使用，一种使用 http，当使用 http 方式时，可以限制 ajp 的访问，注释尚可。
<!--<Connector port="8009" protocol="AJP/1.3" redirectPort="8443" />-->
```

2）脚本权限控制。bin 目录下存放 Tomcat 的核心指令，可以设置 bin 目录下只能 root 用户才能执行，以防止其他用户操作命令，如 chmod -R 744 bin/*。

3）管理端控制。对于 Tomcat 的 Web 管理端存在高危安全隐患，外界通常会针对 Tomcat 管理端的弱口令漏洞进行攻击，采用 webshell 的方式来获取服务器控制权。注意，可以注释 conf/tomcat-user.xml 文件内容。

6.6.2 安全策略

监控生产应用日志时发现有诸多莫名的 IP 访问进来，应用按照区域划分部署在不同的节点，其部分应用部署在阿里云上，经过分析对比发现访问 IP 是进行外部扫描安全的，存在安全隐患。针对此类情况可以限制 IP 访问，配置 Tomcat 服务器根目录下的 conf/server.xml，如代码清单 6-8 所示。

代码清单 6-8 限制 IP 策略

```
// 此类代码后面追加代码
<Engine name="Catalina" defaultHost="localhost">
// allow 属性可以配置访问白名单，deny 属性可以配置访问黑名单，两者都支持正则表达式，当 deny 禁止的 ip 访问进来时，直接返回 403 无权限访问。denyStatus 状态码可自定义
<Valve className="org.apache.catalina.valves.RemoteAddrValve" allow="" deny="10.50.200.19[1-6],10.50.100.*" denyStatus="403"/>
```

6.6.3 SSL 传输安全

Tomcat 默认传输的格式是 HTTP，HTTP 协议传输的数据都是未加密的，也就是明文传输，因此使用 HTTP 协议传输隐私信息不安全。为了保证传输信息的安全，可以使用 HTTPS 方式。HTTPS 协议是 SSL、HTTP 协议构建的可进行加密传输、身份认证的网络协议。使用方式如下。

1）在网上购买证书，如：爱名、腾讯云、阿里云等。

2）解压证书，包含目录结构和文件（Apache、IIS、Nginx、ssl、crt、cer）。

3）进入 IIS 文件目录，包含证书密码和证书格式，如 pfx 格式。

4）针对不同应用规范使用不同格式证书，注意，证书格式之间可以转换，如pfx转jks。

5）把证书传入Tomcat的conf目录下。

6）编译conf目录下的server.xml文件。

7）把默认参数

```
<Connector port="8443" protocol="HTTP/1.1" SSLEnabled="true"
maxThreads="150" scheme="https" secure="true"
clientAuth="false" sslProtocol="TLS"/>
```

修改成

```
<Connector port="443" protocol="HTTP/1.1" SSLEnabled="true"
               maxThreads="150" scheme="https" secure="true"
               keystoreFile="conf/domains.pfx" //证书地址
               keystorePass="582629"           //证书密钥
               clientAuth="false" sslProtocol="TLS" />
```

8）支持HTTP自动切换到HTTPS访问，将

```
<Connector port="8080" protocol="HTTP/1.1" connectionTimeout="10000"
redirectPort="8443" />
```

修改成

```
<Connector port="8080" protocol="HTTP/1.1" connectionTimeout="10000"
redirectPort="443" />
```

6.7　Tomcat集群

Tomcat集群指的是多个Tomcat之间共同搭建或组成一个网状的集体，这个网状集体是虚拟的组织，能够代表整个虚拟的组织。

1. 为什么要实现Tomcat集群呢?

业务需要发展，当业务发展到一定程度，使用人数也会逐渐增多，此时单台Tomcat无法提供更多更好的用户体验，为了能够给用户提供稳定的服务、更好的体验，需要通过Tomcat集群来支撑庞大的用户群体。

2. 使用Tomcat集群会面临哪些难点?

使用Tomcat集群后会面临HTTP session数据不一致等问题。由于多台机器之间的session没有共享，导致session数据不一致。（注意，session代表服务器和浏览器的一次

会话过程，这个过程可以是连续的相连的，也可以是断续相连的。）

6.7.1 集群组件实现

Tomcat 的集群实现，可以通过在多个 Tomcat 之间同步 session 数据实现，如图 6-11 所示。

外部请求通过 Nginx 转发进来后，会分摊到 T1、T2 上。T1 中的 session 会和 T2 中的 session 同步数据。同步数据的方式可以采用 Tomcat 的集群配置。

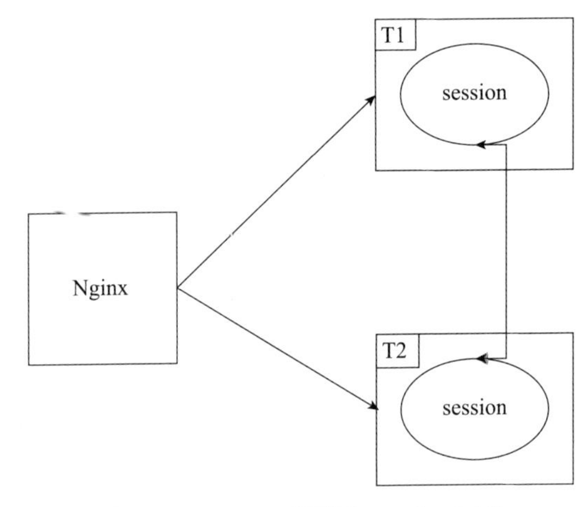

图 6-11 Tomcat 集群之 session 同步

优点如下：

- 配置较简单；
- 维护简单。

缺点如下：

- 并发情况下效率会低，因为 Tomcat 之间要实时同步 session 数据；
- 服务器硬件资源开销较大。

还可以采用 Nginx 的 IpHash 路由策略，保证外界访问相同的 IP 时永远只会到固定的 Tomcat 机器上。此策略的优点是配置简单，缺点如下：容易造成热点访问，存在单点风险，多个局域网的 IP 发起请求时可能都会访问一台 Tomcat，一旦 Tomcat 故障，session 数据就会丢失。

Tomcat 集群可以通过 session 共享实现，如图 6-12 所示。

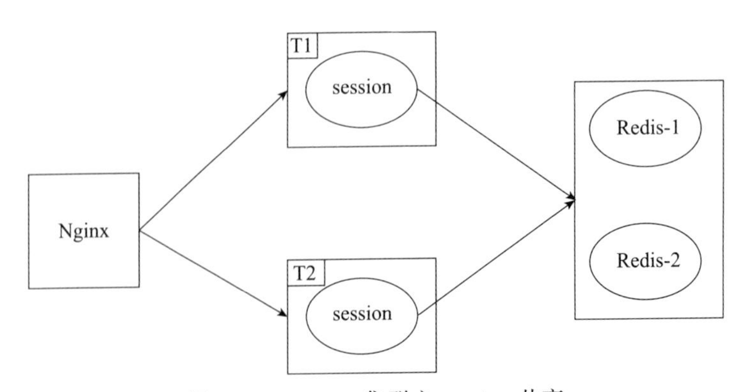

图 6-12 Tomcat 集群之 session 共享

与前文图 6-11 的区别在于，多个 Tomcat 之间不是通过集群模式去复制 session，而是把 session 相关数据存储在缓存中，如 Redis。多个 Tomcat 访问 Redis 去获取数据，达到高效状态。

优点如下：

- 承载量增加，并发高。
- 数据处理高效、快速。
- 集中管理，好维护。

缺点如下：

- 需要单独服务器资源管理缓存。
- 缓存服务器不能存在单点风险，需要额外服务器资源。
- 缓存服务器内存根据存储数据而定，占用内存。

6.7.2　集群配置

采用同步 session 数据方案，配置如代码清单 6-9 所示。

代码清单 6-9　同步 session 数据配置

```
//copy 多份 Tomcat 文件，端口号修改，并在 server.xml 配置文件中增加配置
<!--
    Cluster(集群，族)节点注意点如下
    className 表示 Tomcat 集群时，使用哪个类来实现信息之间的传递
    channelSendOptions 可以设置为 2、4、8、10，每个数字代表一种方式
    2 = Channel.SEND_OPTIONS_USE_ACK(确认发送)
    4 = Channel.SEND_OPTIONS_SYNCHRONIZED_ACK(同步发送)
    8 = Channel.SEND_OPTIONS_ASYNCHRONOUS(异步发送)
    在异步模式下，可以通过加上确认发送（Acknowledge）来提高可靠性，此时 channelSendOptions
设为 10
-->
<Cluster className="org.apache.catalina.ha.tcp.SimpleTcpCluster" channelSend-
Options="8">
    <!--
        Manager 决定如何管理集群的 Session 信息。Tomcat 提供了两种 Manager：BackupManager
和 DeltaManager
        BackupManager：集群下的所有 Session 将放到一个备份节点。集群下的所有节点都可以
访问此备份节点
        DeltaManager：集群下某一节点生成、改动的 Session，将复制到其他节点。
        DeltaManager 是 Tomcat 默认的集群 Manager，能满足一般的开发需求
        使用 DeltaManager，每个节点部署的应用要一样；使用 BackupManager，每个节点部署
的应用可以不一样。
```

```
            className：指定实现 org.apache.catalina.ha.ClusterManager 接口的类，信息之间的管理。
            expireSessionsOnShutdown：设置为 true 时，一个节点关闭，将导致集群下的所有 Session 失效
            notifyListenersOnReplication：集群下节点间的 Session 复制、删除操作，是否通知
session listeners
            maxInactiveInterval：集群下 Session 的有效时间 ( 单位 :s)。
            maxInactiveInterval 内未活动的 Session，将被 Tomcat 回收。默认值为 1800(30min)
        -->
        <Manager className="org.apache.catalina.ha.session.DeltaManager"
                 expireSessionsOnShutdown="false"
                 notifyListenersOnReplication="true"/>

        <!--
            Channel 是 Tomcat 节点之间进行通信的工具。
            Channel 包括 5 个组件：Membership、Receiver、Sender、Transport、Interceptor
        -->
        <Channel className="org.apache.catalina.tribes.group.GroupChannel">
             <!--
                Membership 维护集群的可用节点列表。它可以检查到新增的节点，也可以检查到没有心
跳的节点
                className：指定 Membership 使用的类
                address：组播地址
                port：组播端口
                frequency：发送心跳 ( 向组播地址发送 UDP 数据包 ) 的时间间隔 ( 单位 ms)。默认值为 500
                dropTime：Membership 在 dropTime( 单位 ms) 内未收到某一节点的心跳，则将该
节点从可用节点列表删除。默认值为 3000

                注 : 组播 (Multicast)：一个发送者和多个接收者之间实现一对多的网络连接。
                     一个发送者同时给多个接收者传输相同的数据，只需复制一份相同的数据包。
                     它提高了数据传送效率，减少了骨干网络出现拥塞的可能性。
                     相同组播地址、端口的 Tomcat 节点，可以组成集群下的子集群
             -->
            <Membership className="org.apache.catalina.tribes.membership.McastService"
                        address="192.168.1.224"
                        port="45564"
                        frequency="500"
                        dropTime="3000"/>

            <!--
                Receiver : 接收器，负责接收消息。
                接收器分为两种：BioReceiver( 阻塞式 )、NioReceiver( 非阻塞式 )

                className：指定 Receiver 使用的类
                address：接收消息的地址
                port：接收消息的端口
                autoBind：端口的变化区间
                如果 port 为 4000，autoBind 为 100，接收器将在 4000 到 4099 间取一个端口，进行监听
                selectorTimeout：NioReceiver 内轮询的超时时间
                maxThreads：线程池的最大线程数
```

```
            -->
            <Receiver className="org.apache.catalina.tribes.transport.nio.NioReceiver"
                      address="auto"
                      port="4000"
                      autoBind="100"
                      selectorTimeout="5000"
                      maxThreads="6"/>

            <!--
                Sender : 发送器，负责发送消息
                Sender 内嵌了 Transport 组件，Transport 真正负责发送消息
            -->
            <Sender className="org.apache.catalina.tribes.transport.Replication
Transmitter">
                <!--
                    Transport 分为两种：bio.PooledMultiSender(阻塞式)、nio.Pooled
ParallelSender(非阻塞式)
                -->
                <Transport className="org.apache.catalina.tribes.transport.nio.
PooledParallelSender"/>
            </Sender>

            <!--
                Interceptor : Cluster 的拦截器
                TcpFailureDetector：网络、系统比较繁忙时，Membership 可能无法及时更新可
用节点列表，此时 TcpFailureDetector 可以拦截到某个节点关闭的信息，并尝试通过 TCP 连接到此节点，
以确保此节点真正关闭，从而更新集群可以用节点列表
            -->
            <Interceptor className="org.apache.catalina.tribes.group.interceptors.
TcpFailureDetector"/>

            <!--
                MessageDispatch15Interceptor：查看 Cluster 组件发送消息的方式是否设置为
                Channel.SEND_OPTIONS_ASYNCHRONOUS(Cluster 标签下的 channelSendOptions
为 8 时)。
                设置为 Channel.SEND_OPTIONS_ASYNCHRONOUS 时，
                MessageDispatch15Interceptor 先将等待发送的消息进行排队，然后将排好队的消
息转给 Sender
            -->
            <Interceptor className="org.apache.catalina.tribes.group.interceptors.
MessageDispatch15Interceptor"/>
        </Channel>

        <!--
            Valve : 可以理解为 Tomcat 的拦截器
            ReplicationValve：在处理请求前后打日志；过滤不涉及 Session 变化的请求
            vmRouteBinderValve：Apache 的 mod_jk 发生错误时，保证同一客户端的请求发送到集
群的同一个节点
```

```
        -->
        <Valve className="org.apache.catalina.ha.tcp.ReplicationValve" filter=""/>
        <Valve className="org.apache.catalina.ha.session.JvmRouteBinderValve"/>

        <!--
            Deployer ：同步集群下所有节点的一致性。
         -->
         <Deployer className="org.apache.catalina.ha.deploy.FarmWarDeployer"
                     tempDir="/tmp/war-temp/"
                     deployDir="/tmp/war-deploy/"
                     watchDir="/tmp/war-listen/"
                     watchEnabled="false"/>
        <!--
            ClusterListener ：监听器，监听 Cluster 组件接收的消息
            使用 DeltaManager 时，Cluster 接收的信息通过 ClusterSessionListener 传递给
DeltaManager
        -->
        <ClusterListener className="org.apache.catalina.ha.session.ClusterSession
Listener"/>
    </Cluster>
```

注意 如果多个 Tomcat 是配置在同一台服务器上，那么 <Receiver/> 节点中用于监听传递消息的 TCP 端口号即属性 port 的配置不能相同，配置范围是 4000 ～ 4100。

采用共享 session 数据方案，应用程序配置好缓存后方可使用，这里不再赘述。

6.8 JVM

JVM 是 Java 虚拟机的英文缩写，是通过软件模拟的、具有完整硬件系统功能的、运行在一个完全隔离环境中的计算机系统，运行示意图如图 6-13 所示。

JVM 的启动流程如下：

- 运行某个程序，如 java xxx；
- JVM 装载 jvm.cfg 的配置；
- 根据配置寻找 JVM 的实现，通常是 JVM.dll；
- 初始化 JVM；
- 找到并运行程序的 Main 方法。

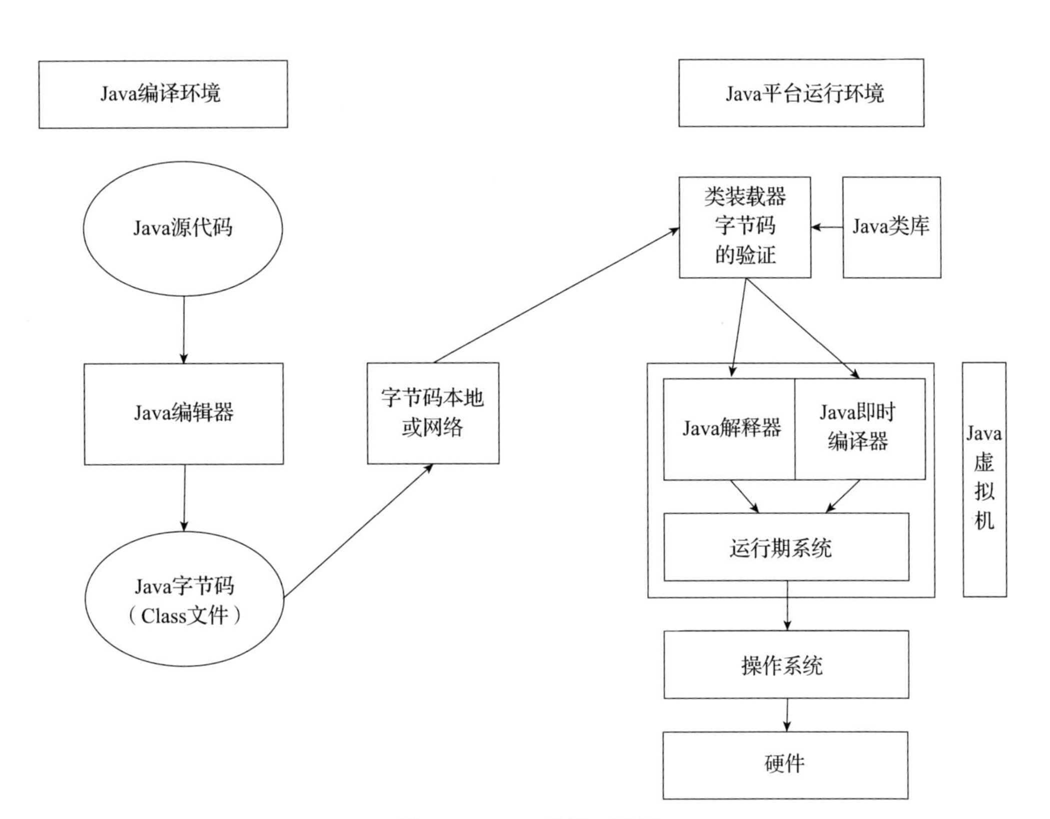

图 6-13　Java 编译 / 运行

JVM 结束生命周期的条件如下：

- 执行了 System.exit() 方法；
- 程序正常执行结束；
- 程序在执行过程中遇到了异常或错误而异常终止；
- 操作系统出现错误导致 Java 虚拟机进程终止。

6.8.1　Class 文件结构

Class 文件结构如图 6-14 所示。

Class 文件是 JVM 的输入，是 JVM 实现平台无关、技术无关的基础。在 Java 虚拟机规范中定义了 Class 文件结构。Class 文件是一组以 8 字节为单位的字节流，各个数据项目按顺序紧凑排列。对于占用空间大于 8 字节的数据项，按照高位在前的方式分割成多个 8 字节进行存储。Class 文件格式里面包括两种类型：无符号数、表。

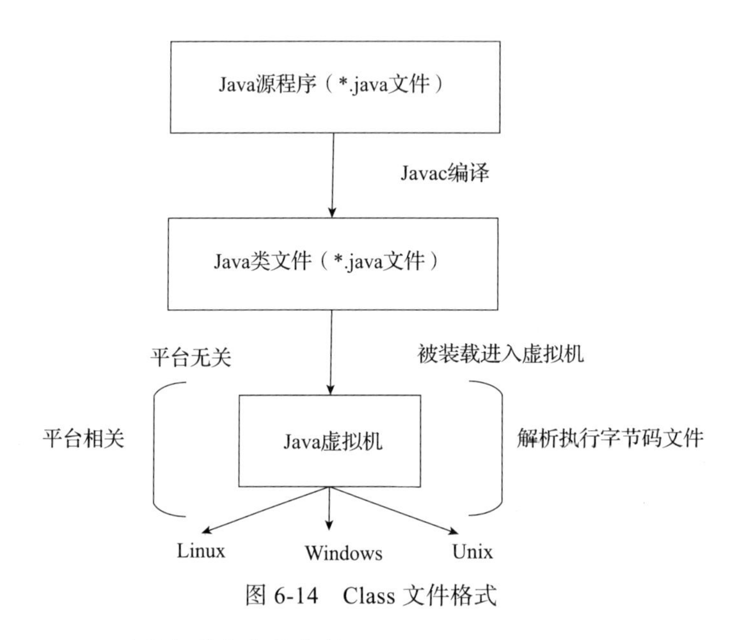

图 6-14　Class 文件格式

用 javap -verbose 可以查看字节码文件。

查看字节码可以更好地理解虚拟机的运行机制，可以看到虚拟机运行的轨迹，可以直接操作字节码的文件动态去使用相关功能。

下面介绍 Java 操作字节码的框架 ASM，它可用于动态生成类或者增加既有类的功能。ASM 可以直接生成二进制 class 文件，也可以在类被加载入 Java 虚拟机之前动态改变类行为。ASM 从类文件中读入信息后，能够改变类行为，分析类信息，甚至能够根据用户要求生成新类。许多开源框架如 cglib、Spring、Hibernate 都直接或间接地使用 ASM 操作字节码。

ASM 编程模型如下：

- Core API，提供了基于事件形式的编程模型，该模型不需要一次性将整个类的结构读取到内存中，因此这种方式更快，需要更少的内存，但这种编程方式难度大；
- Tree API，提供了基于树形的编程模型，该模型需要一次性将一个类的完整结构全部读取到内存当中，所以这种方式需要更多的内存，但这种编程方式较简单。

ASM 的 Core API 操纵字节码的功能基于 ClassVisitor 接口实现，这个接口中每个方法对应了 class 文件中的每一项。ASM 提供了三个基于 ClassVisitor 的接口类，实现 class 文件的生成和转换。转换如下。

- ClassReader 解析一个类的 Class 字节码，该类的 accept 方法接收一个 ClassVisitor 的对象，在 accept 方法中，会按上文描述的顺序逐个调用 ClassVisitor 对象的方法。

- ClassAdapter 是 ClassVisitor 的实现类，它的构造方法中需要一个 ClassVisitor 对象，并保存为字段 protected ClassVisitor cv。在它的实现中，每个方法都是原封不动地直接调用 cv 的对应方法，并传递同样的参数。
- ClassWriter 也是 ClassVisitor 实现类，ClassWriter 用于以二进制的方式创建一个类的字节码，可以通过 toByteArray 方法获取生成的字节数组。

6.8.2　类的装载、连接和初始化

类从被加载到 JVM 开始，到卸载出内存，整个生命周期如图 6-15 所示。

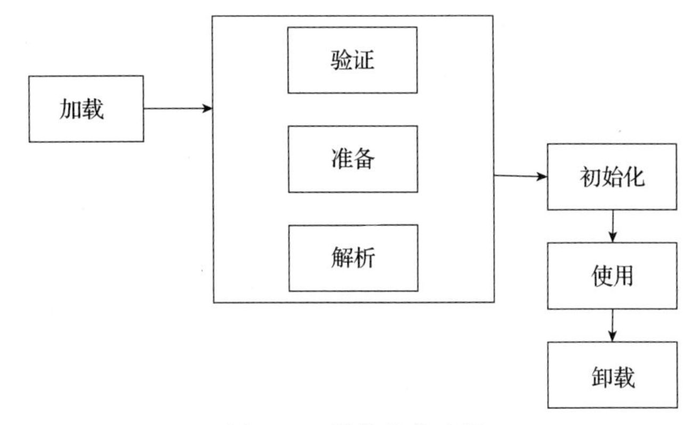

图 6-15　类的装载过程

1）加载：查找并加载类文件的二进制数据。

2）连接：将已经读入内存的类的二进制合并到 JVM 运行时环境中去。

- 验证：确保被加载类的正确性。
- 准备：为类的静态变量分配内存，并初始化它们。
- 解析：把常量池的符号引用转换成直接引用。

3）初始化：为类的静态变量赋初始值。

1. 类的加载

类加载时完成的工作如下。

- 通过类的全限定名来获取该类的二进制字节流。
- 把二进制字节流转化为方法区的运行时数据结构。
- 在堆上创建一个 java.lang.Class 对象，用来封装在方法区内的数据结构。类加载最终的产物就是在堆中的 Class 对象，Class 对象封装了类在方法区的数据结构，并

向外提供了访问方法区内数据结构的接口。

加载类的方式如下：

- 本地文件系统中加载；
- 网络下载；
- 从 zip、jar 等归档文件中加载；
- 从专有数据库中加载；
- 将 java 源文件动态编译成 class。

Java 类加载器，如图 6-16 所示。

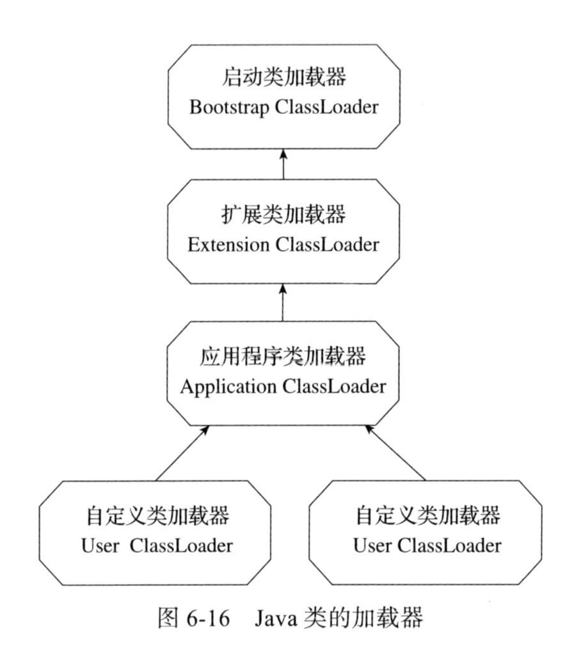

图 6-16 Java 类的加载器

1）启动器类加载器：负责将 <JAVA_HOME>/lib，或者 -Xbootclasspath 参数指定的路径中属于虚拟机识别的类库加载到内存中（按照名字识别，比如 rt.jar，对于不能识别的文件不予装载）。Java 应用程序不能直接引用启动类加载器，直接设置 classLoader 为 null，会默认使用启动类加载器。

2）扩展类加载器：负责加载 <JRE_HOME>/lib/ext，或者 java.ext.dirs 系统变量所指定路径中所有类库。

3）应用程序类加载器：负责加载 classpath 路径中所有类库，可由 getSystemClassLoader() 方法获取，因此也称为系统加载器。

类加载器并不需要等到某个类首次主动使用的时候才加载它，JVM 规范运行类加载器在预料到某个类将要被使用时就会预先加载它。

如果在加载的时候 class 文件缺失，会在该类首次主动使用时报告错误，如果一直没有使用，就不会报错。

这里补充介绍下双亲委派模型。

JVM 中的 ClassLoader 通常采用双亲委派模型，要求除了启动类加载器外，其余的类加载器都应该有自己的父亲加载器，这里的父子关系是组合而不是继承。其工作过程如下：

- 一个类加载器收到类加载的请求，它自己先不去加载这个类，而是委托给父类加载器；
- 父类加载器可以委托给它的父类加载器，直到启动类加载器；

- ❑ 如果父类加载器反馈它不能完成加载请求，比如在它的搜索路径下找不到这个类，那么子类加载器才自己加载。

双亲委派模型对于保证 Java 程序的稳定运作很重要。同时，在实现双亲委派的代码 java.lang.ClassLoad 的 loadClass() 方法中，如果是自定义类的加载器，推荐覆盖实现 findClass() 方法。

2. 类的连接

类连接主要验证的内容如下。

1）类文件结构检查（按照 JVM 规范规定的类文件结构进行）。

2）元数据验证（对字节码描述的信息进行语义分析，保证其符合 Java 语言规范要求）。

3）字节码验证（通过对数据流和控制流进行分析，确保程序语义是合法和符合逻辑的，主要对方法体进行校验）。

4）符合引用验证（对类自身以外的信息，常量池中的各种符号引用，进行匹配检验）。

5）把常量池中的符合引用转换成直接引用的过程。

- ❑ 符合引用：以一组无歧义的符号来描述所引用的目标，与虚拟机的实现无关。
- ❑ 直接引用：直接指向目标的指针，而相对偏移量，或是能间接定位到目标的句柄和虚拟机实现相关。

6）主要针对类、接口、字段、类方法、接口方法、方法类型、方法句柄、调用点限定符。

3. 类的初始化

为类的静态变量赋初始值，或者说是执行类的构造器 <clinit> 方法的过程。具体如下。

1）如果类还没加载和连接，就先加载和连接。

2）如果类存在父类，且父类没有初始化，就先初始化父类。

3）如果类中存在初始化语句，就依次执行这些初始化语句。

4）如果是接口，在初始化一个类的时候，并不会先初始化它实现的接口，初始化一个接口时，并不会初始化它的父接口，只有当程序首次使用接口里面的变量或者是调用接口方法的时候，才会进行接口初始化。

Java 程序对类的使用方式分为：主动式和被动式。JVM 必须在每个类或接口“首次使用”时才能初始化它们，被动使用类不会导致类的初始化。主动使用情况如下：

1）创建类实例；

2）访问某个类或接口的静态变量；

3）调用类的静态方法；

4）反射某个类；

5）初始化某个类的子类，而父类还没初始化；

6）JVM 启动的时候运行的主类。

注意 类的卸载：如果代表一个类的 Class 对象不再被引用，那么 Class 对象的生命周期就结束了，对应的在方法区中的数据也会被卸载。JVM 自带的类加载器装载的类是不可以卸载的，由用户自定义的类加载器加载的类可以卸载。

6.8.3 JVM 的内存分配

JVM 内存分配结构如图 6-17 所示。

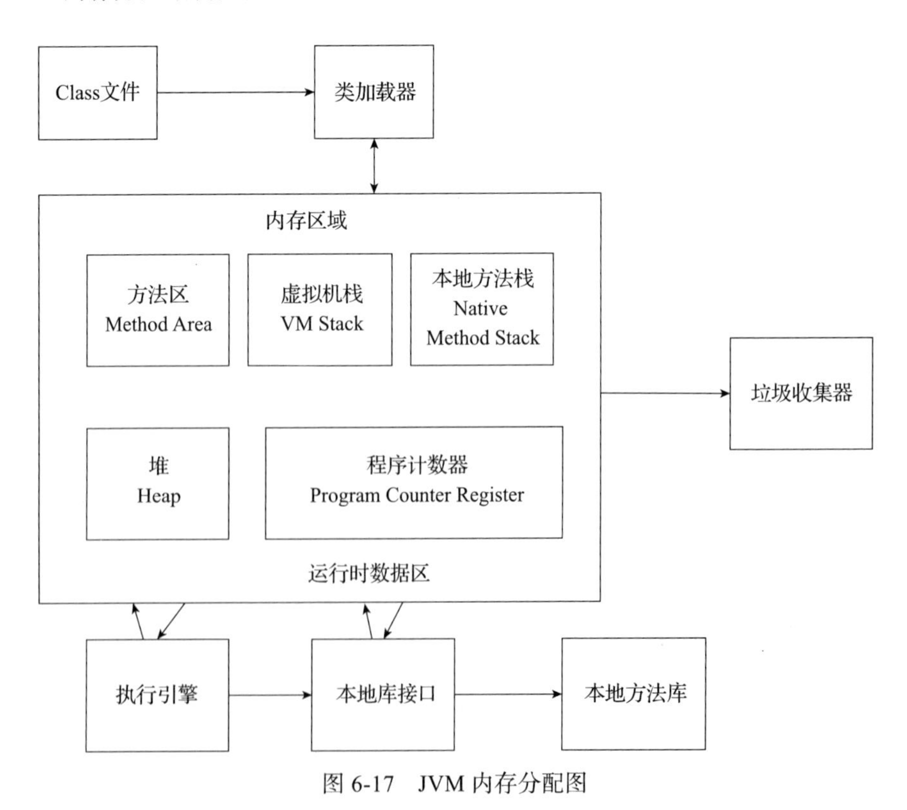

图 6-17 JVM 内存分配图

运行时数据区包括 PC 寄存器、Java 虚拟机栈、Java 堆、方法区、运行时常量池、本地方法栈。

1）PC 寄存器。每个线程拥有一个 PC 寄存器，是线程私有的，用来存储指向下一条指令的地址。在创建线程的时候，创建相应的 PC 寄存器。执行本地方法时，PC 寄存器的值为 underfined。

2）Java 栈。栈由一系列帧组成，是线程私有的。帧用来保存一个方法的局部变量、操作数帧、常量池指针、动态链数、方法返回值。每一次方法调用创建一个帧，退出方法的时候，修改栈项指针可以把栈帧中的内容销毁。局部变量表存放了编译期可知的各种基本数据类型和引用类型，每个 slot 存放 32 位的数据，long、double 占用两个槽位。栈存取速度比堆快，仅次于寄存器。存在栈中的数据大小、生存期是在编译期决定的，缺乏灵活性。

3）Java 堆。用来存放应用系统创建的对象和数组，所有线程共享 Java 堆。GC 主要管理堆空间，对分代 GC 来说，堆也是分代的。堆运行期动态分配内存大小，自动进行垃圾回收。堆的效率相对较慢。

4）方法区。方法区线程是共享的，通常用来保存装载的类的结构信息，如运行时常量池，方法数据，方法字节码，类、实例、接口初始化用到的特殊方法。它通常和永久区关联在一起，但具体和 JVM 的实现和版本有关，如：JDK1.7 把 String 方法区移动到堆了，JDK1.8 直接去掉永久区，用元空间代替。

5）运行时常量池。Class 文件中每个类或者接口的常量池表在运行期间的表示形式，通常包括：类的版本、字段、方法、接口信息。它在方法区中分配，通常在加载类和接口到 JVM 后，就创建相应的运行时常量池。

6）本地方法栈。即在 JVM 中用来支持 native 方法执行的栈。

栈、堆、方法区的交互关系，如图 6-18 所示。

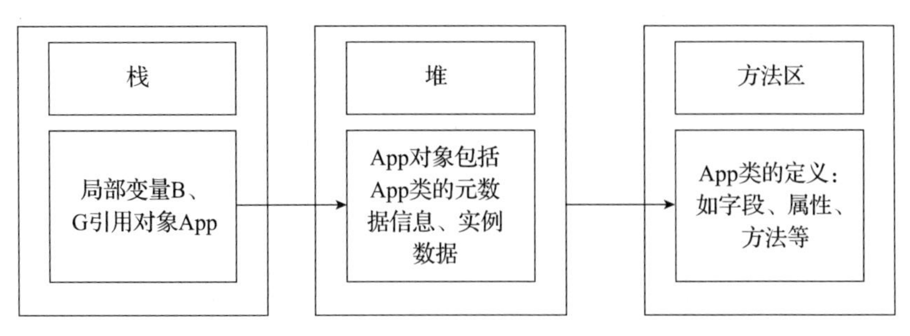

图 6-18　JVM 栈、堆、方法区交互关系图

如图 6-18 所示，新创建的 App 对象会存放在堆中，其中会包括对象的实例数据，而对应的引用存放在栈中，类的定义存放在方法区中。

堆的结构如图 6-19 所示。

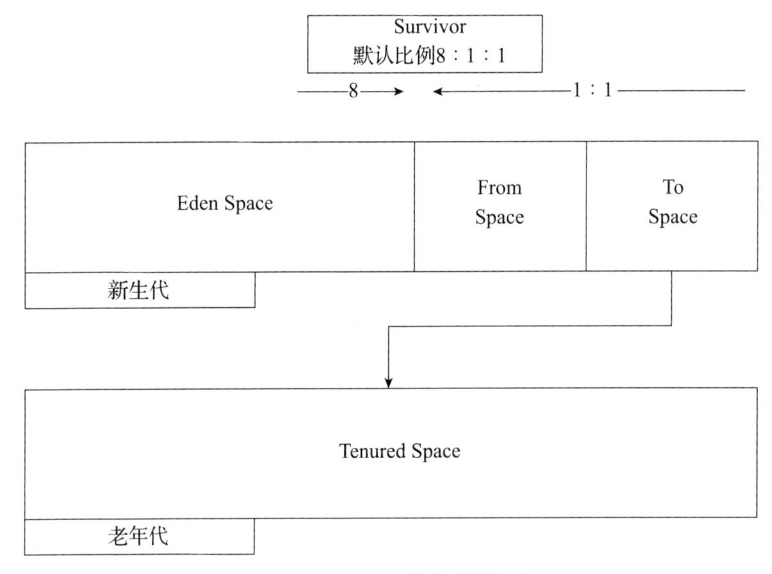

图 6-19　JVM 堆的结构图

整个堆大小包括新生代 + 老年代，默认是物理机的 1/4 或者 1/2，其中，新生代和老年代比例是 1：3，新生代 Eden 和 Survivor 比例是 8：1：1。

新生代经过回收后，没有回收掉的对象会被复制到老年代，老年代存储的对象比新生代年龄大很多，包含一些大对象。

之前的持久代，用来存放 Class、Method 等元信息的区域，在 JDK1.8 中被替换成元空间，元空间并不在虚拟机里面，而是直接使用本地内存。

堆的相关参数如下。

1）Xms：初始堆大小，默认是物理内存的 1/64(<1G)。

2）Xmx：初始堆大小，默认是物理内存的 1/4(<1G)，建议 Xms= Xmx，避免每次 gc 后调整堆的大小，减少系统内存分配开销。

3）Xmn：新生代大小，默认是整个堆的 3/8。

4）–XX:NewRatio：新生代和老年代的比值，不包括持久代。在设置了 Xms= Xmx，并且设置了 Xmn 的情况下，不用设置该参数。

5）–XX:SurvivorRatio：新生代中Eden区域和Survivor区域的大小比值。默认是8∶1∶1，Survivor区域包含了From和To两个区域，是1∶1。

6）新建的对象可能直接进入老年代，如大对象，可通过设置-XX:PretenureSizeThreshold=1024（单位字节）来代表超过多大时就不在新生代中，而是直接在老年代中分配。

7）–XX:+HeapDumpOnOutOfMemoryError：OOM是自动导出堆文件（内存溢出生成的文件，可用分析内存溢出的问题）。

8）–XX:+HeapDumpPath：导出OOM的路径。

9）–XX:+PrintGCDetails：打印GC详细的描述。

那么，为什么JDK1.8使用元空间代替永久区呢？原因如下：

1）字符串存在永久区中，容易出现性能问题和内存溢出；

2）类及方法的信息等比较难确定其大小，因此对于永久代的大小指定比较困难，太小容易出现永久代溢出，太大则容易导致老年代溢出；

3）永久代会为GC带来更高的复杂度，并且回收率偏低。

6.8.4 JVM执行引擎

JVM的字节码执行引擎，基本功能是输入字节码文件，然后对字节码进行解析并处理，最后输出执行的结果。其实现方式可以通过解释器直接解释文件，也可以通过即时编译器产生本地代码，也就是编译执行，过程如下。

1）解释执行：以解释方式运行字节码，解释执行意味着编译一句，执行一句。

2）编译运行：将字节码编译成机器码，直接执行机器码，运行时编译，编译后性能有数量级的提升。

3）栈帧：栈帧用于支持JVM进行方法调用和方法执行的数据结构，栈帧随着方法调用而创建，随着方法结束而销毁。它里面存储了方法的局部变量、操作数栈、动态链接、方法返回地址等信息。

4）局部变量表：用来存放方法参数和方法内部定义的局部变量的存储空间，详情如下。

- 以变量槽slot为单位，目前一个slot存放32位以内的数据类型；
- 对于64位的数据占2个slot；
- 对于实例方法，第0位slot存放的是this，然后从1到n，依次分配给参数列表；
- 然后根据方法内部定义的变量顺序和作用域来分配slot；

- slot 是复用的，以节省栈帧的空间，这种设计可能会影响到系统的垃圾收集行为。

5）动态连接：每个栈帧有一个指向运行时常量池中该栈帧所属方法的引用，以支持方法调用过程的动态连接。详情如下。

- 静态解析，类加载的时候，符号引用就转化成直接引用。
- 动态连接，运行期间转换为直接引用。

6）方法返回地址：方法执行后，要么正常完成并退出，要么发生异常导致退出，不管哪种方式，都需要返回到方法被调用的位置，程序才能继续执行，这个位置就是方法返回地址。

那么，如何执行方法中的字节码指令？JVM 通过基于栈的字节码解释执行引擎来执行指令，JVM 的指令集也是基于栈的。

6.8.5 垃圾回收

内存中已经不再被使用到的空间就是垃圾，垃圾回收指回收那些不再被使用到的垃圾。那么如何判断是否是垃圾呢？具体步骤如下：

1）根搜索算法判断不可用；

2）看是否有必要执行 finalize 方法，因为这个方法还可以让对象重新被使用，当对象没有被覆盖 finalize 方法或者是这个方法已经被 JVM 调用过时，就没有必要执行 finalize。

如何判断类无用的条件呢？可以从以下几点考虑：

- JVM 中该类的所有实例都已经被回收；
- 加载该类的 ClassLoader 已经被回收；
- 没有任何地方引用该类的 Class 对象；
- 无法在任何地方通过反射访问这个类。

1. 垃圾回收识别

引用计数法

1）给对象添加一个引用计数器，有访问就加 1，引用失效就减 1；

2）实现简单、高效，但不能解决对象之间循环引用的问题。

根搜索算法（可达性分析算法）

1）从根（GC Roots）节点向下搜索对象节点，搜索走过的路径称为引用链，当一个对象到根之间没有连通时，称该对象不可用。

2）可作为GC Roots的对象包括：虚拟机栈中引用的对象、方法区类静态属性引用的对象、方法区中常量引用的对象、本地方法栈中JNI引用的对象。

3）HotSpot使用了一组叫作OopMap的数据结构达到准确式GC的目的，在类加载完成的时候，JVM会计算出当前对象在哪个偏移的位置上有什么引用，这样GC扫描时就可以很快得到引用的信息。

4）在OopMap的协助下，JVM可以很快做完GC Roots枚举，但是JVM并没有为每一条指令生成一个OopMap，这会需要非常多的额外空间，反而增加GC回收的成本，因此只在特定的位置才会记录这些信息，这些特定的位置被称为安全点，即当前线程执行到安全点后才允许暂停进行GC。

5）如果一段代码中，对象引用关系不会发生变化，在这个区域中任何地方开始GC都是安全的，那么这个区域称为安全区域，安全区域可看作扩展了安全点。

引用分类

1）强引用：类似于Object as=new Pis()，不会被回收。

2）软引用：还有用但不必需的对象，这些对象会当作回收的第二梯队，如果回收这些对象后内存还是不够，才发生内存溢出，用SoftReference来实现软引用。

3）弱引用：非必须对象，比软引用还要弱，垃圾回收时会回收掉，用WeakReference来实现弱引用。

4）虚引用：也称为幽灵引用，是最弱的引用，垃圾回收时会回收掉，用PhantomReference来实现弱引用。

2. 垃圾收集器

垃圾收集器（GC）的类型如下。

- MinorGC：新生代发生的收集行为。
- MajorGC/Full GC：发生在老年代的GC，通常伴随至少一次的MinorGC。

垃圾收集器的类型如下。

1）串行收集：GC单线程内存回收，会暂停所有的用户线程。使用描述如下：

- 是一个单线程的收集器，在垃圾收集时，会Stop-the-World；
- 对于单CPU，由于没有多线程交互开销，可能会更高效，是默认的Client模式下的新生代收集器；
- 使用-XX:+UseSerialGC来开启。

2）并行收集：多个 GC 线程并发工作，此时用户线程是暂停的。使用描述如下：

- 使用多线程进行回收，在垃圾收集时，会 Stop-the-World；
- 在并发能力好的 CPU 环境中，它停顿的时间要比串行收集器短，但对于单 CPU 或并发能力较弱的 CPU，由于多线程的交互开销，可能比串行回收器更差；
- 是 Server 模式下首选的新生代收集器，且能和 CMS 收集器配合使用；
- 使用 -XX:+UseParNewGC 来开启，会使用 ParNew+Serial Old 收集器组合；
- –XX:ParallelGCThreads，指定线程数，建议和 CPU 保持一致。

3）并发收集：用户线程和 GC 线程同时执行（也可能交替执行），不需要停顿用户线程。Serial 是串行的，Parallel 是并行的，CMS 是并发的。使用描述如下：

- 使用 -XX:+UseParallelGC 来开启新生代 Parallel Scavenge 收集器；
- 使用 -XX:+UseParallelOldGC 来开启老年代使用 Parallel Old 收集器，使用 Parallel Scavenge+ Parallel Old 的收集器组合；
- –XX:GCTimeRatio：指定运行应用代码的时间占总时间的比例，默认是 99，即只用 1% 的时间进行垃圾收集。

4）CMS（并发标记清除）收集器：分为四个阶段，初始标记（只标记 GC Roots 能直接关联到的对象）、并发标记（进行 GC Roots Tracing 的过程）、重新标记（修正并发标记期间，因程序运行导致标记发生变化的那一部分对象）、并发清除（并发回收垃圾对象）。使用描述如下：

- 在初始标记和重新标记两个阶段还是会发生 Stop-the-World；
- 使用标记清除算法，也是一种使用多线程并发收集的垃圾收集器；
- 最后的重置线程，清空和收集器相关的数据并重置，为下一次收集做准备。停顿少，并发执行，对 CPU 资源压力大，无法处理在处理过程中产生的垃圾，可能会导致 FGC；
- 采用的标记清除算法会导致大量碎片，从而在分配大对象时可能触发 FGC；
- –XX:UseConcMarkSweepGC，使用 ParNew+CMS+Serial Old 的收集器组合；
- –XX:ParallelCMSThreads，设定 CMS 的线程数量，默认是（ParallelCMSThreads+3）/4；
- –XX:CMSInitiatingOccupancyFraction，设置 CMS 收集器在老年代空间被使用多少后触发回收，默认为 68%；
- -XX:CMSFullGCsBeforeCompaction，设定进行多少次 CMS 垃圾收集后，进行一

次内存整理；

- –XX:+CMSClassUnloadingEnabled，运行对类元数据进行收集。

5）G1(Garbage-First) 收集器：一款面向服务端应用的收集器。与其他收集器相比，具有如下特点。

- G1 能充分利用 CPU，多核环境硬件优势，尽量缩短 STW。
- G1 采用分代思想，对存活时间较长、经过多次 GC 仍然存活的对象，有不同的处理方式，以获得更好的收集效果。
- G1 整体采用标记 - 整理算法，局部通过复制算法，不会产生内存碎片。
- G1 把内存划分为独立区域，保留了新生代和老年代，但它们不再是物理隔离，而是一部分 Region 的集合。
- G1 停顿可预测，能明确指定在一个时间段内，消耗在垃圾收集器上的时间不能超过多长时间。
- G1 跟踪各个 Region 里面的垃圾堆的价值大小，在后台维护一个优先列表，每次根据运行的时间来回收价值最大的区域，从而保证在有限的时间内的高效收集。
- –XX:+UseG1GC 开启 G1。
- –XX:MaxGCPauseMillis=n，最大的 GC 停顿时间。
- –XX:InitiatingHeapOccupancyPercent=n，设置堆占用了多少时会触发 GC，默认是 45%。
- –XX:ConcGCThreads=n，并发 GC 使用的线程数。

3. 垃圾回收算法

垃圾回收算法种类如下。

1）标记清除法：算法分为标记和清除两个阶段，先标记出要回收的对象，然后统一回收这些对象。标记清除算法会产生大量不连续的内存碎片，从而导致分配大对象时触发 GC。

2）复制算法：把内存分为两块完全相同的区域，每次使用其中的一块，当一块使用完了，就把这块上还存活的对象复制到另外一块，然后把这块清除掉。不存在大量碎片等问题，内存浪费较多，只能使用一半。在实际 JVM 实现中，是将内存分为一块较大的 Eden 区和 Survivor 空间，每次使用 Eden 和一块 Survivor，回收时，把存活的对象复制到另一块 Survivor。HotSpot 默认的 Eden 和 Survivor 比例是 8：1：1，每次能用 90% 的新生代空间。如果 Survivor 空间不够，就要依赖老年代进行分配担保，将放不下的对象直接放入老年代。在发生 MinorGC 前，JVM 会检查老年代的最大可用的连续空间是否大于新生代所有对象的总空间。如果大于，可确保 MinorGC 是安全的。如果小于，那么 JVM 会检查是否设置了允许担保失败，如果允许，则继续检查老年代最大可用的连续空间是否大于历次晋升到老年代对象的平均大小，如果大于，则尝试进行一次 MinorGC，否则，改做一次 Full GC。

3）标记整理算法：由于复制算法在存活对象比较多的时候效率较低，且有空间浪费，因此老年代一般不会选用复制算法，而是选用标记整理算法。标记的过程和标记清除是一样的，但后续不是直接清除可回收对象，而是让所有存活对象都向一端移动，然后直接清除边界以外的内存。

4. 垃圾回收实例

我们以 Demo 程序来讲述垃圾回收，如代码清单 6-10 所示。

代码清单 6-10　GC 回收 Demo

```
public class TestGc{
    private byte[] demoByte=new byte[1024*1024*4] // 4M

    public static void main(String[] args){
        List list=new ArrayList();
        while(true){
            list.add(new TestGc());
        }
    }
}
```

为了更快地发现以上程序的问题，设置 -Xms2m –Xmx14m –XX:+ HeapDumpOnOutOfMemoryError –XX:+ PrintGCDetails。

运行结果如下：

```
    [GC (Allocation Failure) [DefNew: 654K->64K(960K),0.0001 secs ] [Tenured: 420K-> 402K(1024K),0.0001122 secs]]
    [GC (Allocation Failure) [DefNew: 17K->0K(960K),0.00031 secs ] [Tenured: 1501K-> 1501K(1024K),0.00097 secs]]
    [GC (Allocation Failure) [DefNew: 0K->0K(1152K),0.0002891 secs ] [Tenured: 2528K-> 2528K(3681K),0.00022912 secs]]
    [GC (Allocation Failure) [DefNew: 1024K->0K(2048K),0.0009921 secs ] [Tenured: 3881K-> 3881K(5244K),0.000902 secs]]
    [Full GC (Allocation Failure) [Tenured: 4699K->4011K(5501K),0.0031101 secs] 8821K->6619K(9901K),[Metaspace:78K->78K(78K), 0.000131 secs]
```

```
Java.lang.OutOfMemeryError:Java heap space
Dumping heap to test_demo_dump.hprof...
Heap
Def new generation total 4320,used 4201 [OX02C000000]
Eden space 4228K,95% used
From space 92K,0% used
to space 92K,0% used
tenured generation total 9330K used 8190K[OX02ea0000]
the space 9330K, 87% used[OX02ea0000]
Metaspace used 78K
```

在代码清单 6-10 中，由于堆内存分配不够，会触发 OOM 内存溢出。针对程序 GC 说明如下。

- 使用 Serial 串行收集器，新生代共计 4m，当前使用率为 95%，且主要在 Eden 区域中，新生代包括 1 个 Eden 区域和 2 个 Survivor 区域，而其中 1 个 Survivor 区域处于空闲，代码清单 6-10 中创建局部变量 demoByte 分配了 4m，当新生代装不下变量时，会直接存放到老年代中。
- GC 回收的信息：新生代从 654K 回收到 64K，花费了 0.0001s。触发了 Full gc，触发 Full gc 期间，元空间数据从 78K 回收到 78K，不管如何回收，元空间是不变的，存放的类等信息也是不变的。
- Tenured 通常发生在老年代中，DefNew 发生在新生代中。

（1）GC 的性能指标

- 吞吐量 = 应用代码执行时间 / 运行的总时间。
- GC 负荷：与吞吐量相反，是 GC 时间 / 运行的总时间。
- 暂停时间：也就是 GC 在一个时间段发生的次数。
- 反应速度：就是从对象称为垃圾到被回收的时间。
- 交互式应用通常希望暂停的时间越短越好。

（2）GC 日志格式

- GC 发生的时间，就是 JVM 从启动以来经过的秒数。
- 停顿类型，如 GC、Full-GC，如果是程序调用 System.gc()，显示 Full GC(System)。
- GC 发生的区域名称，如 [DefNew、Tenured、Perm、ParNew] 等。
- 容量：GC 前容量 ->GC 后容量（该区域总容量）。
- GC 持续时间，单位为秒。有的收集器会有详细的描述，如 user 表示消耗的时间，sys 表示系统内核消耗的时间，real 表示操作从开始到结束的时间。

JVM 内存配置建议如下。

- 新生代尽可能设置大点，如果太小会导致 YGC 次数更加频繁，可能导致 YGC 后的对象进入老年代，如果老年代满了则会触发 FGC。
- 老年代。针对时间优先的应用，由于老年代通常采用并发收集器，因此大小要综合考虑并发量和并发持续时间等参数，如果堆设置小了，可能会造成内存碎片，高回收频率会导致应用暂停，如果堆设置大了，会需要较长的回收时间。针对吞吐量优先的应用，通常设置较大的新生代和较小的老年代，这样可以尽可能回收大部分短期对象，减少中期对象，而老年代尽量存放长期存活对象。
- 依据对象存活周期进行分类，对象优先在新生代分配，长时间存活的对象进入老年代。
- 根据不同代的特点，选取合适的收集算法。少量对象存活，适合复制算法，大量对象存活，适合标记清除或者标记整理算法。

6.9 Tomcat 性能调优

6.9.1 性能测试

性能测试是指利用工具去模拟大量用户操作来验证系统能够承受的负载情况，找出潜在的性能问题，分析并解决；找出系统变化趋势，为后续的扩展提供参考。

性能测试包括如下内容。

- 负载测试：通过逐步对系统增加负载，测试系统性能的变化，确定系统能够承受最大的阈值。
- 压力测试：通过逐步对系统增加负载，测试系统性能的变化，确定系统在什么负载条件下性能会垮掉，获取系统提供最大服务量。
- 并发测试：测试多个用户同时访问应用，或者某个场景下是否会发生死锁和其他性能问题。
- 容量测试：测试系统能够处理的最大能力，确定系统可以处理同时在线的最大用户数。
- 配置测试：对系统的软件、硬件配置测试，找到各项资源的最优分配原则。
- 可靠性测试：对系统加载一定业务压力，通常在 CPU/MEM/IO 的 8 ～ 9 成，运行一段时间，检查系统是否稳定。

❑ 异常测试：通常系统有备份、容灾等策略，测试备份、容灾的方案，确定是否能保证业务的正常运转，是否影响用户使用。

1. 测试工具

1）采用Jmeter工具测试Tomcat的线程并发量，当线程maxThread= 250时，压测效果如图6-20所示。

Client Thread	Average	Throughput	load average
100	230	422	<1
500	317	1545	<1
1000	382	2415	<1
1500	3269	197	<1

图6-20 Jmeter压测线程是250结果

当线程maxThread= 500时，压测效果如图6-21所示。

Client Thread	Average	Throughput	load average
500	257	1935	<3
1000	322	3086	<3
1500	417	3458	<3
2000	584	2815	<3
3000	886	2487	<3

图6-21 Jmeter压测线程是500结果

通过gcutil分析Tomcat应用的垃圾回收情况，如图6-22所示。

```
S0     S1     E      O      M     CCS    YGC    YGCT   FGC   FGCT    GCT
0.00  44.99  52.60  1.60  95.43  92.19     5   0.263     2   0.194   0.457
0.00  44.99  52.60  1.60  95.43  92.19     5   0.263     2   0.194   0.457
0.00  44.99  52.60  1.60  95.43  92.19     5   0.263     2   0.194   0.457
0.00  44.99  52.60  1.60  95.43  92.19     5   0.263     2   0.194   0.457
0.00  44.99  52.60  1.60  95.43  92.19     5   0.263     2   0.194   0.457
0.00  44.99  52.60  1.60  95.43  92.19     5   0.263     2   0.194   0.457
0.00  44.99  52.60  1.60  95.43  92.19     5   0.263     2   0.194   0.457
0.00  44.99  52.60  1.60  95.43  92.19     5   0.263     2   0.194   0.457
0.00  44.99  52.60  1.60  95.43  92.19     5   0.263     2   0.194   0.457
0.00  44.99  52.60  1.60  95.43  92.19     5   0.263     2   0.194   0.457
0.00  44.99  52.60  1.60  95.43  92.19     5   0.263     2   0.194   0.457
0.00  44.99  52.60  1.60  95.43  92.19     5   0.263     2   0.194   0.457
0.00  44.99  52.60  1.60  95.43  92.19     5   0.263     2   0.194   0.457
0.00  44.99  52.60  1.60  95.43  92.19     5   0.263     2   0.194   0.457
0.00  44.99  52.60  1.60  95.43  92.19     5   0.263     2   0.194   0.457
0.00  44.99  52.60  1.60  95.43  92.19     5   0.263     2   0.194   0.457
0.00  44.99  52.60  1.60  95.43  92.19     5   0.263     2   0.194   0.457
0.00  44.99  52.60  1.60  95.43  92.19     5   0.263     2   0.194   0.457
0.00  44.99  52.60  1.60  95.43  92.19     5   0.263     2   0.194   0.457
0.00  44.99  52.60  1.60  95.43  92.19     5   0.263     2   0.194   0.457
0.00  44.99  52.60  1.60  95.43  92.19     5   0.263     2   0.194   0.457
0.00  44.99  52.60  1.60  95.43  92.19     5   0.263     2   0.194   0.457
0.00  44.99  52.60  1.60  95.43  92.19     5   0.263     2   0.194   0.457
0.00  44.99  52.60  1.60  95.43  92.19     5   0.263     2   0.194   0.457
0.00  44.99  52.60  1.60  95.43  92.19     5   0.263     2   0.194   0.457
```

图6-22 gc垃圾回收

2）采用 apachebench 压测 Tomcat 应用的吞吐量，例如 1000 个请求 100 个并发，其测试报告如图 6-23 所示。

```
zhangchengdeMacBook-Pro:~ zhangcheng$ ab -n1000 -c100 http://localhost:8080/publish/home
This is ApacheBench, Version 2.3 <$Revision: 1826891 $>
Copyright 1996 Adam Twiss, Zeus Technology Ltd, http://www.zeustech.net/
Licensed to The Apache Software Foundation, http://www.apache.org/

Benchmarking localhost (be patient)
Completed 100 requests
Completed 200 requests
Completed 300 requests
Completed 400 requests
Completed 500 requests
Completed 600 requests
Completed 700 requests
Completed 800 requests
Completed 900 requests
Completed 1000 requests
Finished 1000 requests


Server Software:
Server Hostname:        localhost
Server Port:            8080

Document Path:          /publish/home
Document Length:        10 bytes

Concurrency Level:      100
Time taken for tests:   1.382 seconds
Complete requests:      1000
Failed requests:        0
Total transferred:      225000 bytes
HTML transferred:       10000 bytes
Requests per second:    723.62 [#/sec] (mean)
Time per request:       138.195 [ms] (mean)
Time per request:       1.382 [ms] (mean, across all concurrent requests)
Transfer rate:          159.00 [Kbytes/sec] received

Connection Times (ms)
              min  mean[+/-sd] median   max
Connect:        0    3   5.1      1      40
Processing:     5  127  90.7    106     525
Waiting:        4  103  61.0     94     400
Total:          5  131  90.0    113     527
```

图 6-23　1000/200 测试报告图

采用 apachebench 压测 Tomcat 应用的吞吐量，例如 1000 个请求 500 个并发，其测试报告如图 6-24 所示。

2. 指标分析

通过测试工具从不同维度测试出相关数据后，可以对指标进行相关的分析，分析指标重点包括吞吐量、响应时间、错误率等。

```
zhangchengdeMacBook-Pro:~ zhangcheng$ ab -n1000 -c500 http://localhost:8080/publish/home
This is ApacheBench, Version 2.3 <$Revision: 1826891 $>
Copyright 1996 Adam Twiss, Zeus Technology Ltd, http://www.zeustech.net/
Licensed to The Apache Software Foundation, http://www.apache.org/

Benchmarking localhost (be patient)
Completed 100 requests
Completed 200 requests
Completed 300 requests
Completed 400 requests
Completed 500 requests
Completed 600 requests
Completed 700 requests
Completed 800 requests
Completed 900 requests
Completed 1000 requests
Finished 1000 requests


Server Software:
Server Hostname:        localhost
Server Port:            8080

Document Path:          /publish/home
Document Length:        10 bytes

Concurrency Level:      500
Time taken for tests:   0.889 seconds
Complete requests:      1000
Failed requests:        0
Total transferred:      225000 bytes
HTML transferred:       10000 bytes
Requests per second:    1125.41 [#/sec] (mean)
Time per request:       444.281 [ms] (mean)
Time per request:       0.889 [ms] (mean, across all concurrent requests)
Transfer rate:          247.28 [Kbytes/sec] received

Connection Times (ms)
              min  mean[+/-sd] median   max
Connect:        0   41  40.7     26     148
Processing:     7  372 230.5    375     763
Waiting:        6  337 211.1    329     695
Total:         63  413 215.3    401     823
```

图 6-24 1000/500 测试报告图

- 吞吐量：每秒钟系统能够处理的请求数、任务数。
- 响应时间：服务处理一个请求或一个任务的耗时。
- 错误率：一批请求中结果出错的请求所占比例。

注意，吞吐量的指标受到响应时间、服务器软硬件配置、网络状态等多方面因素影响。在低吞吐量下的响应时间的均值、分布比较稳定，不会产生太大的波动，在高吞吐量下，响应时间会随着吞吐量的增长而增长，增长的趋势可能是线性的，也可能是接近指数的。当吞吐量接近系统的峰值时，响应时间会出现激增。

错误率和服务的具体实现有关。通常，由于网络超时等外部原因造成的错误比例不应超过 5%，由于服务本身导致的错误率不应超过 1%。

一个系统的吞吐量（承压能力）与请求对 CPU 的消耗、外部接口、I/O 等紧密关联。单个请求对 CPU 消耗越高，外部系统接口、I/O 影响速度越慢，系统吞吐能力越低，反之越高。系统吞吐量几个重要参数包括 QPS（TPS）、并发数、响应时间。

- 并发数：系统同时处理的请求 / 事务数。
- 响应时间：一般取平均响应时间。
- QPS（TPS）= 并发数 / 平均响应时间。

6.9.2 性能优化

Tomcat 的优化分为两类。具体优化思路和方案如下。

1. 优化思路

Tomcat 性能优化可以从以下两个方面考虑：

1）JVM 参数调优，提高 Tomcat 整体应用的资源使用率；

2）Tomcat 的并发量优化。

2. 优化方案

（1）JVM 参数调优

打开 Tomcat 的 bin 目录，找到 catalina.sh 进行编辑，找到 JAVA_OPTS 属性，这是 JVM 的运行参数，如代码清单 6-11 所示。

代码清单 6-11 JVM 参数调优

```
JAVA_OPTS="-server -Xmx1g -Xms1g -Xmn512m \
-Xss1024k -XX:PermSize=256M  -XX:MaxPermSize=256M  \
-XX:SurvivorRatio=10 \
-Xloggc:/uc/tomcat/logs/gc.log \
-XX:+PrintGCDetails -XX:+PrintGCDateStamps \
```

如代码清单 6-11 所示，JVM 参数介绍如下：

- Xmx 代表 JVM 引用的最大堆内存，Java 包括堆和栈；
- Xms 代表 JVM 初始化堆内存大小，堆内存分为新生代和老年代；
- Xmn 代表新生代内存大小；
- Xss 代表线程栈大小；
- PermSize 代表 JVM 初始分配的非堆内存；

- MaxPermSize代表JVM最大允许分配的非堆内存；
- 新生代里面包括Eden区域和Survivor区域，Survivor区域包括两个区域From和to区域，SurvivorRatio代表Eden区域和Survivor区域占比；
- Xloggc打印gc回收的log日志。

默认的JVM参数有很大的调优空间，JVM参数和服务器的资源息息相关，下面来介绍如何根据服务器配置进行合理化的调优？以2台4C/8G的应用服务器为例进行分析。

1）Tomcat官网推荐Java虚拟机将默认设置堆内存为物理机内存的1/4，官网这样推荐是考虑到应用服务器上面还有其他应用可能存在使用内存，避免应用没有足够的内存导致异常。通常在设置Xmx的时候，可以根据应用的情况，如服务器主要是用来部署相关应用的，无其他多余应用，可以设置为物理机内存的1/2=4GB（1GB等于1024MB），Xms推荐和Xmx配置一样，避免每次垃圾回收完成后再由JVM重新分配内存。

2）新生代和老年代的占比是1∶3，Xmn新生代内存大小：4GB/3=1365GB；老年代内存大小：2731GB。

3）线程Xss可以估算应用最大可能创建的线程大小，如应用使用线程过多，可以设置线程内存小一点，但不能太小，正常推荐使用128KB，如果线程处理数据过大，可以设置成1024KB。

4）新生代里面的Eden区域和Survivor区域的比例默认推荐（8∶1∶1），即Survivor Ratio=8。

5）PermSize和MaxPermSize是不会被Java垃圾回收机制进行处理的地方，需要注意的是，最大堆内存与最大非堆内存的和绝对不能够超出操作系统的可用内存，可以根据应用情况来设置，此处建议设置到256MB。

6）开启应用系统内存溢出后自动生成dump文件，-XX:+HeapDumpOnOutOfMemory Error。

7）强制要求JVM始终抛出异常的堆栈详细信息，-XX:-OmitStackTraceInFastThrow。

8）设置GC垃圾收集器的类型，有CMS/G1等，Tomcat8包括之前建议使用CMS，之后建议设置G1收集器。设置新生代为并行收集（XX:+UseParNewGC）。

9）禁止程序system.gc触发full-gc，-XX:-+DisableExplicitGC。

注意，应用堆内存的大小、新生代和老年代、新生代（Eden区域和Survivor区域）

都可以根据应用的使用情况进行调整。重要可以通过 gc.log 分析每次 gc 的回收过程，根据场景分析和日志结合调整 JVM 参数到一个合理的区间范围，JVM 参数的调整是逐渐分析、逐渐测试结果的过程。

调优后的 JVM 参数如代码清单 6-12 所示。

代码清单 6-12 调优后的 JVM 参数

```
JAVA_OPTS="-server -Xmx4g -Xms4g -Xmn2g \
-Xss128k -XX:PermSize=256M  -XX:MaxPermSize=256M  \
-XX:SurvivorRatio=10 \
-XX:-+DisableExplicitGC \
-XX:MaxTenuringThreshold=3 -XX:TargetSurvivorRatio=50 \
-XX:+UseParNewGC -XX:+UseConcMarkSweepGC \
-XX:CMSInitiatingOccupancyFraction=75 \
-XX:+CMSClassUnloadingEnabled -XX:CMSInitiatingPermOccupancyFraction=75 \
-XX:+UseCMSInitiatingOccupancyOnly \
-XX:ParallelGCThreads=1 -XX:ConcGCThreads=1 \
-XX:+CMSParallelRemarkEnabled -XX:+CMSScavengeBeforeRemark \
-XX:+ExplicitGCInvokesConcurrent \
-Xloggc:/uc/tomcat/logs/gc.log \
-XX:+PrintGCDetails -XX:+PrintGCDateStamps \
-XX:+PrintHeapAtGC -Xloggc:/home/QbDev/h24log/gc.log \
-XX:+HeapDumpOnOutOfMemoryError -XX:HeapDumpPath=/uc/tomcat/logs/java.hprof  \
-XX:-OmitStackTraceInFastThrow"
```

（2）Tomcat 并发、线程调优

以 Tomcat8 为例，Tomcat8 支持多种运行模式，如图 6-25 所示。

	Java Blocking Connector BIO	Java Nio Connector NIO	Java Nio2 Connector NIO2	APR/native Connector APR
Classname	Http11Protocol	Http11NioProtocol	Http11Nio2Protocol	Http11AprProtocol
Tomcat Version	3.x onwards	6.x onwards	8.x onwards	5.5.x onwards
Support Polling	NO	YES	YES	YES
Polling Size	N/A	maxConnections	maxConnections	maxConnections
Read Request Headers	Blocking	Non Blocking	Non Blocking	Blocking
Read Request Body	Blocking	Blocking	Blocking	Blocking
Write Response Headers and Body	Blocking	Blocking	Blocking	Blocking
Wait for next Request	Blocking	Non Blocking	Non Blocking	Non Blocking
SSL Support	Java SSL	Java SSL	Java SSL	OpenSSL
SSL Handshake	Blocking	Non blocking	Non blocking	Blocking
Max Connections	maxConnections	maxConnections	maxConnections	maxConnections

图 6-25 Tomcat 运行模式

Tomcat 支持 Http1、Nio、Nio2、APR 等模式，详细介绍如下。

1）Bio 阻塞式 I/O 操作，表示 Tomcat 使用的是传统的 Java I/O 操作，数据的读取写入必须阻塞在一个线程内等待其完成。当并发数达到一定量且服务端需要一定的时间去处理请求时，需要开启非常多的线程数，且都在等待请求返回，大大浪费了系统资源，同时在线程切换上下文的过程中也会浪费很多资源。BIO 是阻塞式 I/O，通过 socket 在客户端与服务端建立双向链接以实现通信，主要步骤如下：

- 服务端监听某个端口是否有链接请求；
- 客户端向服务端发出链接请求；
- 服务端向客户端返回 accept() 消息，此时链接成功；
- 客户端和服务端通过 send()、write() 等方法与对方通信；
- 关闭链接。

2）NIO 是一个基于缓冲区，并能提供非阻塞 I/O 操作的 Java API。它拥有比传统 I/O 操作（bio）更好的并发运行性能。利用异步 I/O 处理，可以通过少量的线程处理大量的请求，通过通道、缓冲区、选择器来完成。

3）NIO2 集成 NIO，改进同时新增了很多新特性，如对异步 I/O（AIO）的支持。AIO 中操作缓冲区来完成数据的读写操作。AIO 新引入了异步通道组，每个异步通道均属于一个指定的异步通道组，同一个通道组内的通道共享一个线程池。线程池内的线程接收指令来执行 I/O 事件并将结果分发到 CompletionHandler。异步通道组包括线程池以及所有通道工作线程共享的资源。通道生命周期受所属通道组影响，当通道组关闭后，通道也随着关闭。

4）APR 是 Apache HTTP 服务器的支持库，Tomcat 将以 JNI 的形式调用 Apache HTTP 服务器的核心动态链接库来处理文件读取或网络传输操作，从而大大地提高了 Tomcat 对静态文件的处理性能。Tomcat apr 也是在 Tomcat 上运行高并发应用的首选模式。

打开 Tomcat 的 conf 目录，找到 server.xml 进行编辑，找到 Connector port="8080" 属性，这是 Tomcat 默认运行的端口，如代码清单 6-13 所示。

代码清单 6-13 Tomcat 默认运行端口

```
<Connector port="9021" protocol="org.apache.coyote.http11.Http11Protocol"
                connectionTimeout="30000" />
```

Tomcat 运行各属性介绍如下：

1）port 指 Tomcat 运行端口，可以更改；

2）protocol 指 Tomcat 的运行模式，默认是 BIO 模式；

3）connectionTimeout 指连接超时时间，单位毫秒。

针对 Tomcat 默认的并发参数，可以进行调优，详细分析如下。

1）Tomcat 的运行模式可以调整到 NIO、APR，其中，调整到 APR 需要额外安装插件并进行相应配置。

2）默认的最大连接数可以根据应用的用户使用情况而定，默认是 200，推荐调整为 maxConnections (1000-3000)，

3）连接的超时时间可以设置短些，如 connectionTimeout=10000（毫秒）。

4）http 的 head 头部大小可以根据请求头部大小而定，如 maxHttpHeaderSize=8192。

5）设置 Tomcat 的编码 URIEncoding="UTF-8"。如重定向端口 redirectPort=8443。

6）最大线程数（maxThreads）、最小线程数（minSpareThreads）可以根据应用并发数而预估。可以接受排队的数值（acceptCount）、最大的队列大小（maxQueueSize）可以根据消费吞吐量、积压量预估等。

7）Tomcat 处理数据后，网络传输过程中支持压缩，减少网络传输的等待，compression=on 表示开启压缩功能，compressionMinSize 表示超过最小资源大小后才开始压缩，compressableMimeType 表示压缩文件的类型。

8）enableLookups 表示是否支持反查域名，建议关闭设置 false。

调优后的并发、线程、网络传输参数如代码清单 6-14 所示。

代码清单 6-14　Tomcat 并发调优

```
<Connector port="9021" protocol="org.apache.coyote.http11.Http11Nio2Protocol"
           maxConnections="3000"
           connectionTimeout="10000"
           maxHttpHeaderSize="8192"
           enableLookups="false"
           URIEncoding="UTF-8"
           redirectPort="8443"
           maxThreads="1600"
           acceptCount="1000"
           maxQueueSize="1000"
           minSpareThreads="100"
           compression="on"
           compressionMinSize="6144"
           compressableMimeType="application/json,application/x-javascript,
```

```
application/javascript,text/html,text/plain,text/javascript,image/gif,image/x-icon,
image/png,image/gif,text/css,image/jpeg"
                useSendfile="false"/>
```

6.10　本章小结

本章正面介绍了 Tomcat 从原理、生命周期、编译运行、启动到运行的过程，通过多种不同的方式进行加载，其中包括 Tomcat 的配置文件加载机制、Tomcat 的外部嵌入加载等。Tomcat 是 Web 应用服务器的首选，在应用部署过程中，使用它能够让应用简单化，满足不同场景的需求。在应用从小到大的积累中，Tomcat 也会存在不同层面的安全问题，诸多安全问题可以通过配置灵活处理，从侧面验证了 Tomcat 的高可用集群化。

Tomcat 的优化包括核心的 JVM 参数调优、并发调优等。通过介绍 JVM 的结构、装载、内存分配、执行引擎、垃圾回收等，以原理和案例相结合，讲解不同场景下的优化方案，让应用变得更加高效。

Chapter 7 第 7 章

分布式架构高并发

大量请求可能同时或者在极短时间内到达服务端，此时每个请求都需要服务端耗费资源进行处理并做出相应反馈。能同时运行的线程数、网络连接数、CPU 运算、I/O、内存是有限的，所以服务端能同时处理的请求数也是有限的，高并发本质就是解决资源的有限性问题。

假设系统在线人数是 20 万，并不意味系统并发用户是 20 万，可能存在 10 万用户同时在首页查看静态文章，并未对服务器发送请求，所以高并发数是根据系统真实的用户数发送请求，并需要服务端消耗资源进行处理。如服务端只能开启 100 个线程，恰好 1 个线程处理 1 个请求需要耗时 1s，那么服务端 1s 内只能处理 100 个请求，多余请求则无法处理。

高并发涉及相关常用的指标有吞吐量（TPS）、每秒查询率（QPS）、响应时间、并发用户数等。

1）TPS（QPS）：单位时间内处理的请求数量，计算公式为并发数 / 平均响应时间。

2）响应时间：系统对请求做出响应的时间，一般取平均响应时间。

3）并发用户数：同时承载正常使用系统功能的用户数量。例如一个即时聊天系统，同时在线量一定程度上代表了系统的并发用户数。

本章重点内容如下：

- 高并发使用场景
- 高并发难点
- 高并发之缓存

- 高并发之消息队列
- 高并发优化
- 高并发经典案例

7.1　高并发使用场景

高并发适用于用户量大并且频繁发送请求到服务端，需要服务端消耗资源进行处理的场景。

1.【示例】购物商场

系统部署在一台 4C/8G 的应用服务器上、数据在一台 8C/16G 的数据库上，都是虚拟机。假设系统总用户量是 20 万，日均活跃用户根据不同系统场景稍有区别，此处取 20%，就是 4 万。按照系统划分二八法则，系统每天高峰算 4 小时，高峰期活跃用户占比 80%，高峰 4 小时内有 3.2 万活跃用户，每个用户对系统发送请求，如每个用户发送 30 次，高峰期间 3.2 万用户发起的总请求是 96 万次，QPS=960 000/(4 × 60 × 60) ≈ 67 次请求，每秒处理 67 次请求，处理流程如图 7-1 所示。

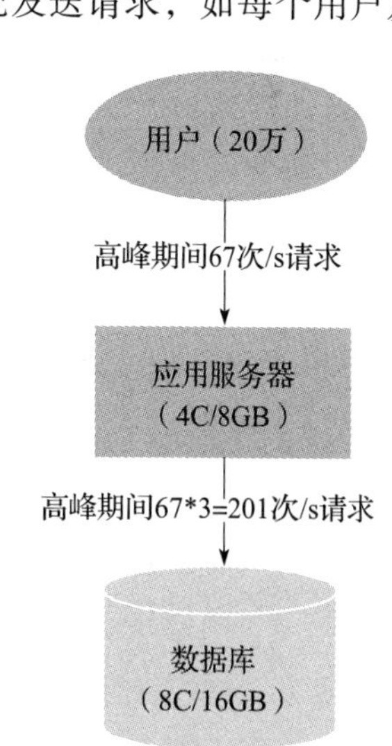

图 7-1　购物商场处理流程图

一次应用操作数据库增删改查（CRUD）次数平均是操作应用的三倍，具体频率根据系统的操作算平均值即可。一台应用、数据库能处理多少请求呢？

具体分析如下。

1）首先应用、数据库都分别部署在服务器，所以和服务器的性能有直接关系，如 CPU、内存、磁盘存储等。

2）应用需要部署在容器里面，如 Tomcat、Jetty、JBoss 等，所以和容器有关系，容器的系统参数、配置能增加或减少处理请求的数目。

3）Tomcat 部署应用。Tomcat 里面需要分配内存，服务器共 8GB 内存，服务器主要用来部署应用，无其他用途，所以设计 Tomcat 的可用内存为 8/2=4GB（物理内存的 1/2），同时设置一个线程需要 128KB 的内存。由于应用服务器默认的最大线程数是 1000（可以参考系统配置文件），考虑到系统自身处理能力，调整 Tomcat 的默认线程数至 600，达到系统的最大处理线程能力。到此一台应用最大可以处理 1000 次请求，当超过 1000 次请求时，暂存到队列中，等待线程完成后进行处理。

4）数据库用 MySQL，MySQL 中有连接数这个概念，默认是 100 个，1 个请求连接一次数据库就占用 1 个连接，如果 100 个请求同时连接数据库，数据库的连接数将被占满，后续的连接需要等待，等待之前的连接释放掉。根据数据库的配置及性能，可适当调整默认的连接数，本次调整到 500，即可以处理 500 次请求。

显然当前的用户数以及请求量达不到高并发的条件，如果活跃用户从 3.2 万扩大到 32 万，每秒处理 670 次请求，已经超过默认最大的 600，此时会出现高并发的情况，高并发分为高并发读操作和高并发写操作。

2.【示例】抢票软件

同个班次同个类别的座位票数有限，比如默认 ×× 班次列车二等座有 1000 张票，当系统开始售票时，用户数是远远超过票数的，可能有 100 万甚至更多的用户同时在抢这个班次二等座的票数。

100 万用户数已经满足了用户量大的特性，每次查看剩余票数、请求票数占座会发送请求至服务器，由服务器处理这些请求，这会消耗资源和带宽。为了解决这种问题，所以需要考虑高并发处理方案。

100 万用户查看剩余票数，涉及并发读操作，系统要保证 100 万用户看到的剩余票数尽量保持一致，如果用户看到的票数不一致会出现什么问题呢？

1）数据错乱，用户体验较差；

2）当票数已经卖完，但是在用户界面展示还有票数，造成“假象”，不仅用户体验效果较差，而且还额外给系统本身带来较多的请求，需要额外资源处理。处理不当会造成“超卖”（票数售完，但是用户还能占座成功）。

以上是并发读带来的业务场景等相关问题，那如何防止系统超卖的行为呢？

系统超卖涉及并发写问题，1 个用户占座成功，代表减少一张座位票，系统需要将剩余的票数减 -1。那么如果 100 万用户同时间去占座，系统在 1s 内来了 100 万的请求，在售票系统能承受这个量的情况下，如何安全地处理 1s 内带来的 100 万的请求呢？所谓“超卖”是先读取了剩余的票数，然后把剩余的票数进行 -1 操作，导致问题产生。因为在读取剩余票数的这个时间点是不准确的，可能正好读取的时候，票数已经变了，导致读取数据不准确。可以同时执行读取剩余票数和减票数，比如采用数据库的乐观锁，100

万用户请求同时去 -1，通过返回结果，失败实时返回用户，成功减掉票数。满足了用户良好的体验效果，同时保证了系统的稳定、健壮性。

7.2　高并发难点

7.2.1　高并发期间如何避免产生脏数据

脏数据是指从目标中取出的数据已经过期、错误或没意义。当出现脏数据时，一般会涉及脏读和脏写两种操作。

- 脏读：读取出来的脏数据称为脏读。
- 脏写：写入进去的脏数据称为脏写。

处理方案如下。

（1）应用层面产生脏数据

脏读：获取经常变化的数据，高并发期间读取库存数不一定准确，对后续操作会存在一连串的问题。可利用 Redis 的锁机制，将库存等数据存在缓存中，通过锁的机制去操作库存，避免库存数据不一致导致的问题。

脏写：比如生成系统订单的编号，订单库存计算等，可利用 Redis 缓存的 IncrBy 函数来计数，由于其具有原子性，在写入过程中不会产生脏数据。

（2）数据库层面产生脏数据

脏读：在并发访问的情况下，不同的事务对相同的数据进行操作，在事务 1 修改数据还未提交的时候，事务 2 对该数据进行读取，读出了事务修改过后的数据，但是事务 1 最终没有提交，这种情况就是数据库中的脏读情况。此时，有以下几种处理方案。

- 更新丢失：对于同一行数据不同事务进行更新，结果覆盖。
- 幻读：事务 1 前后两次读取，后一次读取的数据变多了，事务 2 在两次读取中间已经进行数据插入。
- 不可重复读：事务 1 读取了事务 2 修改前后的两次数据，不符合隔离型。

如：通过隔离等级，MySQL 中默认可重复读的隔离等级，只会存在读取的数据和数据库不一致的问题。所以在有重要操作时，可以借助缓存技术等共同处理，保证数据一致性。

7.2.2　当出现脏数据后如何处理

数据库脏数据是用户对数据进行操作存储，存储的数据和实际不符合，所以要控制好存储策略，避免出现脏数据。当数据库中出现脏数据后，首先要区分脏数据和正常数据。如果通过版本号和标识区分，发现脏数据后，分为两种情况处理。

1）非核心功能数据：可以通过存储过程去自动扫描并处理掉。

2）核心功能脏数据：通过人工 + 脚本去处理掉实际过程中产生的脏数据。

Redis 脏数据是相对于数据库数据而言的，Redis 的数据和数据库中数据不一致就会导致脏数据。如果 Redis 中的库存数据和数据库中的库存数据不一致，实际过程中以哪个为准？实际过程中库存数据以 Redis 为准，数据库中的数据作为参考。那么 Redis 是怎样更新缓存避免脏读呢？如代码清单 7-1 所示。

代码清单 7-1 Redis 更新缓存数据

```
//读写部分:
if(redis.exist(key)){
    // 读取 Redis 数据
    redis.get(key);
}else{
    // 数据库读取，同时存 redis+ 设置超时时间
    query.db();
    redis.set(key,value,time);
 }
更新部分:
if( 数据库 update){
    更新 redis+ 设置超时时间
}
```

7.2.3 高并发期间如何节约带宽

假设系统的图片都存储在 TFS（云端），应用服务器层提供获取图片等功能，图片分为缩略图和原图：原图由于尺寸较大，展示需消耗流量和宽带；缩略图即压缩过的图片，体积较小，展示方便。

缩略图存在缓存中，图片服务层首先会去缓存中获取缩略图，当缩略图不存在的时候，去 TFS（云端）获取原型图，然后进行计算和处理，处理过程较耗时，完成后会将压缩图存储在缓存中。在高并发情况下，多个用户同时去请求调用缩略图服务获取缩略图时，每个请求同时在缓存中都没有获取到缩略图，此时去请求 TFS（云端）并计算和处理，导致重复的缩略图计算量和资源消耗。一张图片只需要计算处理一次缩略图。在缩略图未处理计算完成时，可以对处理的图片设置状态，如 ING 等，当其他请求发现图片

处于 ING 状态时，可以等待缩略图计算完成后从缓存直接读取或返回错误，让客户端按照时间维度来重试获取等。缩略图流程服务如图 7-2 所示。

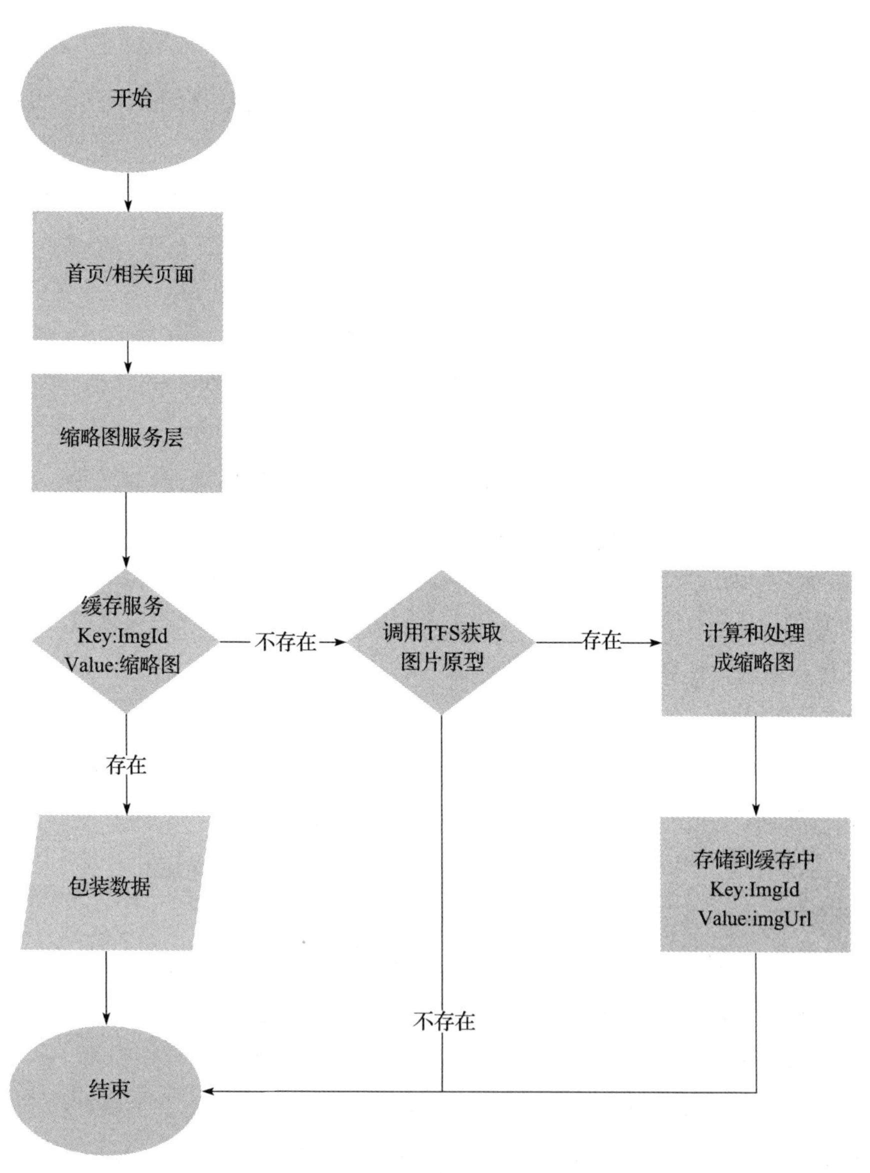

图 7-2　获取缩略图流程图

获取云端原型图比较消耗宽带和 I/O，原型图计算处理成缩略图和原型图大小、体积有一定关系，处理过程相对耗时、耗 I/O，所以要减少请求云端的次数和计算缩略图的次数。

7.3 高并发之缓存

缓存是将数据从慢的介质换到快的介质上，提高读写效率和性能，同时降低数据库的成本。

当大量请求数据库或远程应用时，会导致大量时间耗费在调用处理上，进而效率低下，内存的速度远远大于硬盘的速度，此时使用缓存能充分利用资源，提高处理效率。

高并发中常用缓存技术较多，如MemCache、Redis、Ehcache等，本章以Redis缓存为基础来分析如何应对分布式环境中高并发问题，以及高并发中用Redis缓存会存在哪些问题。

7.3.1 Redis介绍

Redis是当前比较热门的NoSQL系统之一，它是key-value分布式内存数据库，与Memcache类似，但它很大程度弥补了Memcache的不足。Memcache只能将数据缓存到内存中，无法自动定期写入硬盘，这就表示，一旦断电或重启，内存清空，数据丢失。所以Memcache适用于缓存无须持久化的数据。而Redis会周期性地把更新的数据写入磁盘或者把修改操作写入追加的记录文件，实现数据的持久化。Redis是通过单进程模型来处理客户端的请求。对读写等事件的响应，是通过epoll函数的包装来实现。Redis的实际处理速度完全依靠主进程的执行效率。

Redis有如下特性。

- Redis支持数据的持久化，可以将内存中的数据保存在磁盘中，重启的时候可以再次加载进行使用。
- Redis不仅仅支持简单的key-value类型的数据，同时还提供list、set、zset、hash等数据结构的存储。
- Redis支持数据的备份，即master-slave模式的数据备份。
- 性能极高，Redis能读的速度是11万次/s，写的速度是8万次/s。
- Redis部分提供原子性，意思就是，要么成功执行，要么失败完全不执行。单个操作是原子性的。多个操作也支持事务，即原子性，通过MULTI和EXEC指令包起来。
- Redis还支持publish/subscribe，通知key过期等特性。
- Redis运行在内存中但是可以持久化到磁盘，所以在对不同数据集进行高速读写时需要权衡内存，因为数据量不能大于硬件内存。在内存数据库方面的另一个优点是，相比在磁盘上相同的复杂的数据结构，在内存中操作起来非常简单，这样

Redis 可以做很多内部复杂性很强的事情。同时，在磁盘格式方面它们是紧凑地以追加方式产生的，因为并不需要进行随机访问。

7.3.2　Redis 原理

Redis 底层核心原理基于事件的处理流程，具体分析如下。

主程序处于一个阻塞状态的事件循环（event loop）中等待事件（event），当有事件发生时，根据事件的属性分发到相应的处理函数进行处理。事件以并发的方式发送到服务处理器（service handler），服务处理器将事件整合到一个有序队列中，并分发到具体的请求处理器（request handler）进行处理。

Redis 程序的整个运作都是围绕事件循环进行的，事件循环 eventloop 同时监控多个事件，这里的事件本质上是 Redis 对于连接套接字的抽象。当套接字变为可读或者可写状态时，就会触发该事件，把就绪的事件放在一个待处理事件的队列中，以有序、同步的方式发送给事件处理器进行处理。这个过程在 Redis 中被称为 Fire。Redis 的事件循环会保存两个列表：events 和 fired 列表，前者表示正在监听的事件，后者表示就绪事件，可以被进一步执行。在具体实现时，Redis 采用 I/O 多路复用的方式，封装了操作系统底层 select/epoll 等函数，实现对多个套接字（socket）的监听，这些套接字就是对应多个不同客户端的连接。最后由对应的处理器将处理的结果返回客户端。

Redis 处理所有命令都是顺序执行的，其中包括来自客户端的连接请求。所以当 Redis 在处理一个复杂度高、时间很长的请求（比如 KEYS 命令）时，其他客户端的连接都会堵塞。Redis 内部定时执行的任务也是放在顺序队列中处理，其中也可能包含时间较长的任务，比如自动删除一个过期的大 Key。所以有时候会遇到明明业务不复杂但也会卡顿的问题。

事件驱动模型的优点如下：

1）有利于结构和模块开发；

2）有利于模块的重用性，事件循环的流程本身和具体的处理逻辑之间是独立的，只要在创建事件的时候关联特定的处理逻辑（事件处理器），就可以完成一次事件的创建和处理。

Redis 核心事件处理，如代码清单 7-2 所示。

代码清单 7-2　Redis 事件处理代码

```
//@1 加载配置
struct redisServer server
```

```
initServerConfig();
loadServerConfig();
//配置参数初始化
initServer(){
    //@2 创建事件循环
    Server.e=aeCreateEventLoop();
    //@3 循环事件注册一个可读事件，用于处理响应客户端请求
    aeCreateFileEvent(server.e,AE_READABLE,acceptTcpHandle)
}
//@4 执行事件循环，等待连接和命令请求
aeMain(server.e);
void aeMain(aeEventLoop*eventLoop){
    while(!eventLoop->stop){
    aeProcessEvents(eventLoop,AE_ALL_EVENTS);
    }
}
typedef struct aeEventLoop{
    //注册事件，被 eventLoop 监听
    aeFileEvent events[AE_SETSIZE];
    //读写操作需要执行的事件（就绪）
    aeFiredEvent fired[AE_SETSIZE];
}
```

事件循环主要就是一个 while 循环，不断去轮询是否有就绪的事件需要处理。可读事件注册到事件循环中，实现了 Redis 对外提供服务地址的连接服务。事件处理器用于读写操作。Redis 整个事件循环的逻辑过程都没有涉及具体的命令操作，只需要定义事件的类型和处理器即可。

7.3.3 Redis 安装编译

以 Centos 平台编译环境为例，安装编译，如代码清单 7-3 所示。

代码清单 7-3 Redis 安装编译

```
//1.下载 redis 安装包
wget http://download.redis.io/releases/redis-4.0.11.tar.gz
//2.解压并复制到自定义目录
tar -zxvf redis-4.0.11.tar.gz
//3.自定义目录
mv redis-4.0.11 redis
mv redis /usr/local/redis
cd /usr/local/redis
//4.yum 安装 gcc 依赖
yum install gcc
```

```
//5. 编译安装
make MALLOC=libc
//6. 编译、将 usr/local/redis/src 目录下的文件加到 /usr/local/bin
cd src && make install
//7. 默认启动 redis
cd /redis/src
./redis-server
// 或指定配置文件启动 Redis
./redis-server /usr/local/redis/redis.conf
```

查看 Redis 解压的目录结构，如图 7-3 所示。

```
[root@test2 ~]# cd /usr/local/redis/
[root@test2 redis]# ls
00-RELEASENOTES  CONTRIBUTING  deps     Makefile   README.md   runtest          runtest-sentinel  src    utils
BUGS             COPYING       INSTALL  MANIFESTO  redis.conf  runtest-cluster  sentinel.conf     tests
[root@test2 redis]# pwd
/usr/local/redis
```

图 7-3　Redis 解压的目录结构图

文件介绍如下。

- Makefile：编译文件。
- redis.conf：Redis 的配置文件。
- INSTALL：Redis 的安装说明（有兴趣的读者可以仔细阅读）。
- sentinel.conf：哨兵模式的配置文件。
- src：源码目录。

启动 Redis，如图 7-4 所示。

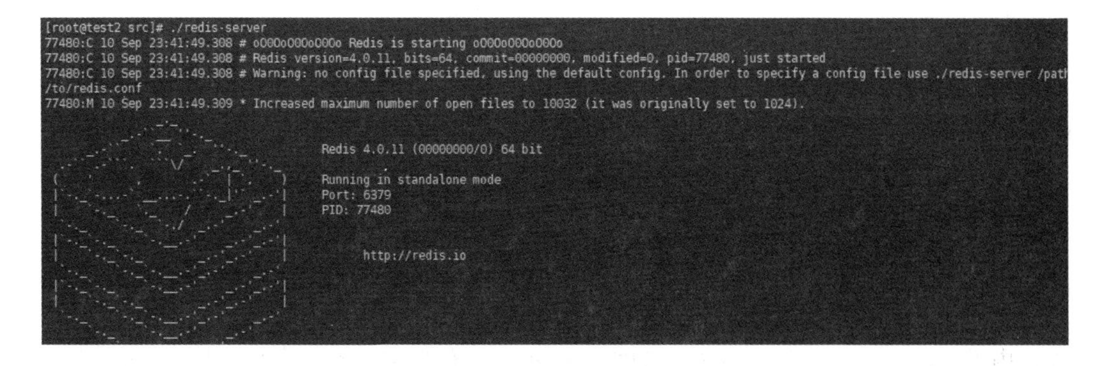

图 7-4　Redis 启动图

1）进入 src 目录，执行 ./redis-server，启动 Redis。Redis 启动该服务占用的端口号是6379，该服务的进程ID是77480。启动没有指定配置文件，而是使用默认的配置文件，指定文件启动（./redis-server /usr/local/redis/redis.conf），推荐指定配置启动，默认启动窗口关闭后，Redis会停掉。

2）编辑redis.conf文件。

3）找到daemonize no改成yes后保存，重新启动./redis-server /usr/local/redis/redis.conf即可生效。

为了方便操作Redis命令，配置环境变量：

```
mkdir /usr/local/redis/bin
 cp redis-cli redis-server redis-sentinel redis-check-aof redis-benchmark /usr/
local/redis/bin/
 vim /etc/profile
//文件末尾追加
#Redis 配置
export  PATH=$PATH:/usr/local/redis/bin
保存退出
//使环境变量生效
source /etc/profile
//测试任意目录输入 Redis 命令
which redis-server
which redis-cli
```

4）返回/usr/local/bin/redis-server、/usr/local/bin/redis-cli。由于Redis默认没有密码，存在极大风险，因此设置Redis的连接密码。编辑redis.conf文件，找到#requirepass开启，并设置密码requirepass 123456，保存退出，重启Redis即可。

注意 Redis启动命令：redis-server /usr/local/redis/ redis.conf。

Redis停止命令：pkill redis-server或者redis-cli shutdown。

7.3.4 Redis数据结构

1. 字符串（string）

string是Redis最基本的数据类型，其中一个key对应一个value。Redis的字符串是动态字符串，是可以修改的字符串，它采用预分配冗余空间的方式来减少内存的频繁分配，内部为当前字符串分配的实际空间capacity，一般要高于实际字符串长度len。当字符串长度小于1MB时，扩容都是加倍现有的空间。如果字符串长度超过1MB，扩容时一次只会多扩1MB的空间。需要注意的是，字符串最大长度为512MB。

常用命令：get、set、incr、decr mget。

存储用户信息、存储对象时，将用户对象使用 JSON 序列化成字符串，然后塞进 Redis 来缓存。取出对象时，将 JSON 字符串反序列化用户对象。

应用场景如下。

1）计数器，如：控制 ip 限流次数、查看次数，通过 incrby 命令保持原子递增。

2）共享 session：分布式服务会将用户信息访问负载均衡到不同服务器上。

3）限速：安全角度考虑，针对核心的服务会进行验证，如短信服务验证码。为了短信服务不被频繁访问，会限制用户每分钟获取验证码的频率，以及当天最大获取短信的次数。

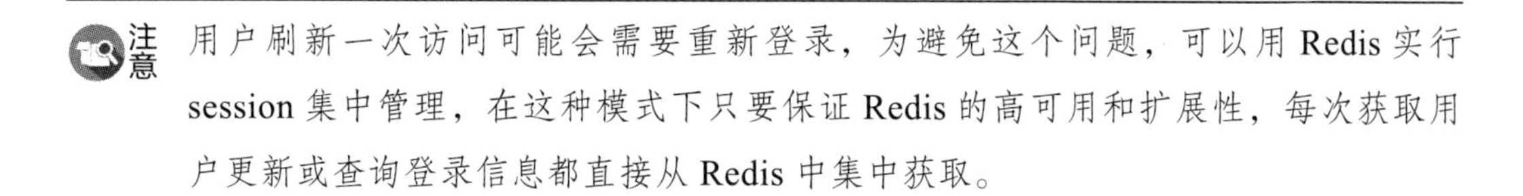

注意　用户刷新一次访问可能会需要重新登录，为避免这个问题，可以用 Redis 实行 session 集中管理，在这种模式下只要保证 Redis 的高可用和扩展性，每次获取用户更新或查询登录信息都直接从 Redis 中集中获取。

2. 散列（hash）

hash 是一个键值对集合，是 string 类型的 field 和 value 的映射表，适合存储对象。

hash 内部是无序字典，内部存储了很多键值对，采用了渐进式的 rehash 策略。渐进式的 rehash 会在 rehash 的同时，保留新旧两个 hash 结构，查询会同时查询两个 hash 结构，然后在后续的定时任务或者 hash 操作指令（hset、hdel）中，循环渐进地将旧 hash 的内容一点点迁移到新的 hash 结构中。当搬迁完成后，就会使用新的 hash 结构取而代之。当 hash 移除了最后一个元素之后，该数据结构被自动删除，内存被回收。

常用命令：hget、hset、hmget、hmset、hgetall。

散列结构相对于字符串序列化缓存信息更加直观，并且在更新操作上更加便捷。

应用场景如下：

当存储用户信息的对象时，对象中包括属性（姓名、年龄、生日、头像等）时，如果我们使用 string 类型存储，需要把用户信息对象通过序列化和反序列化处理，增加额外的开销，并且在需要修改其中一项信息时，需要把整个对象取回，且修改操作需要对并发进行保护，引入 CAS 等复杂问题。

如果采用 hash 类型存储，内部存储的 value 实际是一个 HashMap，操作如：hmset user:pis1 name "hm" age 20 birthday "20110109"，key（user:pis1）仍然是用户 ID，value 是一个 map，这个 map 的 key 是成员的属性名，value 是属性值。这样对数据的修改和存

取都可以直接通过其内部 map 的 key（Redis 里称内部 map 的 key 为 field），也就是通过 key（用户 ID）+ field（属性标签）操作对应属性数据了，既不需要重复存储数据，也不会带来序列化和并发修改控制的问题，很好地解决了问题。

Redis hash 对应 value 内部实际就是一个 HashMap，存储会有 2 种不同实现，hash 的成员比较少时，Redis 为了节省内存会采用类似一维数组的方式来紧凑存储，而不会采用真正的 HashMap 结构，对应的 value redisObject 的 encoding 为 zipmap，当成员数量增大时会自动转成真正的 HashMap，此时 encoding 为 ht。

Redis 提供了接口（hgetall）可以直接取到全部的属性数据，但是如果内部 map 的成员很多，那么涉及遍历整个内部 map 的操作，由于 Redis 单线程模型的缘故，这个遍历操作可能会比较耗时，而令其他客户端的请求堵塞。

3. 集合（set）

Set 是 string 类型的无序集合，通过散列表实现。内部相当于一个特殊的字典，只不过字典中的所有 value 都是一个值 NULL。当集合中最后一个元素被移出之后，数据结构被自动删除，内存被回收。

常用命令：sadd、srem、spop、sdiff、smembers、sunion。

应用场景如下：

微信共同好友圈子、点赞自动去重。set 是可以自动排重的，当你需要存储一个列表数据，又不希望出现重复数据时，set 是一个很好的选择，并且 set 提供了判断某个成员是否在一个 set 集合内的重要接口。

4. 有序集合（zset）

zset 同 set 类似，区别在于 zset 中的每个元素都会关联一个 double 类型的分数，通过分数来为集合的成员进行从小到大的排序。zset 的成员是唯一的，但分数可以重复。它内部实现用的是一种叫作"跳跃列表"的数据结构。zset 中最后一个 value 被移除后，数据结构被自动删除，内存被回收。

常用命令：zadd、zrange、zrem、zcard。

应用场景如下：

某个条件为权重，按照某个维度排序，set 不是自动排序的，而 sorted set 可以通过用户额外提供一个优先级（score）参数来为成员排序，并且是插入有序的，即自动排序。

5. 列表（list）

list 是简单的字符串列表，按照插入顺序排序，可以增加一个元素到列表的头部或者尾部。list 的插入和删除操作非常快，索引定位较慢。列表中的每个元素之间都使用双向指针顺序连接，同时支持前后向遍历。当列表弹出最后一个元素时，该数据结构被自动删除，内存被回收。

常用命令：lpush、rpush、lpop、rpop、lrange、blpop。

应用场景如下：

最新消息排名、消息队列，可以利用 list 的 push 操作，将任务存在 list 中，然后工作线程再用 pop 操作将任务取出执行。Redis list 的实现为一个双向链表，即可以支持反向查找和遍历，更方便操作，不过带来了部分额外的内存开销。Redis 内部的很多实现，包括发送缓冲队列等也都是用这个数据结构。

7.3.5　Redis 持久化

在介绍 Redis 持久化的相关内容前，先来了解下 Redis 为什么要持久化。

Redis 中的数据类型都支持 push/pop、add/remove、取交集并集和差集及更丰富的操作，而且这些操作都是原子性的。在此基础上，Redis 支持各种不同方式的排序。为了保证效率，数据都是缓存在内存中。当你重启系统或者关闭系统后，缓存在内存中的数据都会消失殆尽，再也找不回来了。所以，为了让数据能够长期保存，就要将 Redis 放在缓存中的数据做持久化存储。

Redis 支持 RDB 和 AOF 两种持久化机制，持久化功能有效地避免因进程退出造成的数据丢失问题，当下次重启时利用之前持久化的文件即可实现数据恢复。持久化的主要应用是将内存中的对象存储在数据库中，或者存储在磁盘文件、XML 数据文件中。

下面将分别详细介绍两种持久化机制。

1. RDB

RDB 持久化方式能够在指定的时间间隔对你的数据进行快照存储，它是一个非常紧凑的文件，保存了某个时间点的数据集，非常适用于数据集的备份，比如你可以在每个小时保存过去 24 小时内的数据，同时每天保存过去 30 天的数据，这样即使出了问题你也可以根据需求恢复到不同版本的数据集。RDB 在保存 RDB 文件时父进程唯一需要做的就是 fork 出一个子进程，接下来的工作全部由子进程来做，父进程不需要再做其他 I/O 操作，所以 RDB 持久化方式可以让性能最大化。与 AOF 相比，在恢复大的数据集的时候，RDB 方式会更快一些。

当 Redis 需要保存 pis.rdb 文件时，RDB 创建快照过程如下。

1）Redis 调用 forks. 同时拥有父进程和子进程。

2）子进程将数据集写入一个临时 RDB 文件中。

3）当子进程完成对新 RDB 文件的写入时，Redis 用新 RDB 文件替换原来的 RDB 文件，并删除旧的 RDB 文件。

RDB 存在的问题如下。

1）Redis 意外停止工作（例如机房停电）的情况下，RDB 存在某个时间节点内的数据会丢失，虽然可以配置不同的保存时间点（例如每隔 5 分钟并且对数据集有 100 个写的操作），但是 Redis 要完整地保存整个数据集是一个比较繁重的工作，所以通常会每隔 5 分钟或者更久做一次完整的保存，万一 Redis 意外宕机，你可能会丢失几分钟的数据。

2）RDB 需要经常 fork 子进程来保存数据集到硬盘上，当数据集比较大时，fork 的过程是非常耗时的，可能会导致 Redis 在一些毫秒级内不能响应客户端的请求。如果数据集巨大并且 CPU 性能不是很好，这种不能响应的情况可能会持续数秒。AOF 也需要 fork，但是可以调节重写日志文件的频率来提高数据集的耐久度。

2. AOF

AOF 可以使用不同的 fsync 策略（无 fsync、每秒 fsync、每次写的时候 fsync），默认为每秒 fsync 策略（fsync 是由后台线程进行处理的，主线程会尽力处理客户端请求），一旦出现故障，你最多丢失 1 秒的数据。AOF 文件是一个只进行追加的日志文件，所以不需要写入 seek，即使由于某些原因（磁盘空间已满，写的过程中宕机等）未执行完整的写入命令，也可使用 redis-check-aof 工具修复这些问题。

Redis 可以在 AOF 文件体积变得过大时，自动在后台重写 AOF，重写后的新 AOF 文件包含了恢复当前数据集所需的最小命令集合。整个重写操作是绝对安全的，因为 Redis 在创建新 AOF 文件的过程中，会继续将命令追加到现有的 AOF 文件里面，即使重写过程中停机，现有的 AOF 文件也不会丢失。而一旦新 AOF 文件创建完毕，Redis 就会从旧 AOF 文件切换到新 AOF 文件，并开始对新 AOF 文件进行追加操作。AOF 文件有序地保存了对数据库执行的所有写入操作，这些写入操作以 Redis 协议的格式保存，因此 AOF 文件的内容非常容易被人读懂，对文件进行分析也很轻松，导出 AOF 文件也非常简单。

举个例子，如果不小心执行了 FLUSHALL 命令，但只要 AOF 文件未被重写，那么只要停止服务器，移除 AOF 文件末尾的 FLUSHALL 命令并重启 Redis，就可以将数据集恢复到 FLUSHALL 执行之前的状态。

AOF 重写过程如下：

1）Redis 执行 fork()，现在同时拥有父进程和子进程；

2）子进程开始将新 AOF 文件的内容写入临时文件；

3）对于所有新执行的写入命令，父进程一边将它们累积到一个内存缓存中，一边将这些改动追加到现有 AOF 文件的末尾，这样即使在重写的中途停机，现有的 AOF 文件也还是安全的；

4）当子进程完成重写工作时，它向父进程发送一个信号，父进程在接收到信号之后，将内存缓存中的所有数据追加到新 AOF 文件的末尾；

5）现在 Redis 原子地用新文件替换旧文件，之后所有命令都会直接追加到新 AOF 文件的末尾。

AOF 文件的体积通常要大于 RDB 文件的体积。RDB 由于备份频率不高，所以在恢复数据的时候有可能丢失一小段时间的数据，而且在数据集比较大的时候有可能对毫秒级的请求产生影响。

AOF 的文件体积比较大，而且因为保存频率很高，所以整体的速度会比 RDB 慢一些，但是性能依旧很高。

7.3.6　Redis 事务

数据库中的事务就是一个对数据库操作的序列，要么这个序列里面的操作全部执行，要么全部不执行。对于 Redis 而言，Redis 中的事务有所差异，其主要指一次执行多条命令，本质是一组命令的集合，一个事务中所有的命令被序列化，按照顺序执行而不会被其他命令插入。Redis 开启事务后，之后所有的命令会暂时放入队列，当输入执行命令时就会全部执行，输入丢弃事务命令就全都不会执行，不保证原子性。事务用法示例，如代码清单 7-4 所示。

代码清单 7-4　Redis 事务用法

```
//正常事务操作流程
127.0.0.1: 6379> multi
OK
127.0.0.1: 6379> set name 01
QUEUED
127.0.0.1: 6379> set age 12
QUEUED
```

```
127.0.0.1: 6379> exec
1) OK
2) OK
3) OK
127.0.0.1: 6379>

//放弃事务，内部不会执行
127.0.0.1: 6379> multi
OK
127.0.0.1: 6379> set name 01
QUEUED
127.0.0.1: 6379> set age 12
QUEUED
127.0.0.1: 6379> discard
OK
127.0.0.1: 6379>

//事务异常，输错命令，内容不会执行
127.0.0.1: 6379> multi
OK
127.0.0.1: 6379> set name 01
QUEUED
127.0.0.1: 6379> setposonce
(error) ERR unknow command 'setposonce'
127.0.0.1: 6379>exec
(error) EXECABORT Transaction discarded because of previous errors.

//事务异常，命令正确，执行中错误，跳过错误的命令，其他正确命令正常全部执行
127.0.0.1: 6379> multi
OK
127.0.0.1: 6379> set name 01
QUEUED
127.0.0.1: 6379> incr ss
QUEUED
127.0.0.1: 6379> exec
1) OK
2) (error) ERR value is not an integer or out of range
3) OK
127.0.0.1: 6379>
```

事务的生命周期如下。

1）事务的创建：使用 multi 开启一个事务。

2）加入队列：在开启事务的时候，每次操作的命令将会被插入一个队列中，同时这个命令并不会被真的执行。

3）用 exec 命令提交事务。

事务的常用命令如下。

- multi：使用该命令，标记一个事务块的开始，通常在执行之后会回复 OK（但不一定真的 OK），这个时候用户可以输入多个操作来代替逐条操作，Redis 会将这些操作放入队列中。
- exec：执行这个事务内的所有命令。
- discard：放弃事务，即该事务内的所有命令都将取消。
- watch ：监控一个或者多个 key，如果这些 key 在提交事务（exec）之前被其他用户修改过，那么事务将执行失败，需要重新获取最新数据重新操作（类似于乐观锁）。
- unwatch：取消 watch 命令对所有 key 的监控，所有监控锁将会被取消。

下面简单介绍 Redis 的 watch 监控的相关内容。

watch 指令是 exec 指令的执行条件：保证在执行 Redis 事务操作时没有任何 Client 修改被监控的 keys，否则事务不会执行（注意：如果监控一个不稳定的 key 并且 key 过期，exec 仍然会执行这条指令）。当 exec 指令被调用，所有的 key 将是 unwatched，无论事务是否被终止。当 Client 连接关闭后，所有的 key 也会变成 unwatched。为了消除所有的 watched keys，也可以使用 unwatch 指令。有时间使用乐观锁锁住一些 key 是很有用的，因为可能需要选择一些 key 进行事务操作，但是在执行读取现有的 key 的内容后发现不需要继续执行，这时只要使用 unwatch 指令，使此连接能够继续被其他新的事务操作使用。

watch 指令在 Redis 事务中提供了 CAS 的行为。为了检测被 watch 的 keys 在有多个 Clients 改变时是否引起冲突，这些 keys 将会被监控。如果至少有一个 watch 的 key 在执行 exec 命令前被修改，整个事务将会被终止，并且执行 exec 会返回 nil。

watch 用法如代码清单 7-5 所示。

代码清单 7-5　watch 用法

```
//@1 watch 开启监控
 127.0.0.1: 6379> watch pis
OK
127.0.0.1: 6379> multi
OK
127.0.0.1: 6379> set pis zkls
QUEUED
//@2 模拟其他请求操作这个 key
127.0.0.1: 6379> set pis mdeo1
OK
//@3 模拟其他请求操作这个 key
```

```
127.0.0.1: 6379> set pis UNTIS
OK
//@1 提交事务
127.0.0.1: 6379> exec
(nil)
```

最终结果没有生效，如果在执行 Watch 与 Exec 指令这段时间里有其他客户端修改此 key 值，此事务将执行失败，以上形式的锁被称为乐观锁。

应用场景：watch 标记可以保证多线程数据库和缓存数据的一致性、记账等。

总结如下。

1）Redis 事务实现，从 multi 开始，所有指令会被放入队列中。当调用 exec 后，队列中所有指令会依次被执行。

2）multi-exec 中指令执行时，所有指令只要语法合理都会被写入队列中。队列执行时，指令有可能会执行失败，但不影响其他指令执行。

3）Redis 事务提供了乐观锁，通过 watch 指令可以实现 CAS 操作如，watch 和 multi-exec 组合使用。

4）在给 key 加上乐观锁后，当在执行 exec 指令前有其他 Client 修改此 key，此事务将执行失败，从而保证原子操作。

7.3.7　Redis 分布式锁

当系统中存在多线程并且多线程之间存在竞态条件或者需要协作的时候，我们就会用到锁，如 Java 中的 Lock、Synchronized 等，但是底层提供的功能比较适用于单机状态，在分布式环境下由于场景复杂多变，存在多个机器实例、节点之间进行协作的，会使用到分布式锁。

分布式锁是应用于在分布式环境下多个节点之间进行同步或者协作的锁，与普通的锁一样，它具有以下重要特性。

- 互斥性：保证只有持有锁的实例中的某个线程才能进行操作。
- 可重入性：同一个实例的同一个线程可以多次获取锁。
- 锁超时：支持超时自动释放锁，避免死锁的产生。

1. Redis 分布式锁概述

Redis 实现的锁服务的思路是把锁数据存储在分布式环境中的一个节点，所有需要获取锁的调用方（客户端）都需访问该节点：如果锁数据（key-value 键值对）已经存在，则说明已经有其他客户端持有该锁，可等待其释放（key-value 被主动删除或者因过期而被动删除）再尝试获取锁；如果锁数据不存在，则写入锁数据（key-value），其中 value 需要保证在足够长的一段时间内在所有客户端的所有获取锁的请求中都是唯一的，以便释放锁的时候进行校验；锁服务使用完毕之后，需要主动释放锁，即删除存储在 Redis 中的 key-value 键值对。结构如图 7-5 所示。

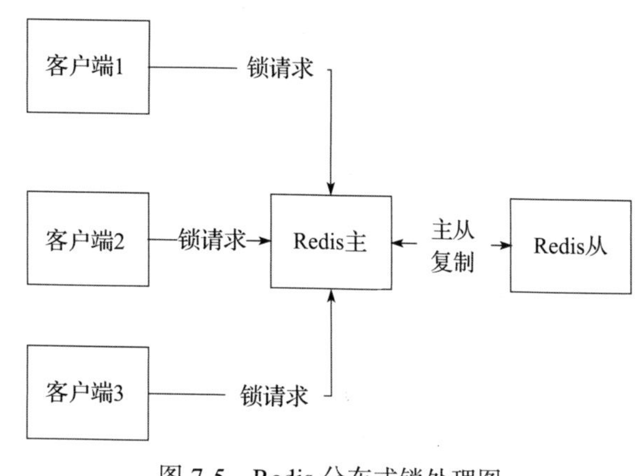

图 7-5　Redis 分布式锁处理图

2. Redis 锁需要注意的点

为了保证锁的释放只能由加锁者或者超时释放，一般我们会将对应键的值设置为一个线程唯一标志，如为每个线程生成一个 uuid，只有当线程的 uuid 与锁的值一致时，才能释放锁。

在 Redis 2.6 版本之前，常用 setex key val 命令，该命令在对应的键没有值的时候设置成功，存在值的时候设置失败，保证了同时只会有一个连接者设置成功，也即保证同时只会有一个实例的一个线程获取成功。该命令存在一个问题，没有超时机制，需要额外的命令来保证能够在超时的情况下释放锁，也就是删除键，可以配合 expire 命令来实现。涉及两个命令来完成锁定。此时为了保证命令的原子性，常用 Lua 脚本配合使用，如代码清单 7-6 所示。

代码清单 7-6　Redis 分布式锁旧方式

```
# KEYS[1] 是锁的名称，KEYS[2] 是锁的值，KEYS[3] 是锁的超时时间
local c = redis.call('setnx', KEYS[1], KEYS[2])
if(c == 1) then
    redis.call('expire', KEYS[1], KEYS[3])
end
return c
//释放锁，需要验证操作释放锁的是不是锁的持有者
# KEYS[1] 是锁的名称，KEYS[2] 是锁的值
if redis.call('get', KEYS[1]) == KEYS[2] then
    return redis.call('del', KEYS[1])
else return 0
end
```

以上两个操作保证 Redis 分布式锁的原子性，存在复杂度，Redis 2.6 版本之后加强了锁的操作，如代码清单 7-7 所示。

代码清单 7-7 Redis 分布式锁新方式

```
    /**
        * 尝试获取分布式锁
        * @param jedis Redis 客户端
        * @param lockKey 锁
        * @param requestId 请求标识
        * @param expireTime 超期时间
        * @return 是否获取成功
        */
     public static boolean tryGetDistributedLock(Jedis jedis, String lockKey, String
requestId, int expireTime) {

          String result = jedis.set(lockKey, requestId, SET_IF_NOT_EXIST, SET_
WITH_EXPIRE_TIME, expireTime);
        if (LOCK_SUCCESS.equals(result)) {
        return true;
        }
        return false;

     }

    /**
        * 释放分布式锁
        * @param jedis Redis 客户端
        * @param lockKey 锁
        * @param requestId 请求标识
        * @return 是否释放成功
        */
     public static boolean releaseDistributedLock(Jedis jedis, String lockKey,
String requestId) {

          String script = "if redis.call('get', KEYS[1]) == ARGV[1] then return
redis.call('del', KEYS[1]) else return 0 end";
          Object result = jedis.eval(script, Collections.singletonList(lockKey), Collections.
singletonList(requestId));

        if (RELEASE_SUCCESS.equals(result)) {
        return true;
        }
        return false;

     }
```

加锁参数介绍如下。

1）第一个为 key，我们使用 key 来当锁，因为 key 是唯一的。

2）第二个为 value，我们传的是 requestId，分布式锁要满足第四个条件，通过将 value 赋值为 requestId，我们就知道这把锁是哪个请求添加的，在解锁的时候就可以有依据。requestId 可以使用 UUID.randomUUID().toString() 方法生成。

3）第三个为 nxxx，这里将其设为 NX，意思是 SET IF NOT EXIST，即当 key 不存在时，我们进行 set 操作；若 key 已经存在，则不做任何操作；

4）第四个为 expx，这里将其设为 PX，意思是我们要给这个 key 加一个过期的设置，具体时间由第五个参数决定。

5）第五个为 time，与第四个参数相呼应，代表 key 的过期时间。

解锁介绍如下：首先获取锁对应的 value 值，检查是否与 requestId 相等，如果相等则删除锁。

那么为什么要使用 Lua 语言来实现呢？因为 Lua 脚本能确保上述操作是原子性的。Redis 通过 eval() 命令来执行 Lua 脚本。

3. 错误使用 Redis 锁产生问题

【示例】 死锁场景一

一个用户发起请求获取锁成功，但是在释放锁之前崩溃了，此时该用户实际上已经失去了对公共资源的操作权，但却没有办法请求解锁，那么，它就会一直持有这个锁，而其他客户端永远无法获得锁。

处理思路：可以在加锁时为锁设置过期时间，当到达过期时间时，Redis 会自动删除对应的 key-value，从而避免死锁。需要注意的是，这个过期时间需要结合具体业务综合评估设置，以保证锁的持有者能够在过期时间之内执行完相关操作并释放锁。

【示例】 死锁场景二

一个用户发起请求获取锁成功，但是在设置过期时间的时候崩溃了，由于锁没有设置过期时间导致死锁。

处理思路：获取锁和设置过期时间是两个命令，如何保证两个命令都执行成功呢？Redis 命令 Eval() 支持 Lua 脚本，Lua 脚本具有原子性，可以把两个命令通过 Lua 脚本包装起来，然后通过 eval() 命令执行即可。

7.3.8 Redis 任务队列

在介绍 Redis 队列之前，我们先来了解 Redis 队列与 MQ 队列有哪些区别。

MQ 队列：在分布式系统中存储转发消息，在易用性、扩展性、高可用性等方面表现不俗，主要是为了实现系统之间的双向解耦。

Redis 队列：Redis 队列是一个 Key-Value 的 NoSQL 数据库，开发维护很活跃，虽然是一个 Key-Value 数据库存储系统，但它本身支持 MQ 功能，所以完全可以当作一个轻量级的队列服务来使用。

两者区别如下。

1）Redis 没有相应的机制保证消息的消费，当消费者消费失败的时候，消息体丢失，需要手动处理。MQ：具有消息消费确认，即使消费者消费失败，也会自动使消息体返回原队列，同时可全程持久化，保证消息体被正确消费。

2）Redis 采用主从模式，读写分离，但是故障转移还没有非常完善的官方解决方案；MQ 集群采用磁盘、内存节点，任意单点故障都不会影响整个队列的操作。

3）将整个 Redis 实例持久化到磁盘，MQ 的队列、消息，都可以选择是否持久化。

4）Redis 的特点是轻量级，高并发，延迟敏感，用于即时数据分析、秒杀计数器、缓存等。MQ 的特点是重量级，高并发，用于异步、批量数据异步处理、并行任务串行化，高负载任务的负载均衡等。

下面我们来分别介绍 Redis 的基本内容。

1. Subscribe/Publish（订阅 / 发布模式）

生产者和消费者通过一个相同的信道（Channel）进行交互。信道其实也就是队列，通常会有多个消费者。多个消费者订阅同一个信道，当生产者向信道发布消息时，该信道会立即将消息逐一发布给每个消费者。可见，该信道对于消费者是发散的信道，每个消费者都可以得到相同的消息。

Subscribe 用于订阅信道，Publish 用于向信道发送消息，UNSUBSCRIBE 用于取消订阅。

使用订阅 / 发布模式的特性如下：

1）广播模式，一个消息可以发布到多个消费者；

2）多信道订阅，消费者可以同时订阅多个信道，从而接收多类消息；

3）消息即时发送，消息不用等待消费者读取，消费者会自动接收到信道发布的消息。

该模式存在的问题如下：

1）发布时若客户端不在线，则消息丢失，不能找回；

2）不能保证每个消费者接收的时间是一致的；

3）若消费者客户端出现消息积压，到一定程度，会被强制断开，导致消息意外丢失。通常发生在消息的生产远大于消费速度时。

适用场景：不适合做消息存储、消息积压类的业务，而是擅长处理广播、即时通信、即时反馈的业务。

2. List（lpush/brpop）

List 双向链表实现消息队列，如图 7-6 所示。

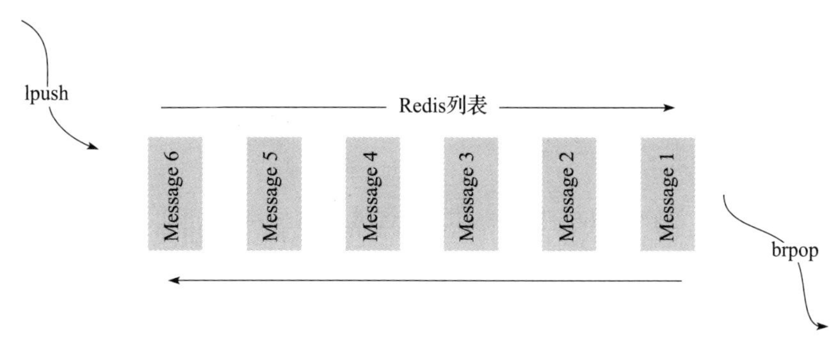

图 7-6　Redis/List 消息模式

lpush 将消息推入队列，brpop 从队列中取出消息，用的是阻塞模式。

Redis 的 List 是使用双向链表实现的，保存了头尾节点，所以在列表头尾两边插取元素都是非常快，是基于 FIFL 队列的解决方案。其中 lpush 是生产者做的事，而 brpop 是消费者做的事。

模式的特性如下。

1）Reids 支持持久化消息，意味着消息不会丢失，可以重复查看（注意不是消费，只看不用，LRANGE 类的指令）。

2）实现操作简单化。

3）可以保证顺序，保证使用 lpush 命令可以保证消息的顺序性。

4）使用 brpop，可以将消息放在队列的开头，实现简易的消息优先队列。

该模式存在的问题如下。

1）做消费确认 ACK 比较麻烦，不能保证消费者在读取之后确认，宕机后的补偿问题会导致消息意外丢失。通常需要自己维护一个 Pending 列表，保证消息的处理确认。

2）不能做广播模式，例如典型的 Pub/Discribe 模式。

3）不能重复消费，一旦消费就会被删除。

4）不支持分组消费，需要自己在业务逻辑层解决。

该模式不适合较重的业务场景处理、消息存储统计，适合非实时、轻量级、允许延迟的业务场景，如点赞、收藏。

3. Sorted-Set

有序集合的方案是在自己确定消息顺序 ID 时比较常用，使用集合成员的 Score 来作为消息 ID，保证顺序，还可以保证消息 ID 的单调递增，通常可以使用时间戳 + 序号的方案。有序集合确保了消息 ID 的单调递增，利用 SortedSet 依据 Score 排序的特征，就可以制作一个有序的消息队列了。

ZADD KEY score member 用于压入集合，ZRANGEBYSCORE 用于依据 score 获取成员。

该模式可以自定义消息 ID，在消息 ID 有意义时这一点比较重要。但是不允许重复消息（以为是集合），同时消息 ID 确定有错误会导致消息的顺序出错。

该模式适合能定义消息 ID 的业务场景。

4. Stream

Redis 5.0 带来了 Stream 类型，是 Redis 对消息队列（MQ，Message Queue）的完善实现。详情参见如下。

（1）追加新消息（XADD）

在某个 Stream（流数据）中追加消息，如代码清单 7-8 所示。

代码清单 7-8　追加新消息 XADD

```
//语法 XADD key ID field string [field string ...]
127.0.0.1:6379> XADD SQMessage * sq 001 msg success
"1653439850318-0"
127.0.0.1:6379> XADD SQMessage * sq 002  msg fail
"1653439850319-0"
```

语法格式为 XADD key ID field string [field string ...]。

需要提供 key、消息 ID 方案、消息内容，其中消息内容为 key-value 型数据。ID，最常使用 *，表示由 Redis 生成消息 ID，这也是强烈建议的方案。field string [field string]，就是当前消息内容，由 1 个或多个 key-value 构成。

代清单码 7-8 在 SQMessage 这个 key 中追加了 sq 001 msg success 这个消息。Redis

使用毫秒时间戳和序号生成了消息 ID。此时，消息队列中就有一个消息可用了。

Redis 生成的消息 ID，由两部分组成（时间戳和序号）。时间戳是毫秒级单位，是生成消息的 Redis 服务器时间，是 64 位整型。序号是在这个毫秒时间点内的消息序号，也是 64 位整型。

为了保证消息是有序的，Redis 生成的 ID 需单调递增有序。由于 ID 中包含时间戳部分，为了避免服务器时间错误而带来的问题（例如服务器时间延后了），Redis 的每个 Stream 类型数据都维护一个 latest_generated_id 属性，用于记录最后一个消息的 ID。若发现当前时间戳退后（小于 latest_generated_id 所记录的），则采用时间戳不变而序号递增的方案来作为新消息 ID，从而保证 ID 的单调递增性质，ID 是可以自定义生成规则的。

（2）消息队列中获取消息（XREAD）

从 Stream 中读取消息，如代码清单 7-9 所示。

代码清单 7-9　从消息队列中获取消息 XREAD

```
127.0.0.1:6379> XREAD streams SQMessage 0
1) 1) "SQMessage"
    2) 1) 1) "1653439850318-0"
          2) 1) "sq"
             2) "001"
             3) "msg"
             4) "success"
       2) 1) "1653439850319-0"
          2) 1) "sq"
             2) "002"
             3) "msg"
             4) "fail"
```

语法格式为 XREAD [COUNT count] [BLOCK milliseconds] STREAMS key [key ...] ID [ID ...]。参数介绍如下：

- [COUNT count]，用于限定获取的消息数量；
- [BLOCK milliseconds]，用于设置 XREAD 为阻塞模式，默认为非阻塞模式。
- ID，用于设置由哪个消息 ID 开始读取。使用 0 表示从第一条消息开始（本例中就是使用 0）。此处需要注意，消息队列 ID 是单调递增的，所以通过设置起点，可以向后读取。在阻塞模式中，可以使用 $，表示最新的消息 ID（在非阻塞模式下 $ 无意义）。

XRED 读消息时分为阻塞和非阻塞模式，使用 BLOCK 选项可以表示阻塞模式，需要设置阻塞时长。非阻塞模式下，读取完毕（即使没有任何消息）立即返回，而在阻塞模式下，若读取不到内容，则阻塞等待。

【示例】 阻塞模式

```
127.0.0.1:6379> XREAD block 1000 streams SQMessage $
(nil)
(1.07s)
```

我们使用 Block 模式，配合 $ 作为 ID，表示读取最新的消息，若没有消息，命令阻塞！在等待过程中，其他客户端向队列追加消息，则会立即读取到。因此，典型的队列就是 XADD 配合 XREAD Block 完成。XADD 负责生成消息，XREAD 负责消费消息。

（3）消费组模式（Consumer Group）

当多个消费者（Consumer）同时消费一个消息队列时，可以重复消费相同的消息，也就是说，消息队列中有 6 条消息，3 个消费者都可以消费到这 6 条消息。有时候我们需要多个消费者配合协作来消费同一个消息队列。假设消息队列中有 6 条消息，3 个消费者分别消费其中的某些消息，比如消费者 A 消费消息 1、2，消费者 B 消费消息 4、5，而消费者 C 消费消息 3、6。也就是三个消费者配合完成消息的消费，当我们程序或者机器处理效率不高时，可通过消费组模式进行消费。

消费组模式命令支持如下：

1）XGROUP，用于管理消费者组，提供创建组、销毁组、更新组起始消息 ID 等操作；

2）XREADGROUP，分组消费消息操作。

介绍消费组模式，如代码清单 7-10 所示。

代码清单 7-10 介绍消费组模式

```
# 生产者生成 6 条消息
127.0.0.1:6379> MULTI
127.0.0.1:6379> XADD mq * msg 1 # 生成一个消息：msg 1
127.0.0.1:6379> XADD mq * msg 2
127.0.0.1:6379> XADD mq * msg 3
127.0.0.1:6379> XADD mq * msg 4
127.0.0.1:6379> XADD mq * msg 5
127.0.0.1:6379> XADD mq * msg 6
127.0.0.1:6379> EXEC
 1) "1553585533796-0"
 2) "1553585533796-1"
 3) "1553585533796-2"
 4) "1553585533796-3"
 5) "1553585533796-4"
```

```
 6) "1553585533796-5"

# 创建消费组 mqGroup
127.0.0.1:6379> XGROUP CREATE mq mqGroup 0 # 为消息队列 mq 创建消费组 mgGroup
OK

# 消费者A，消费第1条
127.0.0.1:6379> XREADGROUP group mqGroup consumerA count 1 streams mq > #消费组内消费者A，从消息队列mq中读取一个消息
1) 1) "mq"
   2) 1) 1) "1553585533796-0"
         2) 1) "msg"
            2) "1"

# 消费者A，消费第2条
127.0.0.1:6379> XREADGROUP GROUP mqGroup consumerA COUNT 1 STREAMS mq >
1) 1) "mq"
   2) 1) 1) "1553585533796-1"
         2) 1) "msg"
            2) "2"

# 消费者B，消费第1条
127.0.0.1:6379> XREADGROUP group mqGroup consumerB count 1 streams mq > #消费组内消费者B，从消息队列mq中读取一个消息
1) 1) "mq"
   2) 1) 1) "1553585533796-3"
         2) 1) "msg"
            2) "4"

# 消费者B，消费第2条
127.0.0.1:6379> XREADGROUP GROUP mqGroup consumerB COUNT 1 STREAMS mq >
1) 1) "mq"
   2) 1) 1) "1553585533796-4"
         2) 1) "msg"
            2) "5"

# 消费者C，消费第1条
127.0.0.1:6379> XREADGROUP group mqGroup consumerC count 1 streams mq > #消费组内消费者C，从消息队列mq中读取一个消息
1) 1) "mq"
   2) 1) 1) "1553585533796-2"
         2) 1) "msg"
            2) "3"

# 消费者C，消费第2条
127.0.0.1:6379> XREADGROUP GROUP mqGroup consumerC COUNT 1 STREAMS mq >
1) 1) "mq"
   2) 1) 1) "1553585533796-5"
```

```
        2) 1) "msg"
           2) "6"
```

XGROUP CREATE mq mqGroup 0：用于在消息队列 mq 上创建消费组 mpGroup，最后一个参数 0 表示该组从第一条消息开始消费。除了支持 CREATE 外，还支持 SETID 设置起始 ID，DESTROY 销毁组，DELCONSUMER 删除组内消费者等操作。

XREADGROUP GROUP mqGroup consumerA COUNT 1 STREAMS mq >：用于组 mqGroup 内消费者 A 在队列 mq 中消费，参数 > 表示未被组内消费的起始消息，参数 count 1 表示获取一条。语法与 XREAD 基本一致，增加了组的概念。

组内消费的基本原理，STREAM 类型会为每个组记录一个最后处理（交付）的消息 ID（last_delivered_id），这样在组内消费时，就可以从这个值后面开始读取，保证不重复消费。

若某个消费者消费了某条消息，但是并没有处理成功时（例如消费者进程宕机），这条消息可能会丢失，因为组内其他消费者不能再次消费到该消息了。解决方案参考下文“Pending 等待列表”的相关内容。

（4）Pending 等待列表

为了解决组内消息读取但处理期间消费者崩溃带来的消息丢失问题，STREAM 设计了 Pending 列表，用于记录读取但并未处理完毕的消息。命令 XPENDIING 获取消费组或消费内消费者的未处理完毕的消息，如代码清单 7-11 所示。

代码清单 7-11　Pending 等待列表

```
# mpGroup 的 Pending 情况
127.0.0.1:6379> XPENDING mq mqGroup
# 3 个已读取但未处理的消息
1) (integer) 3
2) "1553585533796-0" # 起始 ID
3) "1553585533796-2" # 结束 ID
4) 1) 1) "consumerA" # 消费者 A 有 1 个
      2) "1"
   2) 1) "consumerB" # 消费者 B 有 1 个
      2) "1"
   3) 1) "consumerC" # 消费者 C 有 1 个
      2) "1"

127.0.0.1:6379> XPENDING mq mqGroup - + 6 # 使用 start end count 选项可以获取详细信息
1) 1) "1553585533796-0" # 消息 ID
   2) "consumerA" # 消费者
   3) (integer) 2154355 # 从读取到现在经历了 2154355ms，IDLE
   4) (integer) 6 # 消息被读取了 6 次，delivery counter
```

```
    2) 1) "1553585533796-1"
       2) "consumerB"
       3) (integer) 2054355
       4) (integer) 4
    3) 1) "1553585533796-2"
       2) "consumerC"
       3) (integer) 1254355
       4) (integer) 3

    127.0.0.1:6379> XPENDING mq mqGroup - + 6 consumerA # 再加上消费者参数，获取具体
某个消费者的 Pending 列表
    1) 1) "1553585533796-0"
       2) "consumerA"
       3) (integer) 2154305
       4) (integer) 6
```

每个 Pending 的属性包括消息 ID、所属消费者、已读取时间、消息被读取次数。之前读取的操作被记录到 Pending 操作列表中，说明全部读到的消息都没有处理，仅仅是读取了。那如何表示消费者处理完消息了呢？使用命令 XACK 完成告知消息处理完成，如代码清单 7-12 所示。

代码清单 7-12　XACK 消息处理完成

```
127.0.0.1:6379> XACK mq mqGroup 1553585533796-0 # 通知消息处理结束，用消息 ID 标识
(integer) 4

127.0.0.1:6379> XPENDING mq mqGroup             # 再次查看 Pending 列表
1) (integer) 3                                  # 已读取但未处理的消息已经变为 3 个
2) "1553585533796-1"
3) "1553585533796-4"
4) 1) 1) "consumerA"                            # 消费者 A，还有 2 个消息处理
      2) "1"
   2) 1) "consumerB"
      2) "1"
   3) 1) "consumerC"
      2) "1"
127.0.0.1:6379>
```

Pending 机制，就意味着在某个消费者读取消息但未处理后，消息是不会丢失的。等待消费者再次上线后，通过读取该 Pending 列表，就可以继续处理该消息了，保证消息的有序和不丢失。

某个消费者宕机之后，没有办法再上线，那么怎样将该消费者 Pending 的消息转给其他的消费者处理呢？解决方案参考如下内容。

（5）消息转移

消息转移操作是将某个消息转移到自己的Pending列表中。使用语法XCLAIM来实现，需要设置组、转移的目标消费者和消息ID，同时需要提供IDLE（已被读取时长），只有超过这个时长，才能被转移，如代码清单7-13所示。

代码清单7-13 消息转移

```
# 当前属于消费者A的消息1553585533796-1，已经12107,287ms未处理了
127.0.0.1:6379> XPENDING mq mqGroup - + 6
1) 1) "1553585533796-1"
   2) "consumerA"
   3) (integer) 12907787
   4) (integer) 3

# 转移超过3600s的消息1553585533796-1到消费者B的Pending列表
127.0.0.1:6379> XCLAIM mq mqGroup consumerB 3600000 1553585533796-1
1) 1) "1553585533796-1"
   2) 1) "msg"
      2) "1"

# 消息1553585533795-1已经转移到消费者B的Pending中。
127.0.0.1:6379> XPENDING mq mqGroup - + 6
1) 1) "1553585533796-1"
   2) "consumerB"
   3) (integer) 21004 # 注意IDLE，被重置了
   4) (integer) 5     # 注意，读取次数也累加了1次

#3次转移不会成功
127.0.0.1:6379> XCLAIM mq mqGroup consumerA 3600000 1553585533796-1
127.0.0.1:6379> XCLAIM mq mqGroup consumerB 3600000 1553585533796-1
127.0.0.1:6379> XCLAIM mq mqGroup consumerC 3600000 1553585533796-1
```

以上代码完成了一次转移，转移除了要指定ID外，还需要指定IDLE，保证是长时间未处理的才被转移。被转移的消息的IDLE会被重置，用以保证不会被重复转移，为可能会出现将过期的消息同时转移给多个消费者的并发操作设置IDLE，则可以避免后面的转移不会成功，因为IDLE不满足条件，连续三条转移，第二、三条不会成功。

（6）坏消息

如果某个消息不能被消费者处理，也就是不能被XACK，就要长时间处于Pending列表中，即使被反复的转移给各个消费者也是如此。此时该消息的delivery counter就会累加（上一节的例子可以看到），当累加到某个我们预设的临界值时，我们就认为是坏消息（也叫死信，DeadLetter，无法投递的消息）。由于有了判定条件，我们将坏消息处理

掉（删除）即可。删除一个消息，使用 XDEL 语法，如代码清单 7-14 所示。

代码清单 7-14　坏消息 XDEL

```
# 删除队列中的消息
127.0.0.1:6379> XDEL mq 1553585533796-1
(integer) 1
# 查看队列中再无此消息
127.0.0.1:6379> XRANGE mq - +
1) 1) "1553585533796-0"
   2) 1) "msg"
      2) "1"
2) 1) "1553585533796-2"
   2) 1) "msg"
      2) "3"
```

这里并没有删除 Pending 中的消息，因此查看 Pending，消息还会在。可以执行 XACK 标识其处理完毕。

（7）信息监控

Stream 提供了 XINFO 来实现对服务器信息的监控，如代码清单 7-15 所示。

代码清单 7-15　XINFO 信息监控

```
# 查看队列信息
127.0.0.1:6379> Xinfo stream mq
 1) "length"
 2) (integer) 7
 3) "radix-tree-keys"
 4) (integer) 1
 5) "radix-tree-nodes"
 6) (integer) 2
 7) "groups"
 8) (integer) 1
 9) "last-generated-id"
10) "1553585533796-6"
11) "first-entry"
12) 1) "1553585533796-0"
    2)  1) "msg"
        2) "1"
13) "last-entry"
14) 1) "1553585533796-5"
    2)  1) "msg"
        2) "6"
# 查看消费组信息
127.0.0.1:6379> Xinfo groups mq
1)  1) "name"
    2) "mqGroup"
```

```
    3) "consumers"
    4) (integer) 3
    5) "pending"
    6) (integer) 3
    7) "last-delivered-id"
    8) "1553585533796-5"
# 消费者组成员信息
127.0.0.1:6379> XINFO CONSUMERS mq mqGroup
1)  1) "name"
    2) "consumerA"
    3) "pending"
    4) (integer) 1
    5) "idle"
    6) (integer) 18949894
2)  1) "name"
    2) "consumerB"
    3) "pending"
    4) (integer) 1
    5) "idle"
    6) (integer) 3092719
3)  1) "name"
    2) "consumerC"
    3) "pending"
    4) (integer) 1
    5) "idle"
    6) (integer) 23683256
```

（8）命令列表

Redis-Stream 操作命令说明如表 7-1 所示。

表 7-1　Stream 中命令列表

命令	说明
XACK	结束 Pending
XADD	生成消息
XCLAIM	消息转移
XDEL	删除消息
XGROUP	消费组管理
XINFO	得到消费组信息
XLEN	消息队列长度
XPENDING	Pending 列表
XRANGE	获取消息队列中消息
XREAD	消费消息
XREADGROUP	分组消费消息
XREVRANGE	逆序获取消息队列中消息
XTRIM	消息队列容量

7.3.9　Redis 高并发处理常见问题及解决方案

1. 大型电商系统高流量系统设计

大型电商系统每天要处理上亿请求，其中大量请求来自商品访问、下单。商品的详情是时刻变化的，由于请求量过大，不会频繁去服务端获取商品的信息，导致服务器端压力极大。基于以上场景，需要用到多级缓存、异步处理、负载均衡本地缓存等方式来实现。

【处理方案】 首先评估哪些页面是活跃的，即用户查看使用较多的页面。页面里面包括静态资源和数据、动态数据等，划分层次，把静态资源存放到负载均衡服务器中缓存，如 Nginx 本地缓存。页面中的动态数据分为热点数据、非热点数据、实时数据、非实时数据等。把非热点数据、热点数据、非实时数据存放到 Varnish 缓冲中，Varnish 擅长存储不变或变动较少的数据，通过 Varnish 的缓存策略，减少请求后端服务器的频率。

Redis 缓存存储热点数据、实时数据，Redis 擅长存储需要原子操作计算、全局主键生成、订单号生成、排序相关的数据。Varnish 和 Redis 可以存放同类别、不同类别的数据，如是同类别，可以设置不同的过期时间，充分利用缓存。高并发情况下实时的数据处理讲究快速响应，为了提高效率可以采用异步消息队列处理。系统架构采用了 Nginx 本地缓存、HTTP 加速 Varnish 缓存、后端 Redis 缓存、消息队列等。系统设计如图 7-7 所示。

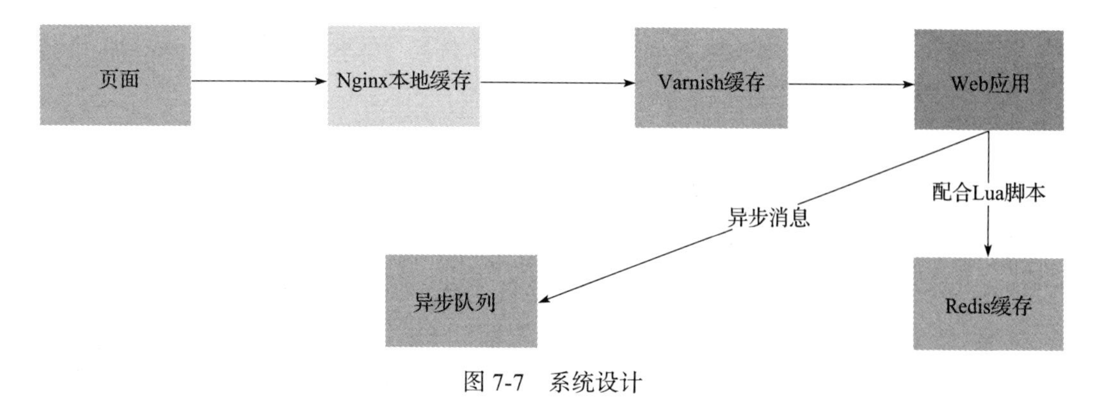

图 7-7　系统设计

注意，Nginx 缓存静态资源、Varnish 缓存不变或者变动较少的数据、Redis 缓存原子操作计算数据，异步队列主要处理非实时的业务或数据。

2. Redis 支撑百万 QPS 高并发、高可用结构

大型电商系统每天有上亿请求，会用到多级缓存，此时 Redis 单体无法承载需求量，需要使用 Redis 集群模式，由多台 Redis 共同承载并供外界使用。

【处理方案】 Redis 单体处理能力达到 10 万多，分析 Redis 的瓶颈在于确定是读还是写方面。如果在读取数据方面存在瓶颈时，可以采用读写分离、主从方式，通过哨兵模式监控服务正常性。主节点用于写入数据，并同步数据至从节点，从节点可以部署多台，整体提高 Redis 的读取数据能力。

Redis 主从模式：Redis 集群主从部署，1 台主节点写入，多台从节点读取，主节点数据同步到从节点，数据延迟毫秒级别，同时引入哨兵模式监控，当主节点宕机后，进行选主操作，到从节点中选举一台升级为主节点，履行主节点的使命，当之前宕机的主节点恢复后，会加入到从节点继续服务。

如果在写数据方面存在瓶颈时，可以采用 Redis 集群化，由多台 Redis 共同成立的虚拟组织机构共同提供外界写入、读取操作。Redis 设置了合理的备份方案，防止数据丢失。集群化后的 Redis 可以提供上百万甚至上千万的 QPS 并发量处理，集群部署。

注意 多个 Redis 共同承担处理，内部之间实时同步数据，每个节点都可以进行读取操作。

3. Redis 雪崩后，备用方案

Redis 集群模式中，由于网络、带宽等其他异常情况导致 Redis 雪崩后，如何提供网站正常服务并处理大量的请求？设计时需考虑到容灾，当 Redis 宕机后，监测到状态，启动其他缓存技术，如 ehCahe、MemCache。注意，Redis 和其他缓存之间需要定期同步数据，当 Redis 恢复后，切换至 Redis。

【处理方案】 由于用户量、请求量都较多，设计时需考虑到极端情况，即要考虑替代方案。当网络延迟、宽带不够、机房停电、其他异常情况后 Redis 雪崩，应该有替代方案，监控到 Redis 心跳停止后，切换到备用缓存，如 MemCache、Ehcache 等。崩掉的 Redis 由于备份恰当，可以尽快恢复使用，恢复期间可以用其他缓存，Redis 使用期间的数据需要和崩掉后的数据进行同步，保证数据最终一致性，可以采用消息队列、备份文件对比复制等操作实现。切换方案如图 7-8 所示。

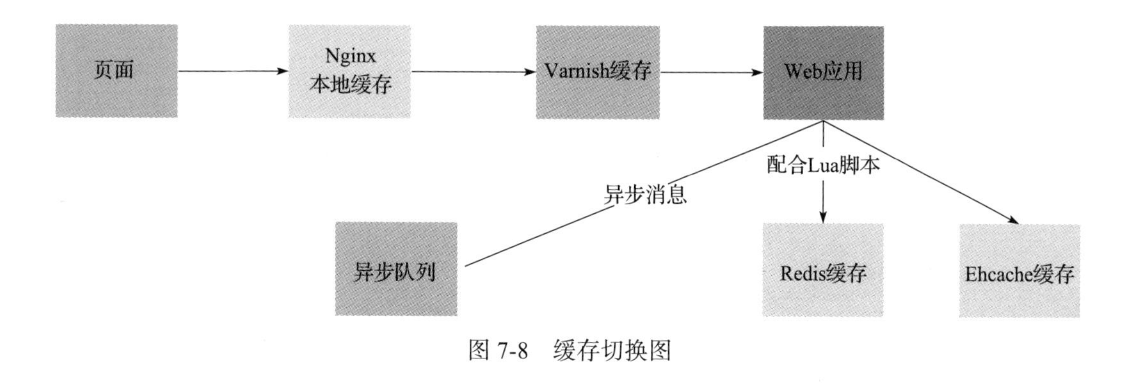

图 7-8　缓存切换图

注意　Web 应用通过 Lua 脚本操作 Redis 时，发现其无心跳，会自动切换到其他缓存技术。

4. 高并发情况下，数据库和缓存双写数据不一致问题

当核心业务处理需同时操作 Redis 和数据库时，由于两者之间存在非原子操作，当操作其中之一成功后出现异常、导致两者之间的数据不一致时，应如何解决？可以引入异步消息队列串行化执行。

【处理方案】 业务功能写入过程中，多种场景会涉及同时写入数据库和缓存，针对同时写入的场景进行分析。

1）如果先操作数据库写入成功，然后操作 Redis 写入失败，则会出现 Redis 和数据库数据不一致，出现脏数据，无法保证业务的扭转，如图 7-9 所示。

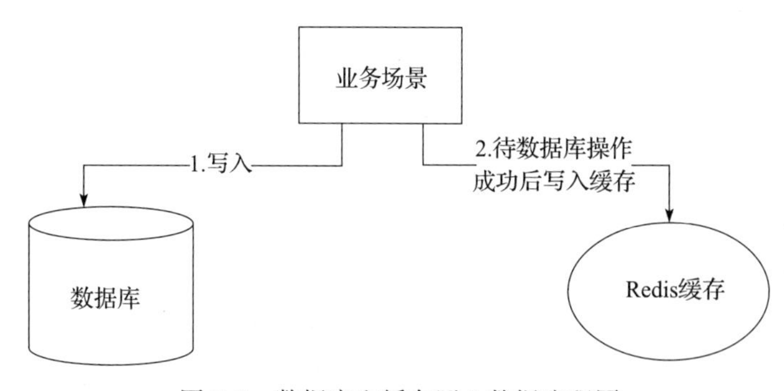

图 7-9　数据库和缓存写入数据流程图

2）如果先操作 Redis 写入数据成功后，然后操作数据库写入失败，则会出现数据库和 Redis 数据不一致，同样会出现脏数据，无法保证业务的扭转，如图 7-10 所示。

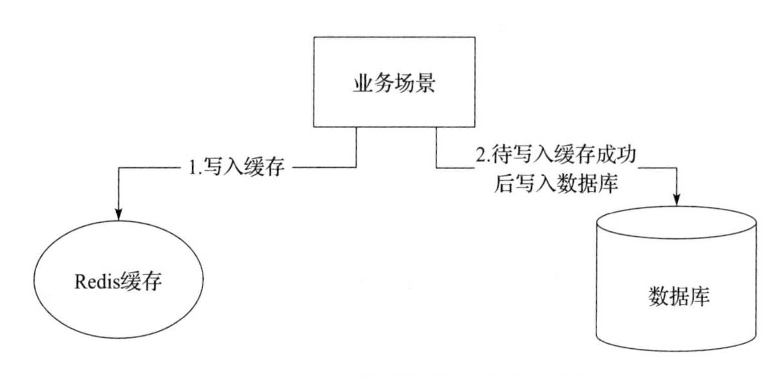

图 7-10　缓存和数据库写入数据流程图

3）操作数据和 Redis 串行化，使用消息队列，由于其具有重试、吞吐量高、消息持久化等特性，可通过消息队列来保证双写数据一致性，如图 7-11 所示。

注意，先操作数据库写入成功后，发送消息至队列中，消息消费者监听队列获取消息后，进行 Redis 写入。同时，消息具有高吞吐量、消息持久化等特性，不会出现消息丢失，在消息消费者处理消息时，采用幂等处理，失败进行重试处理。

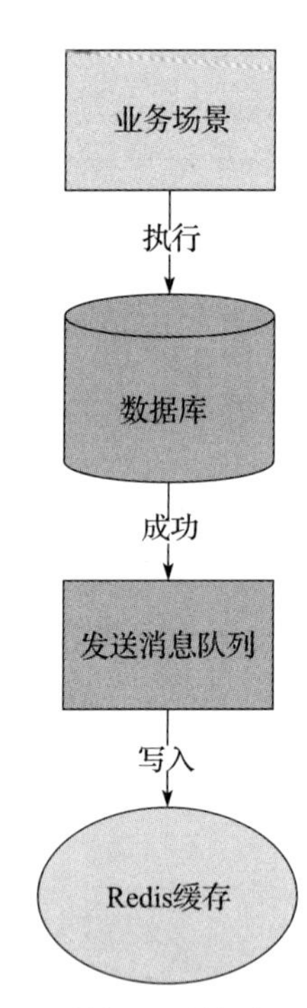

图 7-11　数据一致性处理流程图

5. 高并发 Redis 缓存中的大 value 存储，全量更新时效率低

当用户量不高时，可能会把商品、详情等数据完全存储在 Redis 中某个 key 对应的 value 中，随着用户量逐渐增加，此时处理更新时，处理效率比较差，可以按照存储信息的维度进行数据拆分，如商品信息可以按照商品的类别和批次进行拆分。

【处理方案】 由于 Redis 是单线程模式运行，一次操作大的 value 会对整个 Redis 的响应时间造成较大影响，所以业务上将其拆分成多个小 key 形式。可以按照功能的类别、批次维度进行拆分，建议每个 key 不要超过 1MB。

【示例 1】 Redis/string 类型大对象整取整存优化

操作 Redis 过程中，Redis 中存储了 string 类型的 key/value，当 value 的数据较大，需要对这个 value 进行读写操作时，首先需要把数据读取出来，这会涉及整个对象读取，更新完数据后需要存储进去，涉及整个对象的写入，Redis在读取/写入过程中对系统的I/O、网络带宽、CPU等存在较大影响，可能因为本次读取和写入会导致Redis堵塞等，因此在读取时可以使用multiGet方式，拆分单次操作Redis的压力，将操作压力平摊到多个Redis实例中。

【示例2】 Redis/string类型大对象拆分

把Redis中存储的大的key/value按照类别拆分成多个key/value，推荐把多个key/value存储到hash类型中，存储结构类似map的键值对，每个field代表一个具体的属性，使用hget、hmget来获取部分value，使用hset、hmset来更新部分属性。Hash结构采用独特的压缩方式，存储在Redis中整体会占用较少的内存空间。

【示例3】 Redis/Hash类型大对象拆分

每次获取key时，可以先固定桶的数量，如5000，每次进行存储时，先在本地计算field的hash值，对5000取模，确定field落在哪个key上，如代码清单7-16所示。

代码清单7-16　Redis/Hash对象拆分

```
newKey = hashKey + (hash(field) % 5000);
hset(newKey, field, value);
hget(newHashKey, field);
```

6. 高并发Redis防止缓存被穿透

当系统内使用缓存的地方的失效时间都一样时，若系统高峰期间恰好缓存失效了，大量请求至缓存中，此时都是没命中，Redis的压力瞬间飙升，缓存被穿透。根据系统结构划分，不同的操作需设置不同的缓存失效时间，错开读取数据的时间，避免被穿透。

【处理方案】 高峰期间，系统受到诸多无效的请求，如被攻击等，可在应用程序中使用Redis的常用方式来避免，如代码清单7-17所示。

代码清单7-17　Redis常用写法

```
//注入Redis对象
@Resource
private RedisTemplete redis;
//注入商品详情
@Resource
private GoodDetailsMapper goodDetailsMapper;

@Override
Public GoodDetails searchBlackById(Long goodId){
    //redis中查询商品信息
```

```
Object goodObj=redis.get(String.valueOf(goodId));
      if(goodObj!=null){
         return (GoodDetails) goodObj;
}

      //查询数据库
      GoodDetails goodDetails=goodDetailsMapper.selectById(goodId);
      if(goodDetails!=null){
         //写入 Redis，存入 10 分钟
         redis.setex(String.valueOf(goodId), goodDetails,60*10);
}
return goodDetails;
}
```

代码处理流程如下：

1）根据商品的主键 goodId 去缓存中查询商品，若商品存在即返回；

2）若商品不存在，再去查询数据库；

3）若数据库中存在，将其存储到 Redis 中，并设定过期时间。

被击穿的情况：若高峰期间外界频繁去请求这个接口方法，传入的 goodId 有各种类型，此时去缓存中查询，大部分是没有数据的，然后这些请求会流入查询 db 中，Redis 由于高性能特性可以处理这部分请求，但是数据库中，由于数据库的连接数存在瓶颈，大量请求去查询数据库会导致数据库的 CPU 瞬间飙升，严重会卡死。那么如何应对这种被击穿的场景呢？优化后的代码如代码清单 7-18 所示。

代码清单 7-18 缓存穿透优代码

```
//注入 Redis 对象
@Resource
private RedisTemplete redis;
//注入商品详情
@Resource
private GoodDetailsMapper goodDetailsMapper;

@Override
Public GoodDetails searchBlackById(Long goodId){
    //@1 redis 中查询商品信息
    Object goodObj=redis.get(String.valueOf(goodId));
      if(goodObj!=null){
         return (GoodDetails) goodObj;
    }
      //@2 查询数据库
      GoodDetails goodDetails=goodDetailsMapper.selectById(goodId);
      if(goodDetails!=null){
```

```
            //@3 写入 Redis，存入 10 分钟
            redis.setex(String.valueOf(goodId), goodDetails,60*10);
        }else{
          //@4 设置无效请求存储到 Redis，并设置较短的过期时间，1 分钟
            Random sj =new Random(10)
        redis.setex(String.valueOf(goodId), null,60* sj.nextInt());
        }
        return goodDetails;
    }
```

以上 @4 步骤，将无效的请求临时存储到缓存中，如果不设置过期时间会造成 key 的数量增大，Redis 中占用太多无效资源。设置过期时间可以错开缓存和数据库的查询频率，并减低压力。

7. 高并发 Redis 提高命中率

集群部署 Redis 中，由于多台 Redis 请求访问的频率存在不一致，导致 Redis 没有充分被利用。为了更好地提高访问次数和命中率，可以在部署策略中通过 Lua 脚本实现一致性 Hash 流量分发。

【处理方案】

首先介绍命中率。

- 命中：可以直接通过缓存获取需要的数据。
- 不命中：无法直接通过缓存获取想要的数据，需要再次查询数据库或者执行其他的操作。原因可能是由于缓存中根本不存在，或者缓存已经过期。

缓存的命中率越高表示使用缓存的收益越高，应用的性能越好，抗并发的能力越强。由此可见，在高并发的互联网系统中，缓存的命中率是至关重要的指标。

当缓存中有过期的 key 存在时，会导致命中率下降。Redis 中提供了 info 函数来监控服务器的状态，如代码清单 7-19 所示。

代码清单 7-19 Redis 缓存状态监控

```
telnet localhost 6379
info
显示返回的结果如下：
keyspace_hits:14514119
keyspace_misses:3428654
used_memory:733264648
expired_keys:1333536
evicted_keys:1547380
```

通过 hits 和 miss 计算命中率，14514119 / (14514119 + 3428654) = 82%，命中率较低，而一个良好的缓存存储机制包括缓存失效机制、过期时间设计，命中率需高达 95% 以上。

8. 高并发 Redis 防止雪崩

当 Redis 中的大量数据频繁过期失效后，可能有大量请求来获取数据，面临击穿，严重导致崩掉。可以用键值对失效时间合理设置、互斥锁等方式防止雪崩。

【处理方案】 应用程序中使用 Redis 防止雪崩，如代码清单 7-20 所示。

代码清单 7-20　Redis 防止雪崩代码

```
//注入 Redis 对象
@Resource
private RedisTemplete redis;
//注入商品详情
@Resource
private GoodDetailsMapper goodDetailsMapper;

@Override
Public GoodDetails searchBlackById(Long goodId){
    //@1 Redis 中查询商品信息
    Object goodObj=redis.get(String.valueOf(goodId));
      if(goodObj!=null){
         return (GoodDetails) goodObj;
    }

      //@2 查询数据库
      GoodDetails goodDetails=goodDetailsMapper.selectById(goodId);
      if(goodDetails!=null){
         //判断商品是否热门
           Boolean hotData=statisticsGoods(goodId);
              Random rd=new Random();
              int time=0;
           if(hotData){
        time=10*60+r.nextInt(3600);
        }else{
        time=60+r.nextInt(3600);
    }
        //@3 写入 Redis
              redis.setex(String.valueOf(goodId), goodDetails, time);
    }else{
           //@4 设置无效请求存储到 Redis，并设置较短的过期时间，1 分钟
             Random sj =new Random(10)
        redis.setex(String.valueOf(goodId), null,60* sj.nextInt());
    }
    return goodDetails;
}
```

```
/**
  * 统计计算商品热门排名
  */
public Boolean statisticsGoods(String goodTypes){
    Boolean statis=false;
    //获取所有商品实时的排名
    String rematins="goods_statis";
    Map<String,String> goodStr=redis.hgetall(rematins);
    if(String goodTypes:goodStr.keySet()){
        String goodStatisticsResult=goodStr.get(goodTypes);
        if(CoreConstants.STATIS.statistics(goodStatisticsResult)){
            statis=true;
        }
    }
    return statis;
}
```

商品的排名实时存储在 Redis 中，通过获取商品的排名，确定商品是否是热供商品，如果是，延长设置过期时间，否则缩短过期时间。

【场景 1】 Redis 缓存中，数据集体过期失效

在 Redis 缓存中的某个时间节点，缓存的数据集中过期失效，导致缓存被击穿，流量流向数据库中，造成数据库负载过高。

【场景 2】 Redis 缓存中，Redis 集群大批量机器故障

当 Redis 集群中大批量的机器故障，整体的稳定性和可靠性出现严重问题，不能给外界提供良好的服务，导致流量流向数据库，造成数据库负载过高。

预防缓存雪崩的方案如下：

1）设计 Redis 缓存架构时，尽量设计高可用，防止大批量机器故障，当个别节点、部分机器出现问题后，不影响 Redis 整体的可用性；

2）Redis 缓存存储时，设计合理过期时间，错开业务交叉存储。合理的过期时间可以更大程度调高缓存的命中率，减少数据库的压力。

9. 高并发 Reids 缓存预热方案

当系统热点数据初始化被高频率访问时，严重会造成阻塞死锁。可以在系统启动时预加载到缓存中。

【处理方案】 系统启动或核心功能使用之前进行缓存加载，如省市区、热点数据，这些数据更新频率较低，数据量较大，可以提前加载到容器中，当外界需要使用时，直接从缓存命中，不需要查询数据库。那么当数据更新的时候如何更新缓存呢？

更新缓存有两种模式，分为自动和手动。手动即人工触发更新操作，把更新的数据流向缓存中。当缓存过期或者失效后，可自动读取数据库数据然后加载到缓存中。为了保证缓存的充分利用，建议将更新频率较低的热点数据设置为永不过期，当数据改变时，可以用监听通知等方式自动更新缓存的数据。

10. 高并发 Redis 缓存击穿

系统缓存中热点的数据在某个时间点即将过期，恰好这个时间节点访问量突增，对于这个 Key 有大量的并发读取操作，这时击穿了 Redis，直接访问到 DB 中，会对 DB 形成巨大压力。可以设置热点数据永不过期、热点数据增加互斥锁。

【处理方案】 通常 Redis 中会优先存储热点数据，由于热点数据访问频率高，命中概率会显著提高。高并发中，热点数据被频繁访问，当缓存热点数据恰好过期，大并发请求集中访问，持续的访问会直接击穿缓存，使流量直接流向数据库，给数据库造成较大压力。那么如何防止缓存被击穿呢？简单可以设置热点数据永不过期，当热点数据发生更新时，通过监听通知等方式，自动更新缓存数据。

注意 Redis 击穿、穿透、雪崩本质导致结果类似，区分点在于，热点 key、访问请求标识存储、Redis 架构高可用等场景不同。

实际使用 Redis 时，需要把预热加载、失效时间合理设计、提高命中率、更新策略、高可用部署等集合使用，以确保安全高效运行。

11. 高并发 Redis 缓存集中失效

缓存中由于存储的数据过期时间固定且一样，导致同时间数据过期，缓存被穿透甚至雪崩。可以合理设置不同类别的缓存时间，如基于随机过期的缓存失效时间。

【处理方案】 Redis 的过期时间会直接影响命中率，为了提高命中率，需要合理设置过期失效，过期时间设置需要分类，包括热点数据、冷数据、临时数据等。

1）针对热点数据设置合理过期时间，需要从用户行为统计分析、物品模型的数据存储、物品被查看的次数等方面综合考虑，设定一个合理的数值，建议可设长点。

2）冷数据，一般被查看的次数、使用的频率较低，为了提高 Redis 整体的空间存储，通常冷数据设置的过期时间较短。

3）临时数据，即无效或者临时使用的数据，为了避免缓存被穿透，通常会设置一个临时数据，过期时间设置较短。

12. Redis 高效拆分数据过程

系统构建初期使用单台 Redis 提供服务，发展过快，用户数量随之增加，此时单台 Redis 数据量过大，效率低下，会涉及 Redis 数据拆分迁移。

【处理方案】 以 Redis 数据拆分为例。RedisA 存在用户、产品、订单数据，可拆分成 RedisA、RedisB、RedisC，分别存放用户、产品、订单数据。针对 RedisA、RedisB、RedisC 还可以进行父子 Master-Slave 方式进行扩展，假如其配置是 32GB，按照 5K 条数据 1MB，保守估计可存储 2 ～ 3 亿数据。

7.3.10　Redis 高可用

Redis 单节点存在宕机的风险，为了避免宕机的风险，需要对 Redis 进行高可用设计部署。Redis 高可用方式包括 Redis 复制（主从）、Redis 集群。

1. Redis 主从复制模式

Redis 支持复制功能，当一台服务器数据更新后，可自动将新数据同步到其他服务器，其中 Master 主节点用于读写、Slave 从节点用于读。复制所带来的好处如下：

1）实现读写分离，提高机器利用率；

2）由于主服务器较轻量级，当崩溃后快速能恢复。

Redis 主从复制，如图 7-12 所示。

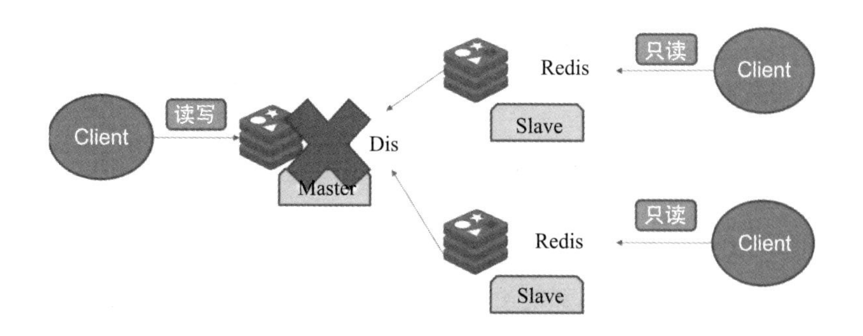

图 7-12　Redis 主从复制图

Redis 的 redis.conf 配置需开启“saveof 主服务器 ip 主服务器端口”（saveof 127.0.0.1

6379）。

通过 info replication 查看复制节点信息；通过 slave-read-only 设置 redis 只读；通过 slave-serve-stale-data 设置 yes，用于响应主从同步期间新的请求结果；通过 repl-ping-slave-period 设置从节点向主节点报告心跳，默认为 10s；通过 repl-timeout 设置主动超时时间。

运行期间产生的问题如下。

1）如 1 主 1 从部署结构在运行期间 master 出现问题，slave 节点可以动态指向新的主节点服务器，从服务器运行 slaveof 可支持运行期间修改 slave 节点同步信息（如 saveof 127.0.0.1 6390，从节点断掉和 6379 主从关系转向指定新的服务器）。

2）如 1 主 1 从部署结构在运行期间 master 宕机，从服务器可以升级为主服务器，从服务器运行 slave of no one，自动升级为主服务器。

若主从服务器中机器宕机了，谁负责监控、选主流程？这就要引入监控工具（哨兵）。

实现原理：当主服务器宕机后，在多个从服务中投票选举 1 个用于充当主服务器，选举轮次可能存在失败，多次选举最终达到成功状态。

用途：监控主从服务器运行是否正常，当主服务器出现异常时，自动将从服务器升级为主数据库。

需要开启时，建立 setinal.conf 文件，设置要监控的服务器清单（setinal monitor redis 主名称，地址，端口 1（选举参数））。

3）复制中 Redis 每个数据库节点都拥有完整的数据，复制的总数据量受限于内存最小的数据库节点，由于复制数据量过大，已经超过了复制的数据库内存最小的数据库节点的物理内存，复制过程就失败了。此时可引入 Redis 集群模式。

2. Redis 集群模式

通过添加服务器的数量提供相同的服务，从而让服务器达到一个稳定、高效的状态。集群参考 Redis 官网，如图 7-13 所示。

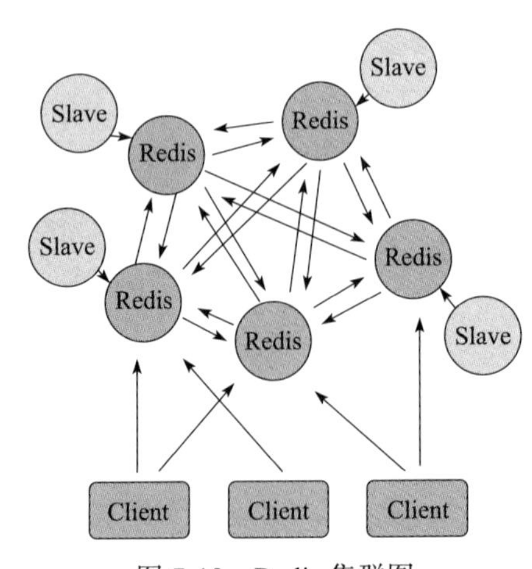

图 7-13　Redis 集群图

所有的 Redis 节点互联，内部使用二进制协议优化传输速度和宽带，节点的 Fail 是通过集群中超过半数的节点监测失效时才生效。客户端与 Redis 节点直连，不需要中间 Proxy 代理，客户端不需要连接集群所有节点，连接集群中任何一个可用节点即可，集群把所有物理节点映射到（0 ～ 16383）插槽上，集群负责维护（节点 - 插槽 - 值）关系。

针对以上单个复制集存在的问题，可对多个复制集进行集群，形成水平扩展，每个复制集只存储整个复制集的一部分数据。

将数据拆分到多个 Redis 实例过程，这样每个 Redis 只包含实例的一部分完整数据。针对 Redis 3.0 之前的版本，依靠客户端分片来完成集群，之后 Redis 支持集群模式，还提供网络分区后的访问性和支撑对主数据库的故障恢复。使用集群后，只能使用默认的 0 号数据库。

分片的方式如下。

1）跟业务有关系：按照范围分片，如时间、数据条数、编码等。

2）跟业务无关系：一致性 hash。

分片的缺点如下：

1）数据备份麻烦、聚集需要多个实例和主机持久化文件；

2）不好扩容；

3）不支持涉及多建操作；

4）故障恢复处理比较棘手。

7.3.11　Redis 调优

Redis 中的优化体现在配置 / 部署策略优化、使用场景优化。

1. 配置 / 部署策略优化

1）设置 maxmemory 最大物理内存，使用了配置物理内存后开始拒接后续请求。

2）数据采用 RDB 方式进行数据持久化备份，建议只在 Slave 上进行 RDB 持久化，而且设置较长的时间备份一次就好（如 20 分钟保存一次，避免 AOF 带来继续 I/O 操作，也避免了 AOF Rewrite 最后将 rewrite 过程中产生的新数据写到新文件造成的阻塞，当然极端情况如果 M/S 同时挂了，可能会损失 20 分钟的数据）。

3）考虑在一台服务器启动多个 Redis 实例、充分利用 CPU 调度资源（但会带来严重的 I/O 竞争，设置错开重写 AOF）。

4）Redis 中通过配置禁止某些命令，避免应用程序使用不当，导致异常。如 keys、批量操作等。

5）合理使用 Redis 高可用方案，使用顺序可设置为 1 主 1 从、1 主多从、多主多从。

2. 使用场景优化

1）精简键名和检键值。

2）合理设计存储数据结构和数据关系，减少数据冗余。

3）使用 mset 来赋值，其效率高于 set，类似 lpush、zadd 等批量。

4）如果条件允许，尽量使用 Lua 脚本来辅助获取和操作数据（Lua 脚本所有指令一次性完成，效率高），如条件删除。

5）使用 hash 结构来存储对象，占用内存少（zipmap 存储数据值）。

6）根据场景合理使用 Redis 命令，如通过机器分片分别应用不同的功能。

7）减少 Redis 空间使用率，根据场景合理设置过期时间，充分利用资源。

8）Redis 底层通信协议对管道提供了支持，通过管道可以一次性发送多条命令，执行完后一次性将结果取回，Redis 管道 API 命令中未体现，但支持管道，可另行实现。

7.4 高并发之消息队列

消息队列是基础数据结构里“先进先出”的一种数据结构，但是如果要消除单点故障，保证消息传输的可靠性，并且应对大流量的冲击，对消息队列的要求就很高。现在互联网“微服务架构”模式兴起，原有大型集中式的 IT 服务因为各种弊端，通常被分拆成细粒度的多个“微服务”，这些微服务可以在一个局域网内，也可能跨机房部署。一方面对服务之间松耦合的要求越来越高，另一方面，服务之间的联系却越来越紧密，对通信质量的要求也越来越高。分布式消息队列可以提供应用解耦、流量削峰、消息分发等功能，已经成为大型互联网服务架构里标配的中间件。

高并发中常用的消息队列较多，如 RabbitMQ、ActiveMQ、RocketMQ 等，本章以 RocketMQ 消息队列为基础来分析如何应对分布式环境中的高并发问题，以及高并发中用 RocketMQ 消息队列会存在哪些问题。

7.4.1 RocketMQ 介绍

MQ（Message Queue，消息队列）是一种应用程序对应用程序的通信方法。应用程序通过读写出入队列的消息（针对应用程序的数据）来通信，而无须专用连接来链接它们。消息传递指的是程序之间通过在消息中发送数据进行通信，而不是通过直接调用彼此来通信。直接调用通常是用于诸如远程过程调用的技术。排队指的是应用程序通过队列来通信。队列的使用除去了接收和发送应用程序同时执行的要求。

RocketMQ 是 Metaq 3.0 之后改的新名称，是众多 MQ 中的一款分布式、队列模型的消息中间件，它具有以下特性。

- 能够保证严格的消息顺序。
- 亿级消息堆积能力。
- 实时的消息订阅机制。
- 高效的订阅者水平扩展能力。
- 具有丰富的消息拉取模式。
- 支持事务消息。

RocketMQ 物理结构，如图 7-14 所示。

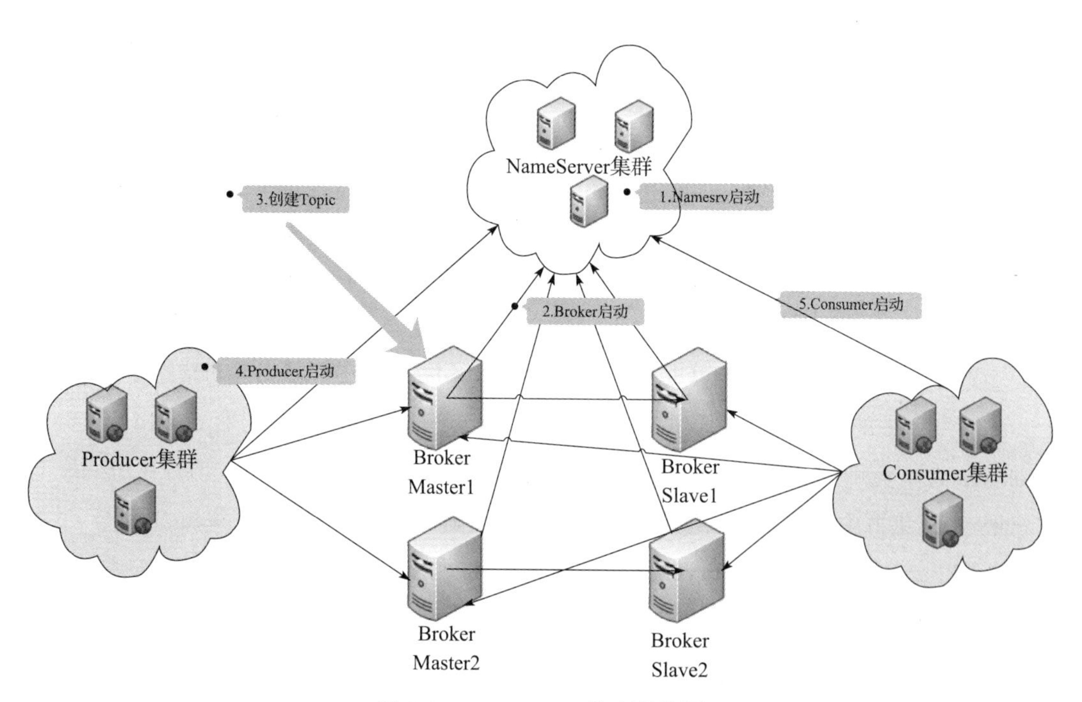

图 7-14　RocketMQ 物理结构图

RocketMQ 由四部分组成：Producer、Consumer、Broker 和 NameServer。

RocketMQ 启动顺序如下。

1）先启动 NameServer，再启动 Broker，这时候消息队列已经可以提供服务了，想发送消息就使用 Producer 来发送，想接收消息就使用 Consumer 来接收。很多应用程序既要发送，又要接收，可以启动多个 Producer 和 Consumer 来发送多种消息，同时接收多种消息。为了消除单点故障，增加可靠性或增大吞吐量，可以在多台机器上部署多个 NameServer 和 Broker，为每个 Broker 部署一个或多个 Slave。

2）一个分布式消息队列中间件部署好以后，可以给很多个业务提供服务，同一个业务也有不同类型的消息要投递，这些不同类型的消息以不同的 Topic 名称来区分。所以发送和接收消息前，先创建 Topic，针对某个 Topic 发送和接收消息。有了 Topic 以后，还需要解决性能问题。如果一个 Topic 要发送和接收的数据量非常大，需要能支持增加并行处理的机器来提高处理速度，这时候一个 Topic 可以根据需求设置一个或多个 Message Queue（Message Queue 类似分区或 Partition）。Topic 有了多个 Message Queue 后，消息可以并行地向各个 Message Queue 发送，消费者也可以并行地从多个 Message Queue 读取消息并消费。

各组件介绍如下。

- NameServer：RocketMQ 名称服务器，用于更新和发现 Broker 服务。
- Broker-Master：Broker 消息主机服务器。
- Broker-Slave：Broker 消息从机服务器。
- Producer：消息生产者。
- Consumer：消息消费者。

各部分间关系介绍如下。

1）Broker：一个 Master 可以对应多个 Slave，但是一个 Slave 只能对应一个 Master，Master 与 Slave 的对应关系通过指定相同的 BrokerName 及不同的 BrokerId 来定义，BrokerId 为 0 表示 Master，非 0 表示 Slave。Master 也可以部署多个。每个 Broker 与 NameServer 集群中的所有节点建立长连接，定时注册 Topic 信息到所有 NameServer。

2）Producer：与 NameServer 集群中的其中一个节点（随机选择）建立长连接，定期从 NameServer 取 Topic 路由信息，并与提供 Topic 服务的 Master 建立长连接，且定时向 Master 发送心跳。Producer 完全无状态，可集群部署。

3）Consumer：与 NameServer 集群中的其中一个节点（随机选择）建立长连接，定期从 NameServer 取 Topic 路由信息，并与提供 Topic 服务的 Master、Slave 建立长连接，且定时向 Master、Slave 发送心跳。Consumer 既可以从 Master 订阅消息，也可以从 Slave 订阅消息，订阅规则由 Broker 配置决定。

4）NameServer：一个几乎无状态节点，可集群部署，节点之间无任何信息同步。

7.4.2　RocketMQ 安装编译

1. 安装编译

安装编译流程分为下载安装、编译配置等，如代码清单 7-21 所示。

代码清单 7-21　RocketMQ 安装编译

```
#1. 下载 RocketMq
wget http://rocketmq.apache.org/release_notes/release-notes-4.2.0/ rocketmq-all-
4.2.0-bin-release.zip
#2. 安装 /rocketmq 包分别上传到 101、102 服务器上，位置 (usr/local/rocketMq)
uzip rocketmq-all-4.2.0-bin-release.zip ./rocketMq
cd /usr/local/rocketMq/
#3. 配置 / 双主双从，为了让服务器 IP 看起来更清晰，更改 IP 映射本地名
sudo vim /etc/hosts
192.168.10.101      nameser1
192.168.10.101      master1
192.168.10.101      slave1
192.168.10.102      nameser2
192.168.10.102      master2
192.168.10.102      slave2
#4. 创建持久化存储目录
Master 目录设置：
mkdir /usr/local/rocketMq/store
mkdir /usr/local/rocketMq/store/commitlog
mkdir /usr/local/rocketMq/store/consumequeue
mkdir /usr/local/rocketMq/store/index
Slave 目录设置：
mkdir /usr/local/rocketMq/store-s
mkdir /usr/local/rocketMq/store-s/commitlog
mkdir /usr/local/rocketMq/store-s/consumequeue
mkdir /usr/local/rocketMq/store-s/index
```

2. 节点配置

1）RocketMQ 主节点配置，如代码清单 7-22 所示。

代码清单 7-22　RocketMQ 主节点配置

```
#RocketMq 主节点配置文件
# 所属集群名字
brokerClusterName=rocketmq-cluster
#broker 名字，注意此处不同的配置文件填写的不一样
brokerName=broker-a
#0 表示 Master，>0 表示 Slave
```

```
brokerId=0
#nameServer 地址，分号分割
namesrvAddr=nameserver1:9876;nameserver2:9876
# 在发送消息时，自动创建服务器不存在的 Topic，默认创建的队列数
defaultTopicQueueNums=4
# 是否允许 Broker 自动创建 Topic，建议线下开启，线上关闭
autoCreateTopicEnable=true
# 是否允许 Broker 自动创建订阅组，建议线下开启，线上关闭
autoCreateSubscriptionGroup=true
#Broker 对外服务的监听端口
listenPort=10911
haListenPort=10912
# 删除文件时间点，默认凌晨 4 点
deleteWhen=04
# 文件保留时间，默认 48 小时
fileReservedTime=18
#commitLog 每个文件的大小默认 1G
mapedFileSizeCommitLog=1073741824
#ConsumeQueue 每个文件默认存 30 万条，根据业务情况调整
mapedFileSizeConsumeQueue=300000
#destroyMapedFileIntervalForcibly=120000
#redeleteHangedFileInterval=120000
# 检测物理文件磁盘空间
diskMaxUsedSpaceRatio=88
# 存储路径
storePathRootDir=/usr/local/rocketMq/store
#commitLog 存储路径
storePathCommitLog=/usr/local/rocketMq/store/commitlog
# 消费队列存储路径存储路径
storePathConsumeQueue=/usr/local/rocketMq/store/consumequeue
# 消息索引存储路径
storePathIndex=/usr/local/rocketMq/store/index
#checkpoint 文件存储路径
storeCheckpoint=/usr/local/rocketMq/store/checkpoint
#abort 文件存储路径
abortFile=/usr/local/rocketMq/store/abort
# 限制的消息大小
maxMessageSize=65536
#flushCommitLogLeastPages=4
#flushConsumeQueueLeastPages=2
#flushCommitLogThoroughInterval=10000
#flushConsumeQueueThoroughInterval=60000
#Broker 的角色
#- ASYNC_MASTER 异步复制 Master
#- SYNC_MASTER 同步双写 Master
#- SLAVE
brokerRole=SYNC_MASTER
# 刷盘方式
```

```
#- ASYNC_FLUSH 异步刷盘
#- SYNC_FLUSH 同步刷盘
flushDiskType=ASYNC_FLUSH
#checkTransactionMessageEnable=false
# 发消息线程池数量
#sendMessageThreadPoolNums=128
# 拉消息线程池数量
#pullMessageThreadPoolNums=128
# 强制指定本机 IP，需要根据每台机器进行修改。官方介绍可为空，系统默认自动识别，但多网卡时 IP
地址可能读取错误
brokerIP1=192.168.10.101
```

2）RocketMQ 从节点配置，如代码清单 7-23 所示。

代码清单 7-23 RocketMq 从节点配置

```
#RocketMq 从节点配置文件
# 所属集群名字
brokerClusterName=rocketmq-cluster
#broker 名字，注意此处不同的配置文件填写的不一样
brokerName=broker-a
#0 表示 Master，>0 表示 Slave
brokerId=1
#nameServer 地址，分号分割
namesrvAddr=nameserver1:9876;nameserver2:9876
# 在发送消息时，自动创建服务器不存在的 Topic，默认创建的队列数
defaultTopicQueueNums=4
# 是否允许 Broker 自动创建 Topic，建议线下开启，线上关闭
autoCreateTopicEnable=true
# 是否允许 Broker 自动创建订阅组，建议线下开启，线上关闭
autoCreateSubscriptionGroup=true
#Broker 对外服务的监听端口
listenPort=10923
haListenPort=10924
# 删除文件时间点，默认凌晨 4 点
deleteWhen=04
# 文件保留时间，默认 48 小时
fileReservedTime=18
#commitLog 每个文件的大小默认 1GB
mapedFileSizeCommitLog=1073741824
#ConsumeQueue 每个文件默认存 30 万条，根据业务情况调整
mapedFileSizeConsumeQueue=300000
#destroyMapedFileIntervalForcibly=120000
#redeleteHangedFileInterval=120000
# 检测物理文件磁盘空间
diskMaxUsedSpaceRatio=88
# 存储路径
storePathRootDir=/usr/local/rocketMq/store-s
#commitLog 存储路径
```

```
storePathCommitLog=/usr/local/rocketMq/store-s/commitlog
# 消费队列存储路径存储路径
storePathConsumeQueue=/usr/local/rocketMq/store-s/consumequeue
# 消息索引存储路径
storePathIndex=/usr/local/rocketMq/store-s/index
#checkpoint 文件存储路径
storeCheckpoint=/usr/local/rocketMq/store-s/checkpoint
#abort 文件存储路径
abortFile=/usr/local/rocketMq/store-s/abort
# 限制的消息大小
maxMessageSize=65536
#flushCommitLogLeastPages=4
#flushConsumeQueueLeastPages=2
#flushConsumeQueueLeastPages=2#flushCommitLogThoroughInterval=10000
#flushConsumeQueueThoroughInterval=60000
#Broker 的角色
#- ASYNC_MASTER 异步复制 Master
#- SYNC_MASTER 同步双写 Master
#- SLAVE
brokerRole=SLAVE
# 刷盘方式
#- ASYNC_FLUSH 异步刷盘
#- SYNC_FLUSH 同步刷盘
flushDiskType=ASYNC_FLUSH
#checkTransactionMessageEnable=false
# 发消息线程池数量
#sendMessageThreadPoolNums=128
# 拉消息线程池数量
#pullMessageThreadPoolNums=128
# 强制指定本机 IP，需要根据每台机器进行修改。官方介绍可为空，系统默认自动识别，但多网卡时 IP
地址可能读取错误
brokerIP1=192.168.10.102
```

3. 启动

启动 RocketMQ，如代码清单 7-24 所示。

代码清单 7-24　RocketMQ 启动相关

```
#1. 启动参数设置
#RocketMQ 启动文件位于 /usr/local/rocketMq/bin/ 目录下，Mqnamesrv 启动文件 mqnamesrv 对
应 runserver.sh 脚本，broker 启动文件是 mqbroker 对应 runbroker.sh，启动时可以修改指定内存，本文
设置 Nameserver 启动内存是 4GB，最大 4GB，新生代 2GB，broker 启动内存 8GB，最大内存 8GB，新生代 4GB。
#2. 端口 / 防火墙设置
#RokcetMQ 启动默认使用 3 个端口 9875、10911、10912，三个端口分别代表 nameserver 服务器
端口，broker 端口，broker  HA 端口，为了同个服务器正常识别启动 Master 和 Slave，使用端口区分开
(Master1 使用 10911、Slave1 使用 10912，Master2 使用 20911、Slave2 使用 20912)，服务器开了
防火墙，为了端口不被屏蔽，主从对应端口加入到 iptables 开放端口，然后重启防火墙。
/sbin/iptables -A INPUT -m state --state NEW -m tcp -p tcp --dport 9876 -j ACCEPT
```

```
/sbin/iptables -A INPUT -m state --state NEW -m tcp -p tcp --dport 10911 -j ACCEPT
/sbin/iptables -A INPUT -m state --state NEW -m tcp -p tcp --dport 10912 -j ACCEPT
/sbin/iptables -A INPUT -m state --state NEW -m tcp -p tcp --dport 10923 -j ACCEPT
/sbin/iptables -A INPUT -m state --state NEW -m tcp -p tcp --dport 10924 -j ACCEPT
/etc/rc.d/init.d/iptables save
/etc/init.d/iptables restart
查看端口开放情况:
/sbin/iptables -L -n
#3. 启动 Nameserver，进入 bin 目录下
nohup sh mqnamesrv &
#4. 启动 Broker，主从依次执行
nohup sh mqbroker -c /usr/local/rocketMq/conf/2m-2s-async/broker-a.properties
nohup sh mqbroker -c /usr/local/rocketMq/conf/2m-2s-async/broker-a-s.properties
#5.Nameserver、Broker 启动完成，可以用 jobs 命令查看当前运行进程，关闭进程可在 bin 目录下
sh mqshutdown namesrvsh
sh mqshutdown broker
```

7.4.3 RocketMQ 应用场景

RocketMQ 适合吞吐量高、并发量大、用户群体广泛的应用场景，通过其强大的处理能力，可以提供更高效的服务。RocketMQ 应用解耦介绍如下。

分布式环境中系统复杂多变，当有多个子系统时，子系统之间交互耦合性较强，如用户、订单、库存等。当多个系统耦合后，系统的稳定性、可用性会降低，多个低错误率的子系统强耦合在一起，会导致高错误率的整体系统。

【示例】 电商系统

用户创建订单后，如果调用用户系统、库存系统、支付系统、货运系统等，任何一个子系统出了故障或者因为升级等原因暂时不可用，都会造成下单操作异常，影响用户使用体验。电商业务功能耦合流程图如图 7-15 所示。

创建订单成功之后，会记录用户行为，会占库存。支付成功后会发调用货运系统等。期间，订单系统耦合了用户、库存、支付、货运系统等，系统多了后，出现故障的概率会加大，整体的稳定性会存在极大影响。这种模式和调用、功能层面上耦合性较强。

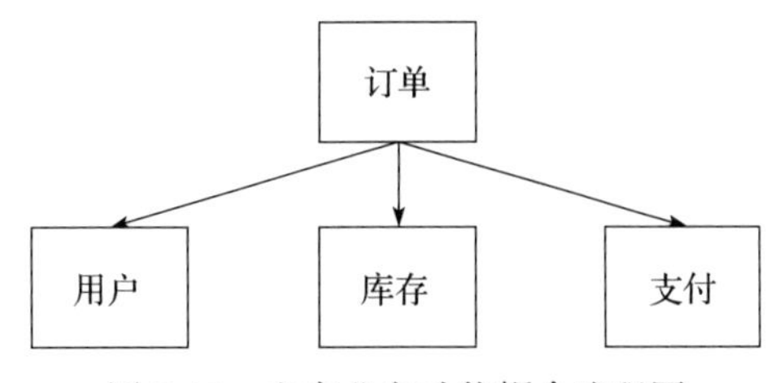

图 7-15　电商业务功能耦合流程图

通过 RocketMQ 对多个子系统进行解耦后，效果如图 7-16 所示。

通过引入 MQ 后，从业务场景上承受的吞吐量变得更多，同时订单系统和各系统之间没有直接的引用，系统解耦，通过 MQ 转发处理，提高了各系统间的可用性，如当用户、库存、支付系统发生故障后，由于系统多模块拆分较轻量级，能在极短时间内恢复，在恢复期间，业务功能产生的操作会存储在 MQ 消息队列中，当应用恢复后，能够正常处理业务。中端业务不会感知到应用的重启。

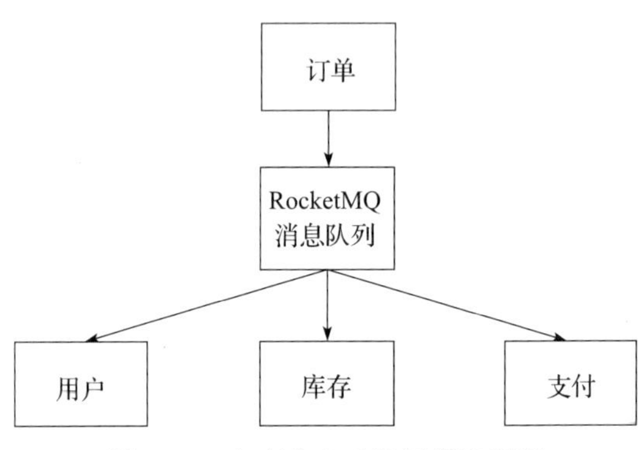

图 7-16 电商业务功能解耦流程图

应用系统处理的能力是有瓶颈的，在系统高峰期，由于 MQ 具有极大吞吐能力、消息持久化能力、健壮性等，可以极大减少系统的故障率。

7.4.4 RocketMQ 路由中心

RocketMQ 为什么会将 NameServer 用于路由中心呢？

NameServer 的功能和作用足够满足 RocketMQ 场景，并且 NameServer 比较轻量级，容易维护和处理，目前较流行。ZK 功能强大，不适合 RocketMQ 对于轻量级的元数据服务器的选定。

1. NameServer 介绍

NameServer 是整个消息队列中的状态服务器，具有路由管理、服务注册、服务发现的功能，集群的各个组件通过它来了解全局的信息。NamServer 可以部署多个，且相互之间独立，其他角色可同时向多个 NameServer 机器上报状态信息。NameServer 中的 Broker、Topic 等状态信息不会持久存储，都是由各个角色定时上报并存储到内存中，超时不上报的话，NameServer 会认为某个机器出故障不可用了，其他组件也会把这个机器从可用列表里移除（每 10 秒检查一次，时间戳超过 2 分钟则认为 Broker 已失效）。

通过配置文件灵活加载配置可实现路由管理。

Broker 在启动时每隔 30 秒向所有的 NameServer 心跳语句发起心跳包。NameServer 收到心跳包后更新缓存。NameServer 每隔 10 秒扫描 brokerLiveTable，如果连续 120 秒没有收到心跳包，则 NameServer 移除 Broker 的路由信息，同时关闭 Socket 连接。这就完成了服务注册。

RocketMQ 的路由发现是非实时的。当 Topic 对应的路由信息发生变化时，NameServer

并不会通知客户端，而是由客户端定时拉取 Topic 对应的最新路由。不实时的路由发现引起的问题由客户端解决，保证了 NameServer 逻辑的简洁。

2. NameServer 启动

NameServer 启动过程如下。

1）加载配置文件，加载 KV 配置，进行一些初始化操作。

2）开启两个定时任务，分别做 Broker 的清理和 KV 配置信息的打印。

3）路由注册。路由注册在 Broker 启动时触发，Broker 启动时会和所有 NameServer 创建心跳连接，向 NameServer 发送 Broker 的相关信息。NameServer 在 RouteInfoManager 类中维护了 Broker 相关信息的缓存，进行更新操作。更新时用了读写锁，既保证了极高并发场景下的读效率，又避免了并发修改缓存。

4）路由删除。路由删除的触发点有两个。

- NameServer 启动时开启的定时任务，每隔 10 秒扫描一次 brokerLiveTable，检测上次心跳包与当前系统时间差，如果时间差大于 120 秒，则移除 Broker 的相关信息。
- Broker 正常关闭，会向 NameServer 发送 UNREGISTER_BROKER 消息。

5）路由发现。客户端定时向 NameServer 发起请求 GET_ROUTEINFO_BY_TOPIC，获取对应的信息。

3. NameServer 集群状态

NameServer 的集群状态存储结构如下。

1）HashMap<String，List> topicQueueTable。Key 是 Topic 的名称，它存储了所有 Topic 的属性信息，Value 是个 QueueData 队列，队里的长度等于这个 Topic 数据存储的 MasterBroker 的个数。QueueData 里存储着 Broker 的名称、读写 queue 的数量、同步标识等。

2）HashMap<String, BrokerData>Broker- AddrTable。这个结构存储着一个 BrokerName 对应的属性信息，包括所属的 Cluster 名称，Master Broker 和多个 Slave Broker 的地址信息。

3）HashMap<String，Set>ClusterAddrTable。存储的是集群中 Cluster 的信息，Cluster 名称对应一个由 BrokerName 组成的集合。

4）HashMap<String，BrokerLiveInfo> Broker- LiveTable。BrokerLiveTable 存储的内容是这台 Broker 机器的实时状态，包括上次更新状态的时间戳，NameServer 会定期检查这个时间戳，超时没有更新就认为这个 Broker 无效，并将其从 Broker 列表里清除。

5）HashMap<String，List> filterServerTable。Filter Server 是过滤服务器，是 RocketMQ

的一种服务端过滤方式。一个 Broker 可以有一个或多个 Filter Server，Key 是 Broker 的地址，Value 是和这个 Broker 关联的多个 Filter Server 的地址。

NameServer 主要是维护这 5 个变量中存储的信息。那么 NameServer 如何维护各个 Broker 的实时状态，如何根据 Broker 情况更新各种集群的属性数据呢？

由于其他组件会定期向 NameServer 上报，NameServer 会根据上报信息里面的状态码做相应的处理，更新存储对应的信息。断开连接也会触发状态更新，如代码清单 7-25 所示。

代码清单 7-25　断开连接处理回调逻辑

```
    @Override
    public void onChannelClose(String remoteAddr, Channel channel ) {
        this.namesrvController getRauteInfaManager().onChannelDestroy(remoteAddr,
channel);
    }

    @Override
    public void onChannelException (String remoteAddr, Channel channel) {
        this.namesrvController.getRouteInfoManager().onChannelDestroy(remoteAddr,
channel);
    }
    @Override
    public void onChannelidle(String remoteAddr, Channel channel) {
        this.namesrvController.getRauteInfoManager().onChannelDestroy(remoteAddr, channel);
    }
```

当 NameServer 和 Broker 建立长连接断掉后，会调用 onChannelDestroy 函数，清理这个 Broker 的信息。NameServer 还有定时检查时间戳的逻辑，Broker 向 NameServer 发送的心跳会更新时间戳，当 NameServer 检查到时间戳长时间没有更新后，便会触发清理逻辑，如代码清单 7-26 所示。

代码清单 7-26　定期检查 Broker 状态

```
    this.scheduledExecutorService.scheduleAtFixedRate(new Runnable () {
        @Override
        public void run () {
            NamesrvController.this.routeinfoManager.scanNotActiveBroker();
        ) , 5 , 10, TimeUnit.SECONDS) ;
```

每隔 10 秒检查一次，时间戳超过 2 分钟则认为 Broker 已失效。

7.4.5 RocketMQ 消息存储结构

RocketMQ 消息的存储是由 ConsumeQueue 和 CommitLog 配合完成的，消息真正的物理存储文件是CommitLog。ConsumeQueue是消息的逻辑队列，类似数据库的索引文件，存储的是指向物理存储的地址。每个Topic下的每个Message Queue都有一个对应的ConsumeQueue文件，如图7-17所示。

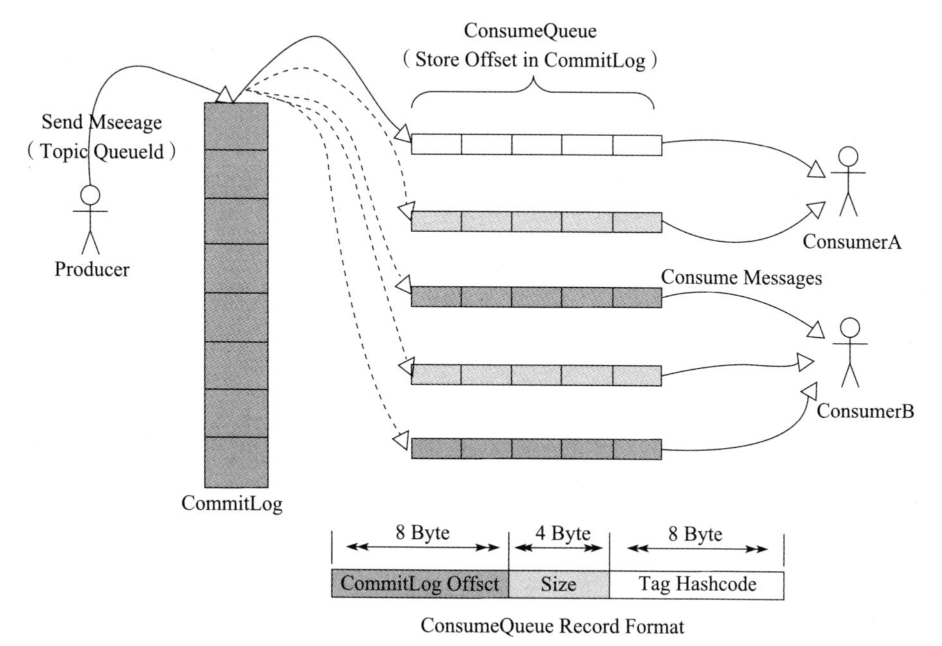

图7-17　RocketMQ存储结构图

CommitLog以物理文件的方式存放，每台Broker上的CommitLog被本机器所有ConsumeQueue共享，在CommitLog中，一个消息的存储长度是不固定的，RocketMQ采取一些机制，尽量在CommitLog中顺序写，但是随机读。ConsumeQueue的内容也会被写到磁盘里作持久存储。存储设计的优势如下。

1）CommitLog顺序写，可以大大提高写入效率。

2）虽然是随机读，但是利用操作系统的pagecache机制，可以批量地从磁盘读取，作为cache存到内存中，加速后续的读取速度。

3）为了保证完全的顺序写，需要ConsumeQueue这个中间结构，因为ConsumeQueue里只存偏移量信息，所以尺寸是有限的。在实际情况中，大部分的ConsumeQueue能够被全部读入内存，所以这个中间结构的操作速度很快。

4）可以认为是内存读取的速度。此外为了保证CommitLog和ConsumeQueue的一致性，CommitLog里存储了Consume Queues、Message key、Tag等信息，即使ConsumeQueue

丢失，也可以通过 commitLog 完全恢复。

7.4.6 RocketMQ 刷盘和复制策略

RocketMQ 的消息是存储到磁盘上的，这样既能保证断电后可恢复，又可以让存储的消息量超出内存的限制。RocketMQ 为了提高性能，会尽可能地保证磁盘的顺序写。同步刷盘和异步刷盘，是通过 Broker 配置文件里的 flushDiskType 参数设置的，这个参数被配置成 SYNC FLUSH、ASYNC FLUSH 中的一个。同步复制和异步复制是通过 Broker 配置文件里的 brokerRole 参数进行设置的，这个参数可以被设置成 ASYNC MASTER、SYNC MASTER、SLAVE 三个值中的 一个。

实际应用中要结合业务场景，合理设置刷盘方式和主从复制方式，尤其是 SYNC FLUSH 方式，因为频繁地触发磁盘写动作，会明显降低性能。建议把 Master 和 Slave 配置成 ASYNC FLUSH 的刷盘方式，主从之间配置成 SYNC MASTER 的复制方式，这样即使有一台机器出故障，仍然能保证数据不丢。下面具体介绍两种写入磁盘和复制方式。

1. 同步刷盘

在通过 Producer 写入 RocketMQ 并返回写成功状态时，消息已经被写入磁盘。具体流程是消息写入内存的 PAGECACHE 后，立刻通知刷盘线程刷盘，然后等待刷盘完成，待刷盘线程执行完成后唤醒等待的线程，返回消息写成功状态，如图 7-18 所示。

2. 异步刷盘

在通过 Producer 写入 RocketMQ 并返回写成功状态时，消息可能只是被写入内存的 PAGECACHE，写操作的返回快，吞吐量大；当内存里的消息量积累到一定程度时，统一触发写磁盘动作，快速写人，如图 7-19 所示。

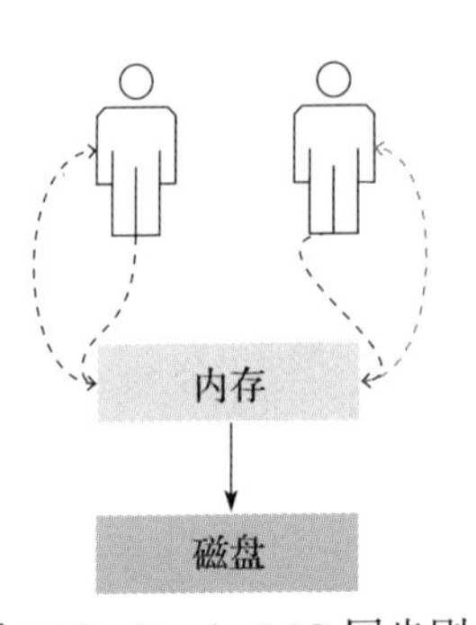

图 7-18　RocketMQ 同步刷盘

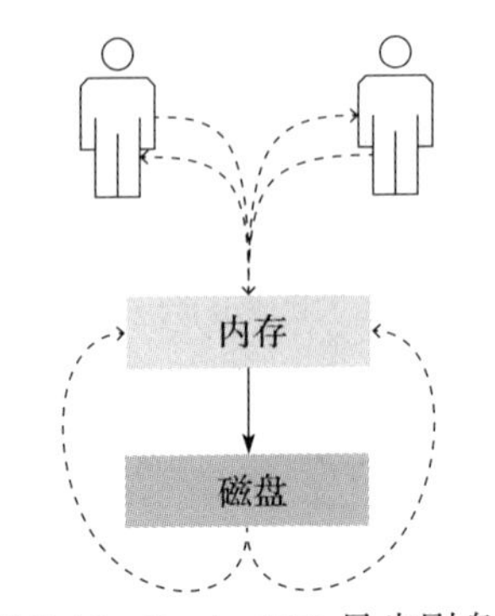

图 7-19　RocketMQ 异步刷盘

3. 同步复制

如果一个 Broker 组有 Master 和 Slave，消息需要从 Master 复制到 Slave 上，同步复制方式是等 Master 和 Slave 均写成功后才反馈给客户端写成功状态。在同步复制方式下，如果 Master 出故障，可通过 Slave 上的全部备份数据进行数据恢复，但是同步复制会增大数据写入延迟，降低系统吞吐量。

4. 异步复制

如果一个 Broker 组有 Master 和 Slave，消息需要从 Master 复制到 Slave 上，同步复制方式是只要 Master 写成功即可反馈给客户端写成功状态。在异步复制方式下，系统拥有较低的延迟和较高的吞吐量，但是如果 Master 出了故障，有些数据因为没有被写入 Slave，有可能会丢失。

7.4.7　RocketMQ 消息队列

RocketMQ 中有两种获取消息的方式。

1）Pull（消费者主动去 Broker 拉取）。取消息的过程需要用户自己写，首先通过打算消费的 Topic 获得 MessageQueue 的集合，遍历 MessageQueue 集合，然后针对每个 MessageQueue 批量取消息，一次取完后，记录该队列下一次要取的开始 offset，直到取完后，再换另一个 MessageQueue。

2）Push（主动推送给消费者）。consumer 把轮询过程封装了，并注册 MessageListener 监听器，取到消息后，唤醒 MessageListener 的 consumeMessage() 来消费。

两种方式的差异如下。

1）Push 实时性高，但增加了服务端负载，消费端能力不同，如果 push 的速度过快，消费端会出现很多问题（如，消息积压）。

2）Pull 消费者从 Server 端拉消息，主动权在消费端，可控性好，但是时间间隔不好设置。间隔太短，则空请求会多，浪费资源；间隔太长，则消息不能及时处理。

1. 普通消息

普通消息（无序消息），即没有顺序的消息，Producer（发送者）只管发送消息，Consumer（接收者）只管接收消息，至于消息和消息之间的顺序并没有保证，可能先发送的消息先消费，也可能先发送的消息后消费。因为不需要保证消息的顺序，所以消息可以大规模并发地发送和消费，吞吐量很高，适合大部分场景。Producer 消息处理，如代码清单 7-27 所示。

代码清单 7-27 Producer 普通消息发送

```
    //@1 new一个默认的message queue 生产者，一定要给它一个名字
        DefaultMQProducer producer = new DefaultMQProducer("pis-group");
        //@2 给这个生产者设置注册的地址，本地的9876port
        producer.setNamesrvAddr("localhost:9876");
        //@3 启动producer，启动不代表发送消息
        try {
            producer.start();
            for(int i=0;i<200;i++) {
                //@4 准备要发送的Message，指定主题，标签，和消息
                Message msg = new Message("topic", "TagA", ("Hello Word"+i).getBytes
("utf-8"));
                //@6 消息发送结果
                SendResult sendResult = producer.send(msg);
                System.out.println(msg);
            }
        } catch (MQClientException e) {
            e.printStackTrace();
        }
        //06 关闭producer
        producer.shutdown();
```

Consumer 消息处理，如代码清单 7-28 所示。

代码清单 7-28 Consumer 普通消息接收

```
DefaultMQPushConsumer consumer = new DefaultMQPushConsumer("pis-group");
    consumer.setNamesrvAddr("localhost:9876");
    consumer.subscribe("topic", "TagA");
    consumer.registerMessageListener(new MessageListenerConcurrently() {
       public ConsumeConcurrentlyStatus consumeMessage(
            List<MessageExt> msgs, ConsumeConcurrentlyContext context) {
            for (MessageExt msg : msgs) {
                System.out.println(new String(msg.getBody()));
            }
            return ConsumeConcurrentlyStatus.CONSUME_SUCCESS;
        }
    });
    consumer.start();
    System.out.println("Consumer Started.");
```

Producer 消息发送过程如下：

1）消息发送者 Producer 先创建一个消息队列并设置名称；

2）给发送者注册设置地址，默认端口是 9876；

3）启动发送者服务；

4）开始构建消息对象，分别按照主题、标签、消息体内容设置；

5）发送者开始发送消息信息至 Broker。

Consumer 接收消息过程如下：

1）连接 Producer 创建的消息队列，名称和 Producer 保持一致；

2）设置接收消息地址，和 Producer 保持一致；

3）订阅主题，Producer 存在发送多个 Topic 主题消息，根据业务场景选择订阅的 Topic；

4）注册消息监听，监听器收到消息后会自动进入消息者方法体；

5）消费者启动服务。

例如，Producer 依次发送消息 A、B、C 到 Broke 中，Consumer 接收的消息顺序有可能是 A、B、C，也有可能是 B、C、A 等情况，不能保持顺序，这就是普通消息。

2. 顺序消息

顺序消息严格按照顺序进行发布和消费的消息类型。顺序消息由两部分组成：顺序发布和顺序消费。顺序消息包含两种类型。

1）分区顺序：一个 Partition 内所有的消息按照先进先出的顺序进行发布和消费。

2）全局顺序：一个 Topic 内所有的消息按照先进先出的顺序进行发布和消费。

消息保持顺序要实现如下条件：

- 消息发送时保持顺序；
- 消息被存储时保持和发送的顺序一致；
- 消息被消费时保持和存储的顺序一致。

RocketMQ 中顺序消息处理，如图 7-20 所示。

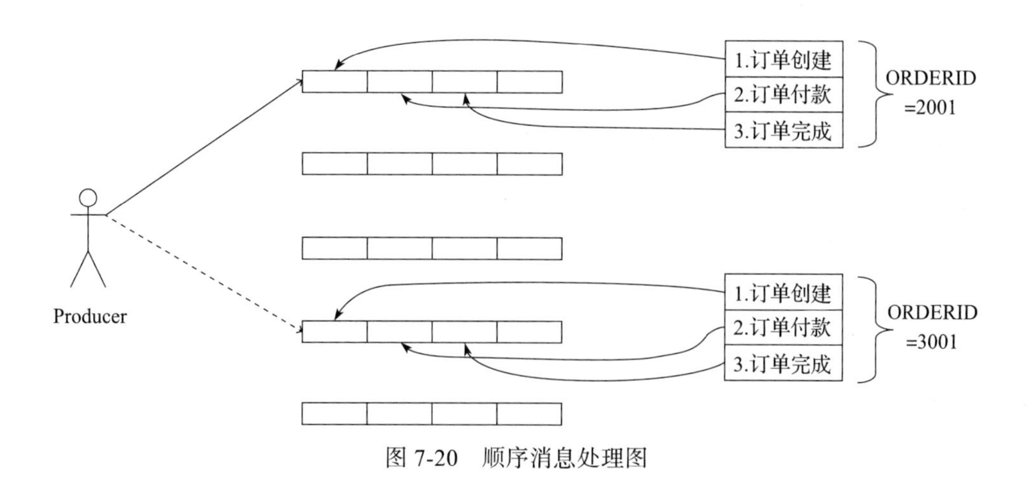

图 7-20　顺序消息处理图

顺序消息需要 Producer 和 Consumer 都保证顺序。

Producer 将不同订单消息路由到特定的区域，Consumer 消费时通过一个分区只能有一个线程消费的方式来保证消息顺序。

保证消费顺序的核心思想如下。

1）获取到消息后添加到队列中，单线程执行，所以队列中的消息是顺序的。

2）提交消费任务时，提交的是“对某个 MQ 进行一次消费”，这次消费请求是从队列中获取消息消费，所以也是顺序的（无论哪个线程获取到锁，都是按照队列中消息的顺序进行消费）。

顺序消息的缺点如下。

1）发送顺序消息无法利用集群的 Failover 特性，因此不能更换队列进行重试。

2）队列热点问题，个别队列由于散列不均导致消息过多，消费速度跟不上，产生消息堆积问题。

3）消费的并行读依赖于分区数量。

4）遇到消息失败的消息，无法跳过，当前队列消费暂停。

3. 延迟消息

有些特殊业务场景可能需要延迟发送或处理消息，这时可以使用延迟消息，RocketMQ 延迟消息是根据延迟队列的延迟等级来设定的，如代码清单 7-29 所示。

代码清单 7-29 延迟消息时间

```
    public class MessageStoreConfig {
        private String messageDelayLevel = "1s 5s 10s 30s 1m 2m 3m 4m 5m 6m 7m
8m 9m 10m 20m 30m 1h 2h";
    }
```

RocketMQ 可以支持选择 18 个延迟等级，当 level 是 1，表示延迟 1s 后支持，当 level 是 5，表示延迟 1 分钟执行，生产消息跟普通的生产消息类似，只需要在消息上设置延迟队列的 level 即可。

延迟消息处理，如代码清单 7-30 所示。

代码清单 7-30 延迟消息处理

```
    //@1 new 一个默认的 message queue 生产者，一定要给它一个名字
        DefaultMQProducer producer = new DefaultMQProducer("pis-1");
        //@2 给这个生产者设置注册的地址，本地的 9876port
```

```
        producer.setNamesrvAddr("localhost:9876");
        //@3 启动 producer，启动不代表发送消息
        try {
            producer.start();
            for(int i=0;i<200;i++) {
                //@4 准备要发送的 Message，指定主题、标签和消息
                Message msg = new Message("Topic", "TagA", ("Hello Word"+i).getBytes
("utf-8"));
                //@5 设置 SwquenceId，用于过滤消息
                //设置延迟队列的 level，5 表示延迟一分钟
                //msg.setDelayTimeLevel(5);
                msg.putUserProperty("SequenceId", String.valueOf(i));
                //@6 消息发送结果
                SendResult sendResult = producer.send(msg);
                System.out.println(msg);
            }
        } catch (MQClientException e) {
            e.printStackTrace();
        }
        //06 关闭 producer
        producer.shutdown();
```

RocketMQ 的延迟消息主题是 Topic，18 个延迟级别对应 18 个消息队列，当消息投递到 Broker 后，如果消息中指定了延迟等级（DelayTimeLevel），消息 topic 会更改为 Topic，queueId 更改为延迟等级对应的消息队列，原有的 topic 和 queueId 会放到 msg 属性的 REAL_TOPIC 与 REAL_QID 中。延迟消息的处理由后台线程（ScheduleMessageService 类）完成，RocketMQ 使用的是 Java 自带 Timer 类。延迟线程启动后为每个延迟等级创建一个延迟任务，运行后，按照延迟时间先后，选出最先要执行的任务，任务拿到执行权限后会遍历对应的消息队列中的消息，如果已到执行时间则将消息重新写入 commitlog，topic 和 queueId 对应真实的主题和队列。如果消息还未到执行时间，计算延迟时间后，创建新的延迟任务放到 timer 中等待调度。消息的延迟时间并不是精准的，每条消息被调度时都依赖于前面消息的处理时长，如果需要处理的消息过多，就会延长后续消息被调度的时间，因此也就增加了延迟时间。

4. 事务消息

【示例】 银行转账

两个系统账户进行转账，如系统 A 账户需转账到系统 B 账户，但两个账户分布在两个不同系统的数据库中。由于跨系统，A 账户要扣钱，B 账户要加钱，中间往往会因为不同请求操作数据库的时间顺序不一样或网络异常而造成一些问题。比如当 A 中扣钱后，

这个时候因为网络问题程序中断，那么接下来B中账户并没有加钱。为了解决跨系统间的分布式事务，同时和业务解耦，RocketMQ提出了“事务消息”，具体是把消息的发送分成多个阶段（如准备阶段、确认阶段）。步骤如下。

1）Produce向Broker端发送准备消息（Prepare Message）。

2）Broker处于ACK，Prepare Message发送成功。

3）Produce执行本地事务。

4）本地事务完毕，根据事务状态，Producer向Broker发送二次确认消息，确认该Prepare Message的Commit或者Rollback状态。Broker收到二次确认消息后，对于Commit状态，则直接发送到Consumer端执行消费逻辑，而对于Rollback则直接标记为失败，并在一段时间后清除，而不会发给Consumer。正常情况下，到此分布式事务已经完成，异常情况下，如超时问题，即一段时间后Broker仍没有收到Producer的二次确认消息。

5）针对超时状态，Broker主动向Producer发起消息回查。

6）Producer处理回查消息，返回对应的本地事务的执行结果。

7）Broker针对回查消息的结果，执行Commit或Rollback操作，同步骤4。

普通消息不具备事务特性，且是用户可见的，而事务消息初始阶段用户是不可见的。那么如何让消息存储但是用户不可见呢？如图7-21所示。

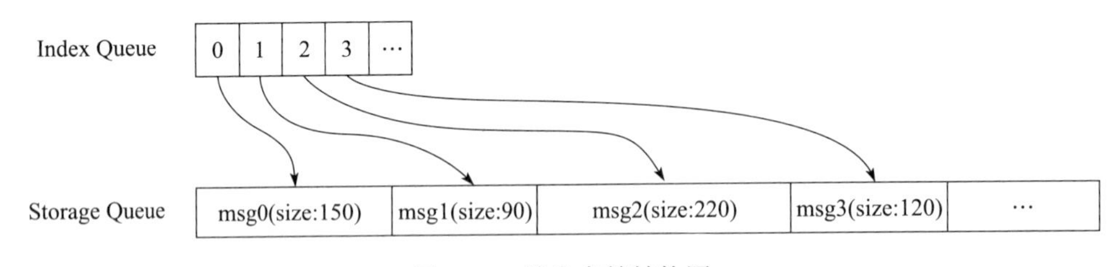

图7-21　消息存储结构图

RocketMQ事务消息采用二阶段提交协议（2PC），分为两个阶段（一阶段Prepare消息、二阶段提交或者撤销消息）。

每条消息都有对应的索引信息，Consumer通过索引读取消息，事务消息一阶段是写入消息到Storage Queue，但是不构建索引（Index Queue）信息，在完成一阶段写入消息成功后，二阶段是Commit操作，即需要消息对用户可见，如果是回滚Rollback，则撤销一阶段消息。对于Rollback情况，本身一阶段消息不可见，不需要真正撤销消息。那如何确认消息最终的状态呢？

RocketMQ 事务消息引入了 OP 消息后，事务消息最终的状态都会有记录状态，RocketMQ 将 OP 消息写入了内部特定的 Topic 中，不会被用户消费掉，在执行二阶段的 Commit 操作时，需要构建出 Prepare 消息的索引，一阶段的 Prepare 消息是写到一个特殊的 Topic，所以二阶段构建索引时需要读取出 Prepare 消息，并将 Topic 和 Queue 替换成真正的目标 Topic 和 Queue，之后通过一次普通消息的写入操作来生成一条对用户可见的消息。所以 RocketMQ 事务消息二阶段其实是利用了一阶段存储的消息内容，在二阶段时恢复出一条完整的普通消息，然后走一遍消息写入流程。

如果二阶段提交时失败了，如网络异常、服务宕机等，则 RocketMQ 会采用消息回查，由 Broker 端对未确定状态的消息发起回查，将消息发送到对应的 Producer 端（同一个 Group 的 Producer），再由 Producer 根据消息来检查本地事务的状态，进而执行 Commit 或者 Rollback。

Producer 发送事务消息，如代码清单 7-31 所示。

代码清单 7-31　Producer 发送事务消息

```
    TransactionMQProducer producer = new TransactionMQProducer();
    producer.setNamesrvAddr(RocketMQConstants.NAMESRV_ADDR);
    producer.setProducerGroup(RocketMQConstants.TRANSACTION_PRODUCER_GROUP);
     //自定义线程池，执行事务操作
    ThreadPoolExecutor executor = new ThreadPoolExecutor(10, 50, 10L, TimeUnit.
SECONDS, new ArrayBlockingQueue<>(20), (Runnable r) -> new Thread("Transaction
Massage Demo"));
    producer.setExecutorService(executor);
    //设置事务消息监听器
    producer.setTransactionListener(new DemoTransactionListener());
    producer.start();
    System.err.println("Demo Transaction  Start");
    for (int i = 0;i < 10;i++){
        String demoId = UUID.randomUUID().toString();
        String payload = "Demo,DemoId: " + demoId;
        String tags = "Tag";
        Message message = new Message(RocketMQConstants.TRANSACTION_TOPIC_NAME,
tags, demoId, payload.getBytes(RemotingHelper.DEFAULT_CHARSET));
        //发送事务消息
        TransactionSendResult result = producer.sendMessageInTransaction(message,
demoId);
        System.err.println("发送事务消息，发送结果：" + result);
        }
```

事务消息需要事务监听，用来进行本地事务执行和回查，如代码清单 7-32 所示。

代码清单 7-32　事务监听

```
    public class DemoTransactionListener implements TransactionListener {
        private static final Map<String, Boolean> results = new Concurren-
tHashMap<>();

        @Override
        public LocalTransactionState executeLocalTransaction(Message msg, Object arg) {
            String demoId = (String) arg;

            //记录本地事务执行结果
            boolean success = persistTransactionResult(demoId);
            System.err.println("服务执行本地事务, demoId: " + demoId + ", result:
" + success);
            return success ? LocalTransactionState.COMMIT_MESSAGE : LocalTransactionState.
ROLLBACK_MESSAGE;
        }

        @Override
        public LocalTransactionState checkLocalTransaction(MessageExt msg) {
            String demoId = msg.getKeys();
            System.err.println("执行事务消息回查, demoId: " + demoId);
            return Boolean.TRUE.equals(results.get(demoId)) ? LocalTransactionState.
COMMIT_MESSAGE : LocalTransactionState.ROLLBACK_MESSAGE;
        }

        private boolean persistTransactionResult(String demoId) {
            boolean success = Math.abs(Objects.hash(demoId)) % 2 == 0;
            results.put(demoId, success);
            return success;
        }
    }
```

Consumer 消费消息，如代码清单 7-33 所示。

代码清单 7-33　Comsumer 消费消息

```
    DefaultMQPushConsumer consumer = new DefaultMQPushConsumer();
            consumer.setNamesrvAddr(RocketMQConstants.NAMESRV_ADDR);
            consumer.setConsumerGroup(RocketMQConstants.TRANSACTION_CONSUMER_GROUP);
            consumer.subscribe(RocketMQConstants.TRANSACTION_TOPIC_NAME, "*");
            consumer.registerMessageListener(new MessageListenerConcurrently() {
    @Override
         public ConsumeConcurrentlyStatus consumeMessage(List<MessageExt> msgs,
ConsumeConcurrentlyContext context) {
            Optional.ofNullable(msgs).orElse(Collections.emptyList()).forEach(m -> {
                String demoId = m.getKeys();
                System.err.println("监听到消息, demoId: " + demoId + ", 处理业务操作");
            });
```

```
            return ConsumeConcurrentlyStatus.CONSUME_SUCCESS;
        }
    });
            consumer.start();
            System.err.println("ProductService Start");
```

在上述事务消息示例中，Producer 设置事务消息类型时采用了线程池发送，并设置了事务消息监听器。本地执行业务逻辑处理，根据业务逻辑执行状态返回提交或者回滚等。Consumer 消费者针对业务成功的消息进行处理，如下单 -> 减库存，下单成功后，Consumer 进行减库存操作。

5. 消息过滤机制

RocketMQ 的消息过滤方式与其他消息中间件不同，是在订阅时再做过滤。

Consume Queue 单个存储单元结构如图 7-22 所示。

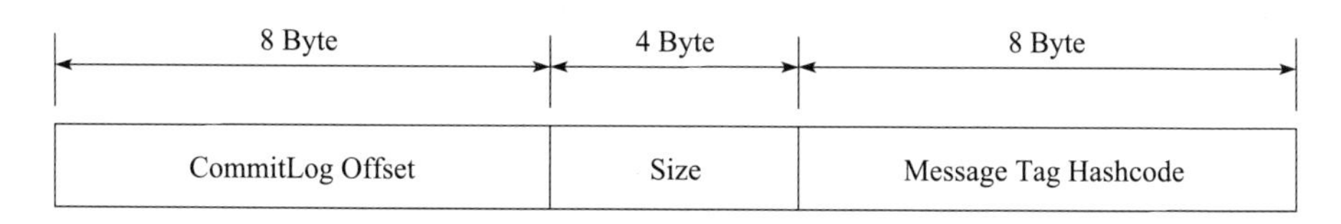

图 7-22　Consume Queue 存储结构图

在 Broker 端进行 Message Tag 对比，再遍历 Consume Queue，如果存储的 Message Tag 与订阅的 Message Tag 不符，则跳过，继续比对下一个，符合则传输给 Consumer。

> 注意　Message Tag 是字符串形式，Consume Queue 中存储的是其对应的 Hashcode，对比时也是对比 Hashcode。Consumer 收到过滤后的消息后，同样也要执行在 Broker 端的操作，但是对比的是真实的 Message Tag 字符串，而不是 Hashcode。

RocketMQ 消息过滤为什么这样设计？

1）Message Tag 存储 Hashcode，是为了在 Consume Queue 以定长方式存储，节约空间。

2）过滤过程中不会访问 Commit Log 数据，可以保证堆积情况下也能高效过滤。

3）即使存在 Hash 冲突，也可以在 Consumer 端进行修正，保证万无一失。

消息过滤有两种方式：简单过滤、高级过滤。

1）简单过滤，如代码清单 7-34 所示。

代码清单 7-34　简单过滤

```
/**
* 订阅指定 topic 下 tags 分别等于 Tag1 或 Tag2 或 Tag3
*/
consumer.subscribe("Topic", "Tag1 || Tag2 || Tag3");
```

简单消息过滤通过指定多个 Tag 来过滤消息，在服务器进行消息过滤。

2）高级过滤。

Producer 消息过滤，如代码清单 7-35 所示。

代码清单 7-35　Producer 消息过滤

```
    //@1 新建一个默认的 message queue 生产者，一定要给它一个名字
        DefaultMQProducer producer = new DefaultMQProducer("pis-1");
        //@2 给这个生产者设置注册的地址，本地的 9876port
        producer.setNamesrvAddr("localhost:9876");
        //@3 启动 producer，启动不代表发送消息
        try {
            producer.start();
            for(int i=0;i<200;i++) {
                //@4 准备要发送的 Message，指定主题、标签和消息
                Message msg = new Message("topic", "TagA", ("Hello Word"+i).
getBytes("utf-8"));
                //@5 设置 SwquenceId，用于过滤消息
                msg.putUserProperty("SequenceId", String.valueOf(i));
                //@6 消息发送结果
                SendResult sendResult = producer.send(msg);
                System.out.println(msg);
            }
        } catch (MQClientException e) {
            e.printStackTrace();
        }
        //06 关闭 producer
        producer.shutdown();
```

Consumer 消息过滤，如代码清单 7-36 所示。

代码清单 7-36　Consumer 消息过滤

```
//@1 创建默认的 push 模式消息消费者监听器
DefaultMQPushConsumer consumer = new DefaultMQPushConsumer("pis");
//@2 注册
consumer.setNamesrvAddr("localhost:9876");
//@3 打印过滤器文件
// 比如 D:\\local\\RocketMQTest\\src\\main\\java\\filter\\MessageFilter.java
String filterCode = MixAll.file2String(" 这里写你的过滤器实现类的全路径名 ");
System.out.println(filterCode);
```

```
//@4 订阅，将过滤器代码传给第三个参数，第二个参数为过滤器类的包名点类名
consumer.subscribe("topic","filter.MessageFilter",filterCode);
//@5 从哪里开始取消息
consumer.setConsumeFromWhere(ConsumeFromWhere.CONSUME_FROM_FIRST_OFFSET);
        // 06 消费者注册监听器
        consumer.registerMessageListener(new MessageListenerConcurrently() {
            public ConsumeConcurrentlyStatus consumeMessage(List<MessageExt> msgs,
                    ConsumeConcurrentlyContext context) {
                try {
                    String str = new String(msgs.get(0).getBody(),"utf-8");
                    System.out.println(str);
                } catch (UnsupportedEncodingException e) {
                    e.printStackTrace();
                    return ConsumeConcurrentlyStatus.RECONSUME_LATER;
                }
                return ConsumeConcurrentlyStatus.CONSUME_SUCCESS;
            }
        });
        //@7 启动消费者
        consumer.start();
        System.out.println("consumer started");
```

过滤器过滤，如代码清单 7-37 所示。

代码清单 7-37　过滤器过滤

```
    public boolean match(MessageExt msg, FilterContext arg1) {
        System.out.println("-------------");
        String property = msg.getUserProperty("SequenceId");
        System.out.println("---------" + property);
        if (property != null) {
            int id = Integer.parseInt(property);
            if((id % 2) == 0) {
            //if ((id % 3) == 0 && (id > 10)) {
                return true;
            }
        }
        return false;
    }
```

流程介绍如下：

1）Broker 所在的机器会启动多个 FilterServer 过滤；

2）Consumer 启动后，会让 FilterServer 上传一个过滤的 Java 类；

3）Consumer 从 FilterServer 拉消息，由 FilterServer 将请求转交给 Broker，FilterServer 从 Broker 收到消息后，Consumer 再对上传的 Java 过滤程序做过滤，过滤完成后返回 Consumer。

过滤消息说明如下：

1）使用 CPU 资源来换取网卡流量资源；

2）FilterServer 与 Broker 部署在同一台机器，数据通过本地回环通信，不走网卡；

3）一台 Broker 部署多个 FilterServer，以充分利用 CPU 资源，因为单个 JVM 难以全面利用高配的物理机 CPU 资源。

因为过滤代码使用 Java 语言来编写，应用几乎可以做任意形式的服务器端消息过滤，例如通过 Message Header 进行过滤，甚至可以参照 Message Body 进行过滤。

7.4.8 RocketMQ 高并发处理常见问题及解决方案

1. 大型秒杀活动，RocketMQ 保证效率及稳定性

大型电商系统定期会有优惠活动，如秒杀等是一种促销推广的运营方式，秒杀高峰期间，由于庞大的流量进入系统，系统会采用 RocketMQ 异步处理等方式。结合以前的经验，可以估算出高峰期间的请求量和处理能力，流量在这个基础之后进行 30% ～ 40% 的累积和估算，最终按照估算结果评估机器数量和配置，进行相应高可用部署，可以确保系统的稳定性。

【处理方案】 对于秒杀活动，需要提前进行实勘估算，估算的范围可以参考近 3 年的数据，参考指标有用户量、并发用户数、高峰的峰值 TPS、系统的承载量等，通过这些数据进行分析，统计出相关指标，根据占比增长率，基础上浮 30% ～ 40% 作为本次增长量，然后估算出机器数量、硬件配置。根据场景部署合适的 RocketMQ 的方式，如多主多从，建议把主和从配置成异步刷盘方式，主从之间配置成同步的复制方式，这样即使有一台机器出故障，仍然能保证数据不丢。然后把 RocketMQ 中的各种场景风险点归纳出来，提前做好预案，当出现异常情况时，可以快速处理并且响应。通过充足的方案预案和准备，才能确保系统的稳定。

2. 高并发 RocketMQ 重试多次，重复消息如何处理

高并发期间，由于 RocketMQ 消息发送和消费，存在各种网络差异和异常情况，不能确保消息完全被处理，从而设置了一种补偿机制“消息重试”：同个消息可能会被重复发送，消费消息时需要标识出是否来源于同个消息，进行过滤筛选，如幂等、自定义消息业务主键等。

【处理方案】 RocketMQ 设计之初考虑到消息发送会存在各种异常情况，当出现这些情况时，如何保证消息的流通？可以通过重试发布机制让消息最大程度被消费和处理。高并发期间，如果网络异常，会存在大量消息的失败，短期内会有大量消息会被重复发

送，那消息消费端如何保证消息的唯一性呢？通常在消息投递发送时会设置业务编码，此编码具有唯一性，用于识别消息。当消息被消费时，会检查这个编码之前是否有处理过、处理的状态，如采用 Redis 存储、DB 存储等，不让消息被重复消费，做到幂等性，这样就能规避业务场景产生“脏数据”。

3. 高并发 RocketMQ 消息积压后，如何快速处理

RocketMQ 提供消费者组的概念，同个组下面运行有多个消费者，同时消费处理同个 Topic 下面的消息，类似多线程同时处理。当消息积压后，可以简单快速通过扩展机器来增加消费者的处理能力。

【处理方案】 非正常场景下 RocketMQ 很容易出现积压情况，如 Producer 发送数据远远超过消费者消费能力、消费者短期之内异常、网络等问题。当出现消息积压后，如何快速响应处理呢？通常处理的流程和思路如下。

1）打开 RocketMQ 后台监控中心（RocketMQ 插件监控中心 rocketmq-console），监控消费者组下面的消息处理情况，同时打开消息消费日志。

2）当发现某个 Topic 的消息积压时，需要此时进入消息消费者服务器，拉取服务器的 jstack、jvm、dump 文件等。

3）同时监控 Topic 的消息积压情况，如果消息积压呈现下滑趋势，此时可以分析刚拉取的文件。如果消息积压呈上升趋势，根据 Topic 找到对应的组，然后根据文档找到业务功能，按照功能的重要程度细分排序，如果是重要功能（对业务场景影响极大），可以马上通过增加消费者机器数量来缓解消息积压情况，增加机器数量可以从 2、4、6 依次类推，监控增加机器后消息积压情况并进行分析。当增加机器后，消息积压并没缓解，此时要分析消息服务器情况（MQ 消息处理日志、服务器 Cpu/Mem/Disk、jstack、jvm、dump 文件）。针对问题进行必要的重启或者消息清理。

4）如果不是重要功能（对业务影响较小，如：短信、通知），但是对服务器硬件影响较大，可以到 RocketMQ 后台监控中心，暂时关闭 Topic 消费主题。分析消息及问题。

5）检查消息的存储文件，并且存储备份好，当 RocketMQ 宕机时，可以通过相关文件恢复数据。

4. 高并发中 RocketMQ 异常宕机后，如何确保消息的完整性

高并发中，RocketMQ 的消息持久化在日志中，即使宕机后重启，未消费的消息也是可以加载出来进行消费的，并且消息支持同步、异步刷盘等策略，可以保证接收的消息

一定存储在本地内存中。

【处理方案】 RocketMQ 的消息是存储到磁盘上的，这样既能保证断电后恢复，又可以让存储的消息量超出内存的限制。RocketMQ 为了提高性能，会尽可能地保证磁盘的顺序写。建议主从之间采用同步复制数据，这样主从之间都有同样的数据，当 RocketMQ 主从宕机一部分机器后，可以迅速处理恢复，当 RocketMQ 所有机器全部宕机后（如断电），通过磁盘上的消息数据，重启机器进行恢复，恢复过程较麻烦。减少 RocketMQ 异常宕机的概率方式如下。

1）条件允许下部署多套 RocketMQ 环境，如内部机房、阿里云，并且机房内部 24 小时供电，当内部机房宕机后，转移到阿里云环境。

2）建议部署 MQ 的高可用方式，如 1 主多从、多主多从，从部署策略上规避掉单节点风险，并且做好监控、异常通知、报警机制。

3）其次从业务场景上设计 Topic 以及处理策略，把消息体的内容适当精简，采用合适的消息类型（无序消息、顺序消息、事务消息）等。

消息存储的文件做好备份，确保内存、磁盘的可用性。

7.4.9 RocketMQ 集群

RocketMQ 分布式集群是通过 Master 和 Slave 的配合达到高可用的。

消费端 Consumer 高可用：在 Consumer 的配置文件中，并不需要设置是从 Master 读还是从 Slave 读，当 Master 不可用或者繁忙的时候，Consumer 会被自动切换到从 Slave 读。有了自动切换 Consumer 这种机制，当一个 Master 角色的机器出现故障后，Consumer 仍然可以从 Slave 读取消息，不影响 Consumer 程序。这就达到了消费端的高可用性。

发送端的高可用性：在创建 Topic 的时候，把 Topic 的多个 Message Queue 创建在多个 Broker 组上（相同 Broker 名称，不同 brokerId 的机器组成一个 Broker 组），这样当一个 Broker 组的 Master 不可用后，其他组的 Master 仍然可用，Producer 仍然可以发送消息。RocketMQ 目前还不支持把 Slave 自动转成 Master，如果机器资源不足，需要把 Slave 转成 Master，则要手动停止 Slave 角色的 Broker，更改配置文件，用新的配置文件启动 Broker。

7.4.10 RocketMQ 调优

RocketMQ 优化体现在使用配置优化、部署策略优化、场景优化。

（1）配置、部署策略优化

1）生产环境中不要使用Root用户启动服务。

2）RocketMQ运行产生的log文件会存放在运行用户根目录中，可以建立指定存放消息目录，然后通过挂盘方式存放。

3）条件允许下设置足够大的内存来运行RocketMQ服务，如8GB堆内存，并设置相同的Xms和Xmx。

4）垃圾回收优先采用G1。

5）RocketMQ部署策略可根据场景适当选择，如1主1从、双主、多主多从。

（2）场景优化

1）RocketMQ的生产者和消费者之间的速度不一致时会对系统造成消息堵塞、积压，甚至系统各种异常情况。为了规避这种情况，可以采用批量方式消费、跳过非重要消息、优化消息消费过程来实现。

2）根据业务场景合理选择消息类型，如普通消息、顺序消息、延迟消息、事务消息等。

3）消费者消息拉取的方式根据业务场景合理设置，如从头开始消费、从尾开始消息等。

4）消费者多线程消费消息时，线程数可以根据消息的吞吐量和场景来设置。

5）一个应用尽可能只用一个Topic（减少冗余Topic），消息的类型可以用tags来标示，tags可以由应用自由设置，只需要Producer和Consumer使用一样的即可。

6）发送消息时，尽量设置keys，这样方便定位消息丢失的问题，例如可以使用订单id这样的主键作为消息的keys，因为keys是一种hash索引，保证keys的唯一性可以在最大程度上避免hash冲突。

7）如果消息的可靠性要求比较高，可以打印出消息日志或者存储进行追踪和定位。

8）如果消息属于同一个tag，同时消息的信息量又比较大，则可以通过发送批量消息进行处理，提升性能。

9）建议消息大小不超过512KB，减少网络传输压力。

10）发送消息有同步和异步两种方式，如果对消息的性能要求比较高，可以使用异步的方式，因为同步发送的方式会阻塞。

11）发送消息时，不抛异常，就代表发送成功。但是可以定义更加明确的返回状态。

12）对于核心的业务，必须采用消息重试机制，RocketMQ自带重试机制，消费端可实现幂等。

7.5 高并发优化

7.5.1 优化思路

1. 客户端

问题： 页面加载缓慢、卡顿、频繁请求服务器获取资源、页面应用体积过大臃肿、多次加载静态资源消耗资源等。

优化思路： 减少页面加载时间、尽量减少页面应用的体积、访问加速、过滤无效请求减少请求量等。

2. 负载均衡

问题： 页面单独请求服务器获取资源未经过负载均衡、负载均衡算法不适合、负载均衡配置参数不适合。

优化思路： 设置符合系统场景的算法、调整配置相关参数，提高处理能力等。

3. 网络

问题： 频繁多次请求消耗带宽、单次请求数据量过大、TCP 网络传输参数配置不适合。

优化思路： 减少请求量、减少请求的内容体、优化网络环节，加快传输交互等。

4. Web 应用

问题： Web 应用硬件配置低、Web 应用单体结构、Web 应用不支持扩容拆分、Web 数据处理较慢、Web 响应时间过长、Web 频繁宕机、Web 的 JVM 参数设置不合理等、应用程序死锁、溢出。

优化思路： 调整应用参数，加大处理并发能力、调整系统配置，机器数量、应用支持扩容，模块支持拆分、热点数据存储到缓存、异步任务队列处理，加快处理，减少响应时间、程序合理设计避免死锁等。

5. 数据库

问题： 数据库硬件配置低、数据库单体结构、数据库系统参数设置不合理、数据库表结构设计不合理、数据库索引设计低效、数据库数据存储策略低效、数据库 SQL 语句复制执行过长、数据库死锁等。

优化思路： 调整系统参数、加快处理能力，调整系统硬件配置，机器数量、表结构合理设计、合理设计索引、合理设置数据量存储策略、SQL 书写规范，避免死锁等。

7.5.2　优化方案

一个大型系统的高并发优化有很多环节，每个环节优化都有顺序，针对相关环节的优化参见准备阶段，高并发优化细节参见实现阶段。

1. 准备阶段

1）系统扩容多台机器部署。

2）模块拆分多个子模块，部署不同应用服务器。

3）提前规划系统容量，按照 7 ～ 7.5 折计算，针对系统容量设计容灾、限流、HA 高可用方案。

4）提前规划系统的机器数量、机器硬件配置。

5）针对系统的功能合理设置宽带，如上传、下载需要消耗较大宽带。

6）系统页面静态化，静态资源部署 CDN。

7）系统有后台管理并且单独部署和系统应用隔离开，后台管理可以动态控制系统的各项安全指标、服务降级等。

2. 实现阶段

（1）客户端

1）动静分离：H5 静态页面，通过 Ajax 异步调用后端接口 API 获取数据。

2）静态资源压缩：Webpack、压缩软件进行静态资源压缩和打包。

3）静态资源部署：H5 静态页面的静态资源，部署到 CND 或者云端加速站点访问。

4）页面缓存：如外部插件、静态资源、常用信息等，适当采用本地缓存。

5）请求过滤及拆分：当请求内容较大时，拆分成多个请求，并行调用。页面过滤无效请求，如：页面操作触发后，验证相关格式匹配后才发送请求至服务端。

6）请求处理策略：如长轮询等操作，采用 WebSocket 等方式，减少资源消耗。

7）客户端页面部署：当页面访问人数过多，相关优化后效果太差时，可以部署多份页面至服务器，采用轮询策略分摊访问量。

8）相关细节优化可参考 2.4 节。

（2）负载均衡

1）负载均衡：页面访问服务器请求通过应用服务器的性能情况设置合适策略。如服务器 A\B\C 中，服务器 A 机器性能远超过其他服务器，可以设置服务器 A 处理 50% 请求，服务器 B/C 相应处理 25% 请求，当所有机器性能相对平等时，采用轮询方式，所有机器分摊请求。

2）缓存机制：由于请求先经过负载均衡服务器再到应用服务器，调整负载均衡服务器的缓存机制，当静态或者相对时间不变的请求数据，可以直接返回至客户端，无须多余请求应用。如 Nginx 可调整 Nginx.conf 文件，具体可以参考 4.3 节，F5 可以到管理后台调整 pool 策略。

3）配置调整：调整请求的相关参数，如 HTTP 请求会影响性能的关键参数、WebSocket 请求相关参数可参考 4.8 节。

（3）网络

1）传输数据压缩：请求参数内容压缩后再传输、服务端处理完返回数据压缩后至客户端。

2）TCP 传输协议：众多传输协议都基于 TCP 网络传输，HTTP 1.1 引入长链接，可以减少 TCP 三次握手的次数，以及流量控制、慢启动等方式。

3）相关细节优化可参考 3.3 节。

（4）应用

1）系统预估：根据以往高峰期间数据的统计和经验，提前预估用户增长量和系统吞吐量，投入匹配的机器数量、机器硬件配置。

2）设计方案：根据以往高峰期间系统的最大承载能力和经验，提前设计好 HA 高可用方案、容灾方案、高并发处理相关方案。

3）应用 JVM 参数：通过过去 1 ～ 2 年内的数据分析，如应用 gc 日志、错误日志、大数据日志、监控日志等调整分析，设置合理的 JVM 相关参数。

4）引入缓存技术，热点数据、实时数据可存储在缓存服务器中，提高应用处理能力，可处理高并发带来的相关问题。

5）引入消息队列技术，对于处理时间较长、消耗 I/O 等场景，通过异步队列去实现，提高应用处理速度，可处理高并发带来的相关问题。

6）应用模块按照相关维度，如区块、类别进行拆分，模块和模块之间的强耦合裂变为松耦合或不耦合，分别部署在相关应用服务器。

7）应用集群部署。

（5）数据库

1）数据库预估：根据以往高峰期间数据的统计和经验，提前预估数据库的机器数量、硬件配置。

2）设计方案：根据以往高峰期间系统的最大承载能力和经验，提前设计好相关高可用方案、数据丢失 / 备份方案、数据存储方案、数据同步方案。

3）表存储优化：通过表现有存储数据量大小和未来的增长速度提前设计好存储方案，如分区分表。

4）表结构优化：通过数据表处理的日志分析，表结构设计是否合理，字段属性是否需要调整，表是否要分区，分区的策略等。

5）SQL 语句优化：通过数据表处理的日志和慢 SQL 进行分析统计，通过执行计划查看 SQL 的执行过程，进行相关语句优化调整。

6）表索引设计：通过数据表处理的日志和慢 SQL 进行分析统计，是否需要调整表索引结构。

7）数据库部署：根据高峰期间用户和连接数分析和预估，部署策略是否需要调整，如主从模式、一主多从、多主多从等。

8）相关细节优化可参考第 9 章。

7.6　高并发经典案例

【示例】 商品、活动秒杀下订单

商品、活动秒杀下订单，准备阶段如下：

1）系统独立部署；

2）做好系统容量规划（按 7 ～ 7.5 折计算），系统优化、高并发处理、系统容灾限流等方案；

3）做好系统拆分，如功能模块、实时 / 非实时、动态 / 静态等；

4）参加活动商品设置定时上架时间；

5）服务器时间同步，集群中每台机器时钟要保持一致；

6）动态生成下单页面的 URL。

秒杀技术架构图，如图 7-23 所示。

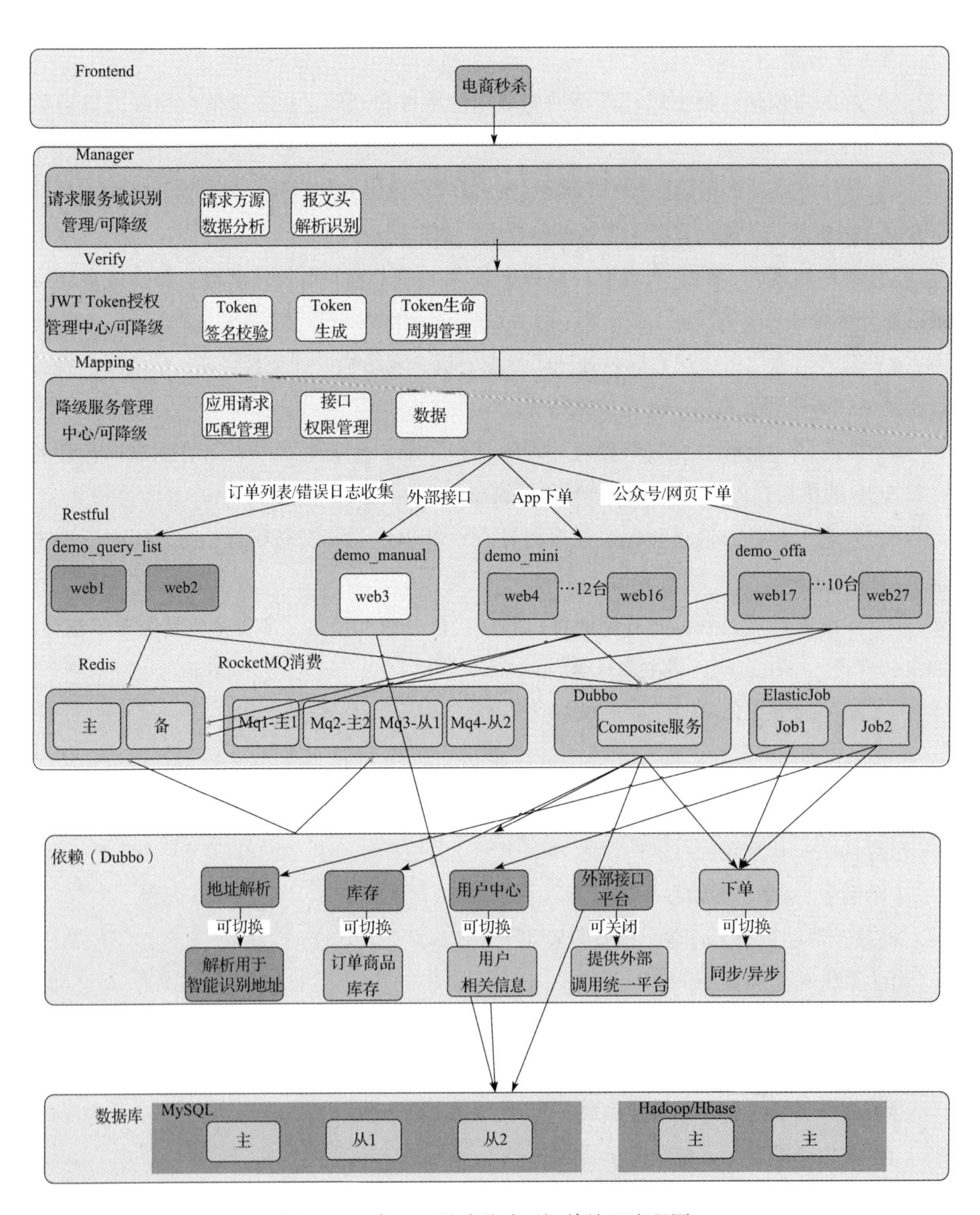

图 7-23　商品、活动秒杀下订单处理流程图

秒杀准备步骤里面会提前设计好相关高可用、高并发处理、容灾等方案，另外秒杀的商品可以通过后台设置定时上架，所有服务器的时间都保证一致，下单的 URL 路径动态生成，因为一旦固定会增加被攻击、各种渠道的风险，动态生成的方式可以是用户标识 + 时间戳 / 随机数 + 后端固定 URL，同样也可以管理后台动态切换。

秒杀活动期间会有各类请求，包括正常用户请求、外部攻击请求、系统自身处理请求、恶意木马挂载请求等，所以电商系统请求需要进行识别。识别的方式有多种，前后端交互可以设置安全参数、JWT Token，当然也可以自行约定或加密，只要能识别出请求来自系统的客户端即可，这个过程非常重要，减少了非正常的用户请求后，高并发的处理难度也会相应减少，服务器的消耗也会减少。

当然在设计高并发处理方案时，也需要考虑到极端情况，比如预估的用户量和实际差异很大，这样过多的请求量会导致应用宕机等现象，那么出现这种情况时要如何去处理呢？

在设计之初，需要考虑容灾方案、高可用方案、限流、熔断等处理方式。

容灾考虑的出发点是系统特殊情况下面临很大问题，会导致系统宕机或者不正常，需要保证系统的稳定运行，由于系统按模块拆分部署，高并发的核心点是资源不足，我们可以进行模块服务降级，把非核心的业务降低运行或者关闭，这样就有更多的机器资源来提供核心业务处理，保证核心的业务运行畅通。待服务高峰异常过后，再恢复服务运行。

高可用方案出发点是保证系统不会因为应用中某个节点异常导致业务不能正常运转，讲究的是集群部署、体现应用的健壮性。

限流的出发点是由于系统不能处理某个峰值的请求后，外界频繁发送请求，此时可以限制请求被处理的频率。

熔断的出发点是在服务降级的基础上进行了资源利用，当高峰期系统面临很大的问题时，会逐渐关闭非核心的业务，如先关闭 50% 的请求，服务只处理 50% 请求，若系统还是面临很大压力，再关闭 70%，逐渐至全关闭。同时会进行监控，当系统压力下去后，同样会逐渐打开服务的处理占比。

商品、活动秒杀下订单，实现阶段具体如下。

客户端层面

1）前端页面采用 H5 静态化，Ajax 获取动态内容，如实时库存、活动状态、当前时间等；

2）做 CDN 部署加速；

3）静态页面和资源缓存，如图片、文件；

4）JS针对请求过滤，减少请求发送到达服务端，如获取验证码、时间截止或已售空自动结束等。

Web端层面

1）F5/LVS+Nginx接收高并发请求，并做负载均衡。

2）Lua脚本+Redis做请求队列，针对有效请求用List排队，并实现一些基本操作（限流、账号参加次数检查、同一IP请求数检查）。

Redis单线程高性能，每秒处理100万请求，如果大于100万，要如何处理呢？

- 可以结合Lua脚本控制请求数量并限流，有效减少Redis压力；比如100万请求，过滤20万，还剩80万，无效请求直接返回客户端不到达服务端。
- 如果应用非常庞大，用户流量高额，Redis单节点做成集群模式，请求处理数量也随之增加。

3）Tomcat集群，预处理，通过业务场景判断用户是否具备参加活动资格、账号是否正常、是否在黑名单等。

逻辑层面

1）按照Redis请求队列进行先后处理。

2）纯内存操作+异步（通过Redis完成减库存：利用Redis的watch事务，利用Redis脚本Lua原子操作减库存）。

3）相关耗时操作、记录日志分析用行为等通过MQ异步处理。

4）定时任务可以统计，如商品信息浏览次数、用户定制化推荐信息、商品点赞数目等功能。

5）MySQL进行分区分表，存储不同的用户、商品、库存等信息。HBase可以用来存储分析用户行为、报表、统计数据等。

商品、活动秒杀下订单部署图，如图7-24所示。

App、微信公众号、网页等都会到达客户端，客户端请求后端都会经过F5（负载均衡服务器），F5会进行请求分发，把不同的请求按照类型分配到不同的机器中，这种分配的方式在高并发处理中比较常见，目的是减少服务器宕机的风险和合理利用资源。如：系统中消耗资源较大的功能或者请求可以单独指向某几台服务器，可以控制服务降级不影响主业务。

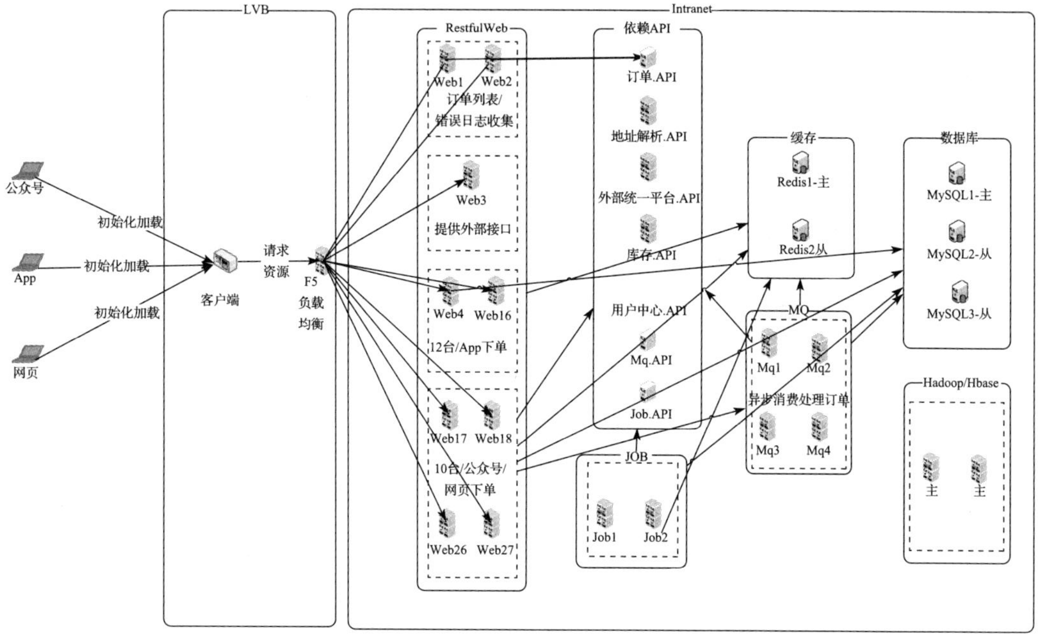

图 7-24　商品、活动秒杀下订单部署图

7.7　本章小结

本章依次介绍了高并发的使用场景、难点、优化等，对复杂多变的场景产生的问题进行优化和处理，从场景构想、设计思路、具体方案等方面着手，综合运用大量的假设，实现全面高效的处理。高并发之所以存在很多难点，主要是因为多变场景的复杂性，需要大量反复验证优化。

高并发涉及的技术框架众多，而缓存、消息队列能够从本质上提高处理复杂多变场景产生的高并发问题的效率，当技术体系更加丰富多彩后，处理方式也会更加多元化。

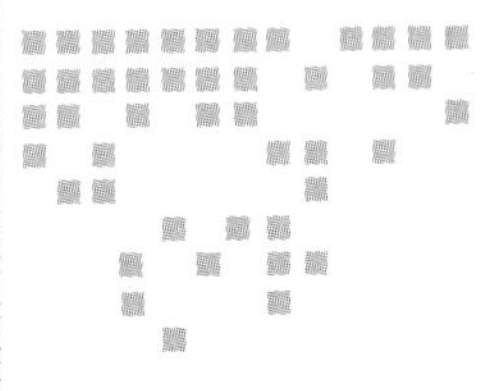

Chapter 8 第 8 章

分布式架构事务

事务提供一种机制，可以将一个活动涉及的所有操作纳入一个不可分割的执行单元，组成事务的所有操作只有在所有操作均能正常执行的情况下方能提交，只要其中任一操作执行失败，都将导致整个事务的回滚。分布式事务指在多节点、多机器、多服务的环境中的事务问题，通常会采用消息中间件来处理相关问题，消息中间件在分布式系统中主要用于异步通信、解耦、并发缓冲。通过引入消息中间件来解耦应用间（服务间）的直接调用，同时也会起到异步通信和缓冲并发的作用，如图 8-1 所示。

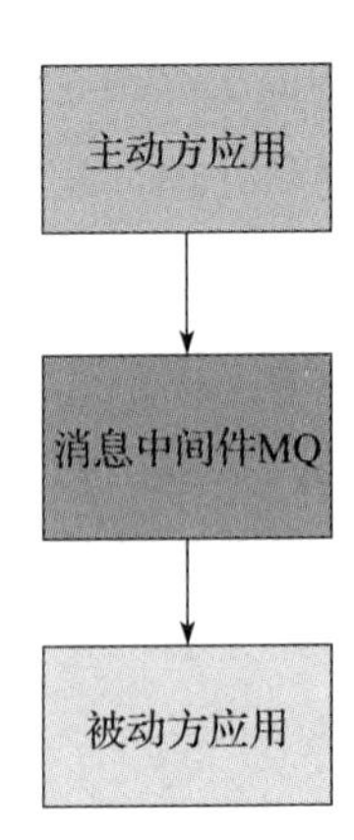

图 8-1　消息中间件解耦应用图

主动方应用可以异步发送消息至被动方应用，提高应用处理效率，消息中间件可以解耦主动方和被动方的强耦合性，同时引入消息中间件 MQ。由于 MQ 有着独特的高并发、高吞吐能力，能够缓冲消息、灵活调节控制消息处理的效率，大大提高了双方系统的并发量。

本章重点内容如下：

- 分布式事务介绍
- 分布式事务概论
- 分布式事务应用场景
- 分布式事务难点

❑ 分布式事务解决方案

❑ 分布式事务案例讲解

8.1　分布式事务介绍

在介绍分布式事务之前，先来了解下本地事务。本地事务为了保证正确执行，通常具有 ACID 特性。分布式事务和普通本地事务的区别在于，分布式事务是在分布式系统中的本地事务。

8.1.1　本地事务

事务由一组操作构成，这组操作能够全部正确执行，如果这一组操作中的任意一个步骤发生错误，那么就需要回滚到之前已经完成的操作。也就是同一个事务中的所有操作，要么全部正确执行，要么全部不执行，如图 8-2 所示。

事务存在高度并发、资源分布、大时间跨度等问题。在单个数据库的本地并且限制在单个进程内的事务，不涉及多个数据来源。

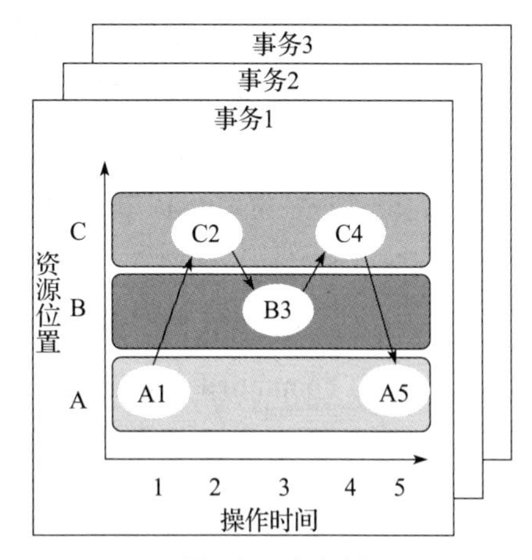

图 8-2　事务图

事务的特性（ACID）如下。

1）原子性（Atomicity）：事务是一个不可分割的执行单元，事务中的所有操作要么全部执行，要么全部不执行。

2）一致性（Consistency）：事务在开始前和结束后，数据库的完整性约束没有被破坏。

3）隔离性（Isolation）：事务的执行是相互独立的，它们不会相互干扰，一个事务不会看到另一个正在运行过程中的事务的数据。

4）持久性（Durability）：一个事务完成之后，事务的执行结果必须是持久化保存的。即使数据库发生崩溃，在数据库恢复后事务提交的结果仍然不会丢失。

本地事务运行过程，如图 8-3 所示。

参数介绍如下。

❑ AP（Application Program）：也就是应用程序。

- ❑ RM（Resource Manager）：资源管理器，如 DBMS，应用程序通过资源管理器对资源进行控制，资源必须实现 XA 定义的接口。

事务由资源管理器即本地事务，支持 ACID 属性，状态只可以在资源管理器维护，不具备分布式事务处理能力。

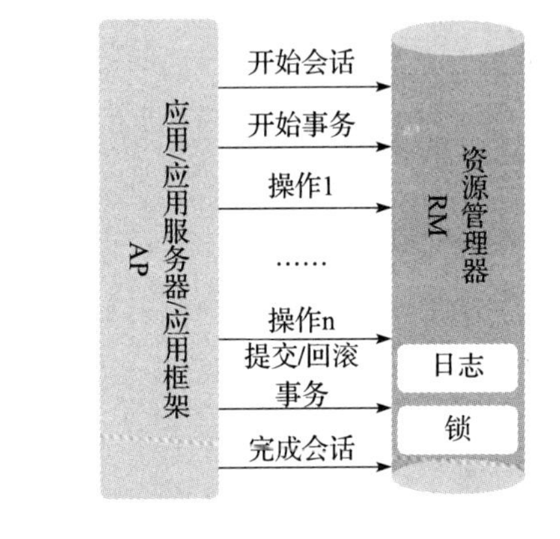

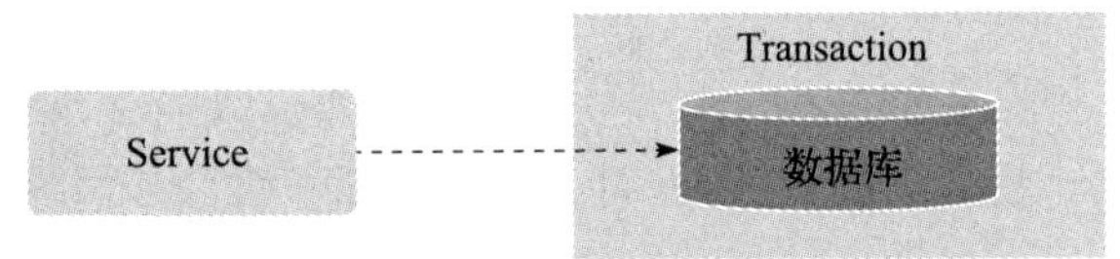

图 8-3　本地事务图

事务的特性中，要求的隔离性是一种严格意义上的隔离，也就是多个事务是串行执行的，彼此之间不会受到任何干扰。这确实能够完全保证数据的安全性，但在系统实际业务中，这种方式性能不高，因此，数据库定义了四种隔离级别，隔离级别和数据库的性能是呈反比的，隔离级别越低，数据库性能越高，而隔离级别越高，数据库性能越差。

数据库四种隔离级别如下。

- ❑ Read uncommitted（读未提交）：一个事务对一行数据修改的过程中，不允许另一个事务对该行数据进行修改，但允许另一个事务对该行数据读。因此本级别下，不会出现更新丢失，但会出现脏读、不可重复读。
- ❑ Read committed（读提交）：未提交的写事务不允许其他事务访问该行，因此不会出现脏读，但是读取数据的事务允许其他事务访问该行数据，因此会出现不可重复读的情况。
- ❑ Repeatable read（重复读）：读事务禁止写事务，但允许读事务，因此不会出现同一事务两次读到不同数据的情况（不可重复读），且写事务禁止其他一切事务。
- ❑ Serializable（序列化）：所有事务都必须串行执行，因此能避免一切因并发引起的问题，但效率很低。

注意　隔离级别越高，越能保证数据的完整性和一致性，对并发性能的影响也越大。对于多数应用程序，建议可以优先考虑把数据库系统的隔离级别设为 Read

Committed，它能够避免脏读取，而且具有较好的并发性能，尽管它在特殊场景会导致不可重复读、幻读和第二类丢失更新这些并发问题，可以由应用程序采用悲观锁或乐观锁来控制。

假设事务并发执行，会出现什么问题?

1）更新丢失：在数据库没有加任何锁操作的情况下，当有两个并发执行的事务，更新同一行数据，有可能一个事务会把另一个事务的更新覆盖掉。

2）脏读：一个事务读到另一个尚未提交的事务中的数据，该数据可能会被回滚从而失效，如果第一个事务获取失效的数据去处理那就发生错误了。

3）不可重复读：一个事务对同一行数据读了两次，却得到了不同的结果。具体分为两种情况：虚读，在事务 1 两次读取同一记录的过程中，事务 2 对该记录进行了修改，从而事务 1 第二次读到了不一样的记录；幻读，事务 1 在两次查询的过程中，事务 2 对该表进行了插入、删除操作，从而事务 1 第二次查询的结果发生了变化。

不可重复读与脏读的区别?

脏读读到的是尚未提交的数据，而不可重复读读到的是已经提交的数据，只不过在两次读的过程中数据被另一个事务改过了。

8.1.2　全局事务

全局事务指用全局事务管理器全局管理，如图 8-4 所示。

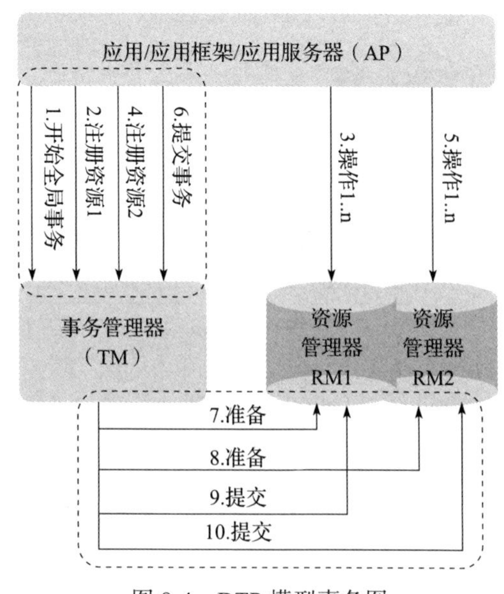

图 8-4　DTP 模型事务图

具体参数介绍如下。

- AP：使用 DTP 的程序。
- RM：资源管理器，如消息服务器管理系统，应用程序通过资源管理器对资源进行控制，资源必须实现 XA 定义的接口。
- TM：事务管理器，负责协调和管理事务，提供给 AP 应用程序编程接口以及管理资源管理器。

事务管理器控制着全局事务，管理事

务生命周期，并协调资源。资源管理器负责控制和管理实际资源。事务管理器管理全局事务状态及参与的资源，协同资源的一致提交 / 回滚。

TX 协议：应用或应用服务器与事务管理器的接口。

XA 协议：全局事务管理器和资源事务管理器的接口。

XA 是由 X/Open 组织提出的分布式事务的规范。XA 规范主要定义了（全局）事务管理器（TM）和（局部）资源管理器（RM）之间的接口。主流的关系型数据库产品都是实现了 XA 接口的。XA 接口是双向的系统接口，在事务管理器（TM）以及一个或多个资源管理器（RM）之间形成通信桥梁，XA 之所以需要引入事务管理器是因为，在分布式系统中，从理论上讲两台机器无法达到一致的状态，需要引入一个单点进行协调。由全局事务管理器管理和协调的事务，可以跨越多个资源（如数据库或 JMS 队列）和进程。全局事务管理器一般使用 XA 二阶段提交协议与数据库进行交互。

8.1.3 两阶段提交

两阶段提交协议（Two-phase Commit Protocol）是 XA 用于在全局事务中协调多个资源的机制，TM 和 RM 间采取两阶段提交（Two Phase Commit）的方案来解决一致性问题。两阶段提交需要一个协调者（TM）来掌控所有参与者节点（RM）的操作结果并且指引这些节点是否需要最终提交，如图 8-5 所示。

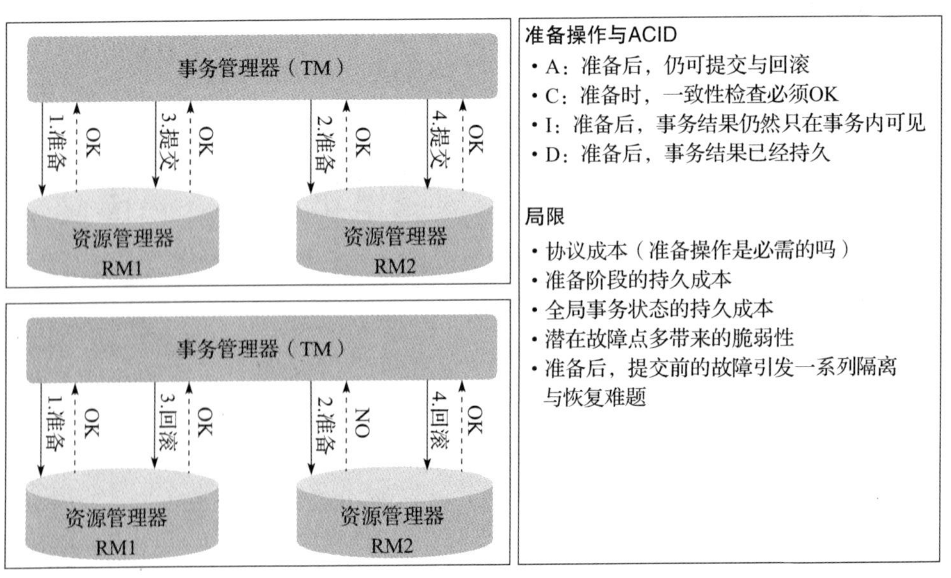

图 8-5 两阶段提交事务图

准备操作：准备后可以提交与回滚，准备时一致检查必须通过，准备后事务结果只在事务内可见。

局限性如下：

- 准备阶段、全局事务状态持久成本过高；
- 潜在故障点多；
- 准备后，提交前的故障引发一系列隔离与恢复难度大。

8.1.4　分布式事务

目前的数据库仅支持单库事务，并不支持跨库事务。随着微服务架构的普及，一个大型业务系统往往由若干个子系统构成，这些子系统又拥有各自独立的数据库。往往一个业务流程需要由多个子系统共同完成，而且这些操作可能需要在一个事务中完成。在微服务系统中，这些业务场景是普遍存在的。此时，我们就需要在数据库之上通过某种手段，实现支持跨数据库的事务支持，俗称“分布式事务”。JavaEE 平台中的分布式事务实现，如图 8-6 所示。

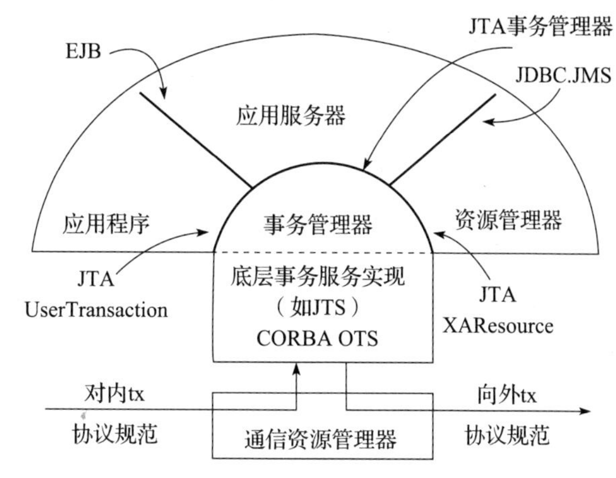

图 8-6　JavaEE 分布式事务实现图

1）JTA（Java Transaction API）：面向应用、应用服务器与资源管理器的高层事务接口。

2）JTS（Java Transaction Service）：JTA 事务管理器的实现标准，向上支持 JTA，向下通过 CORBA OTS 实现跨事务域的互操作性。

3）EJB：基于组件的应用编程模型，通过声明式事务管理进一步简化事务应用的编程。

分布式事务具有简单一致性编程模型、跨域分布处理 ACID 保证，但是难跨越 DTP 模型本身的局限。

8.1.5　小结

标准分布式事务解决方案的利弊如下。

1）严格执行 ACID 的特性。

2）全局事务方式下，全局事务管理器（TM）通过 XA 接口使用二阶段提交协议（2PC）与资源层（如数据库）进行交互。使用全局事务，数据被 Lock 的时间跨整个事务，直到全局事务结束。

3）2PC 是反可伸缩模式，在事务处理过程中，参与者需要一直持有资源直到整个分布式事务结束。这样，当业务规模越来越大时，2PC 的局限性就越来越明显，系统可伸缩性会变得很差。

4）与本地事务相比，XA 协议的系统开销相当大，因而应当慎重考虑是否确实需要分布式事务。而且只有支持 XA 协议的资源才能参与分布式事务。

8.2 分布式事务概论

分布式事务具有 CAP 定理、BASE 理论，并针对业务场景中的一致性、可用性进行了明确概述。

8.2.1 CAP 定理

CAP 原则又称 CAP 定理，指的是在一个分布式系统中，Consistency（一致性）、Availability（可用性）、Partition tolerance（分区容错性）三者不可得兼。首先对分布式系统中的三个特性进行了如下归纳。

1）一致性：每次读取要么获得最近写入的数据，要么获得一个错误。

2）可用性：每次请求都能获得一个（非错误）响应，但不保证返回的是最新写入的数据（对应 HA，机器故障时仍然能够提供服务）。

3）分区容错性：尽管任意数量的消息被节点间的网络丢失（或延迟），系统仍继续运行（网络分区 / 网络故障时仍然能够提供服务）。

CAP 针对的是分布式系统，根据分布式系统的各种特性和场景总结出了三个指标，如图 8-7 所示。

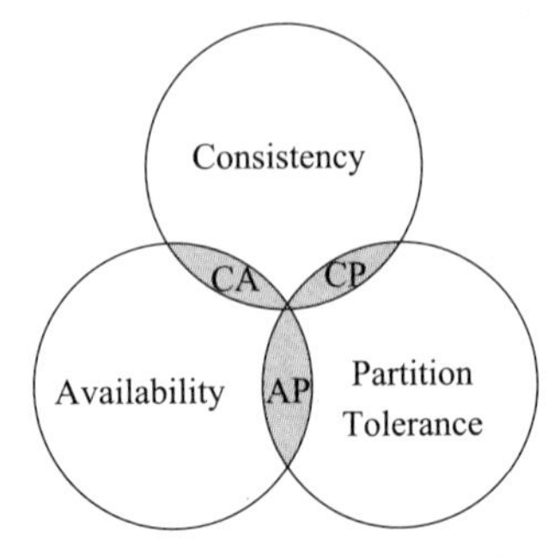

图 8-7　CAP 总结指标图

CAP 定理是分布式系统设计中最基础，也是最为关键的理论。CAP 定理表明，在存在网络分区的情况下，一致性和可用性必须二选一。当网络发生分区（不同节点之间的网络发生故障或者延迟较大）时，要么失去一致性（允许不同分区的数据写入），要么失去可用性（识别到网络分区时停止服务）。而在没有发生网络故障时，即分布式系统正常运行时，一致性和可用性是可以同时被满足的。这里需要注意的是，CAP 定理中的一致性与 ACID 数据库事务中的一致性截然不同。ACID 的 C 指的是事务不能破坏任何数据库规则，如键的唯一性。与之相比，CAP 的 C 仅指单一副本这个意义上的一致性，因此只是 ACID 一致性约束的一个严格的子集。

一致性和可用性，为什么不可能同时成立？

一致性指数据的操作是完整的，数据在处理期间，存在读写操作，保证读写操作的一致性务必会进行上锁，只有数据同步完成后，才会释放锁，锁定期间不具备可用性。所以无法同时做到一致性和可用性。系统设计时只能选择一个目标。如果追求一致性，那么无法保证所有节点的可用性；如果追求所有节点的可用性，那就没法做到一致性。

分布式系统的实际应用中，最重要的是满足业务需求，而不是追求抽象、绝对的系统特性。

8.2.2　BASE 理论

BASE 是 Basically Available（基本可用）、Soft state（软状态）和 Eventually consistent（最终一致性）三个短语的简写。BASE 是对 CAP 中一致性和可用性的权衡的结果，是根据 CAP 理论演变而来，核心思想是即使无法做到强一致性，但是每个应用可根据自身的业务特点，采用适当的方式来使系统最终执行。BASE 模型在理论逻辑上是相反于 ACID 模型的概念，它牺牲高一致性，获得可用性和分区容忍性。BASE 特性介绍如下。

1）基本可用：指分布式系统在出现不可预知故障时，允许损失部分可用性，如响应时间上的损失或功能上的损失。例如，正常情况下，系统功能平均响应时间在 0.3 秒，系统出现了部分故障，导致部分功能响应时间延长到 2 秒。

2）弱状态：指允许系统中的二数据存在中间状态，并认为该中间状态的存在不会影响系统的整体可用性，即允许系统在不同节点的数据副本之间进行数据同步的过程存在延时。

3）最终一致性：指系统中所有的数据副本，在经过一段时间的同步后，最终能够达到一个一致的状态，因此最终一致性的本质是需要系统保证数据能够达到一致，而不需要实时保证系统数据的强一致性。

BASE 理论面向的是偏大型高可用、可扩展的分布式系统，通过牺牲强一致性来获得可用性，并允许数据在一段时间内不一致，但最终达到一致状态。在现实分布式场景中，不同业务对数据的一致性要求不一样。因此，在具体分布式系统设计过程中，ACID 特性和 BASE 理论会结合使用。

8.3 分布式事务应用场景

分布式的应用场景分为服务内部跨多个数据库处理、跨内部服务调用处理、跨外部服务调用处理。

1）针对服务内部跨多个数据库处理，即在同个内部里面同时访问多个数据库的数据进行处理，由于每个数据库特性各不相同，传统事务无法保证数据的一致性，需要引入分布式事务等技术方案，适合分布式事务的处理场景，这个场景中分布式体现在数据库多节点上。如图 8-8 所示，是金融系统跨多数据库示意图。

金融系统内部富含复杂统计和计算逻辑，分别根据汇率、核心数据、统计公式去计算更新，涉及多个数据库之间的调用处理操作，传统事务无法保证数据一致性，较适合分布式事务应用场景。

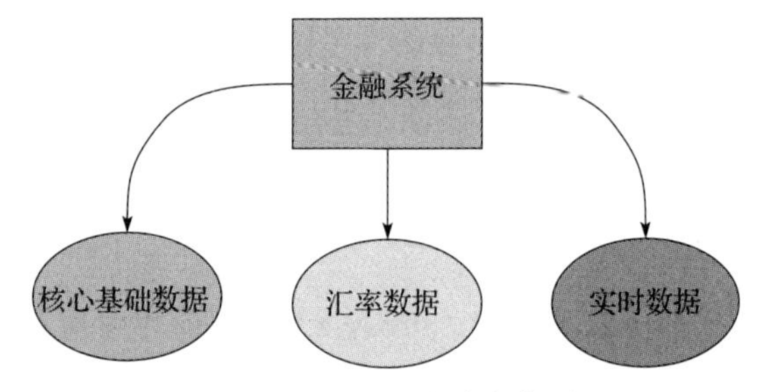

图 8-8　金融系统跨多库图

2）跨内部服务调用处理，即微服务中某个服务内部引入了其他多个服务，多个服务之间的数据处理需要保证数据的一致性，即多个服务处理同时成功或同时失败，这个场景中分布式体现在服务或应用的部署上。

如图 8-9 所示，采用微服务架构设计，下单服务中会分别调用订单服务、用户服务、库存服务等。每个服务都有特定的持久化方式，下单逻辑层面无法保证多个服务的数据一致性。可以通过分布式事务技术方案，特定实现保证数据一致性。

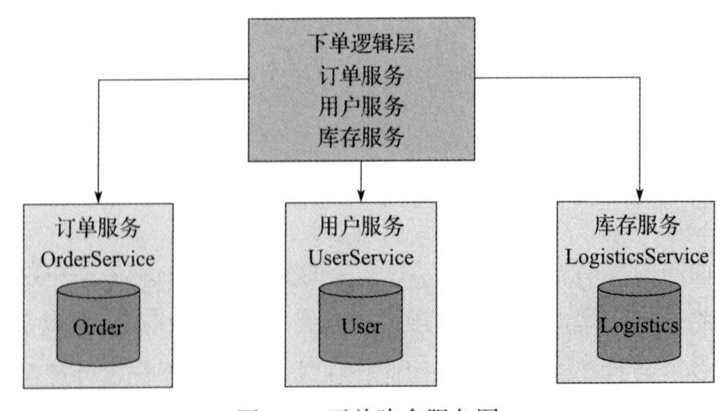

图 8-9　下单跨多服务图

3）跨外部服务调用，这是在第二个场景的基础上，进一步与第三方系统对接交互，第三方系统的服务实现不在控制范围之内，此时可以和第三方约定通信协议，这个场景是分布式数据一致性最难保证的场景。

第三方支付系统的内部结构、部署方式、数据库数据存储方式都不在可控范围内，如：下单成功后需要调用第三方支付系统，如何保证订单数据和支付数据的一致性很关键，否则会出现付款成功提示用户未支付、付款失败提示用户已支付等情况。可以和第三方系统预约好通信协议，通过合理化的分布式事务设计来保证数据的一致性，如图 8-10 所示。

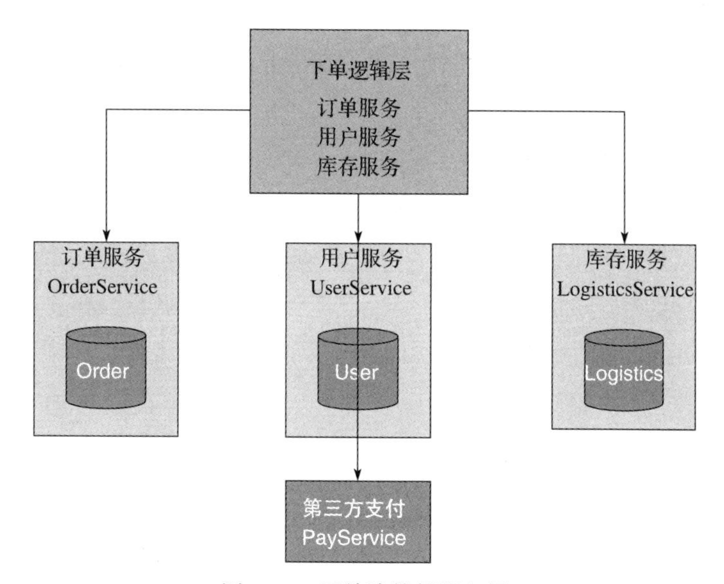

图 8-10　下单跨外部服务图

8.4　分布式事务难点

在分布式环境中，服务和数据库、多数据库、跨内外部服务分布在不同的服务和机器上，故在每次交互过程中存在跨机器、节点运行时会带来如下问题。

8.4.1　网络因素

内部应用若为同机房部署，网络 I/O 传递还是较快的，但如果是跨机房，网络 I/O 存在不可忽视的问题。网络延迟不是宽带，宽带可以根据需求逐渐增加即可，千兆网换万兆网，只是成本问题，而网络延迟属于物理限制，基本上很难降低。网络延迟会影响系统整体的性能，比如资源之间抢占锁，系统之间需要有超时机制来进行保护，当系统出现问题时，不至于耗尽。但如果延迟很严重，会增加服务和服务之间的调用（RPC）超时的比例，这会是个非常头痛的问题。通常设计时需要考虑这些元素，当然也需要有相应的处理措施，如异步、重试等方式。对于数据库之间的转换和处理，通常会采用数据同步组件。

网络故障（丢包、抖动、乱序），当存在这类型的问题时，应该把服务建立在可靠的传输协议上，如 TCP 协议。

8.4.2 消息重复发送

分布式事务中通常采用消息组件来实现。在消息的消费确认流程中，任何一个环节都可能出现异常，如图 8-11 所示。

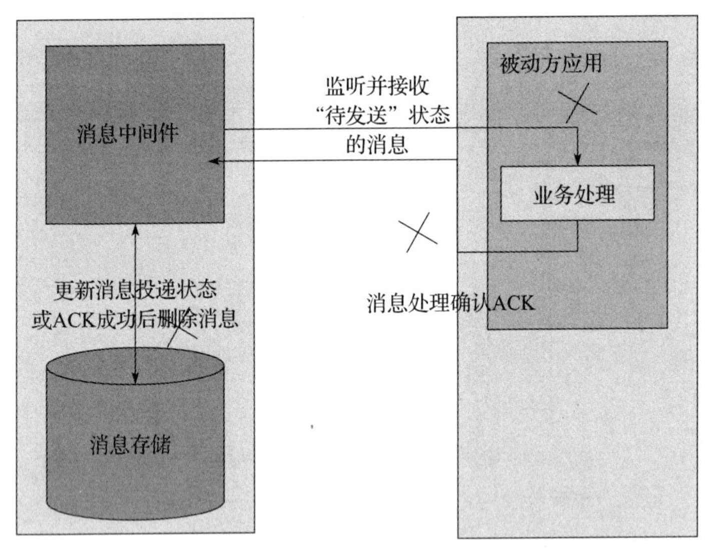

图 8-11　消息消费流程异常图

针对消息消费流程中的异常，优化处理方式，如图 8-12 所示。

对于未确认的消息，按规则重新投递的方式进行处理。优化后会出现因消息的重复发送导致业务处理接口出现重复调用的问题。消息重复发送的原因如下：

1）被动方应用接收到消息，业务处理完成后应用出问题，消息中间件不知道消息处理结果，会重新投递消息；

2）被动方应用接收到消息，业务处理完成后网络出问题，消息中间件收不到消息处理结果，会重新投递消息；

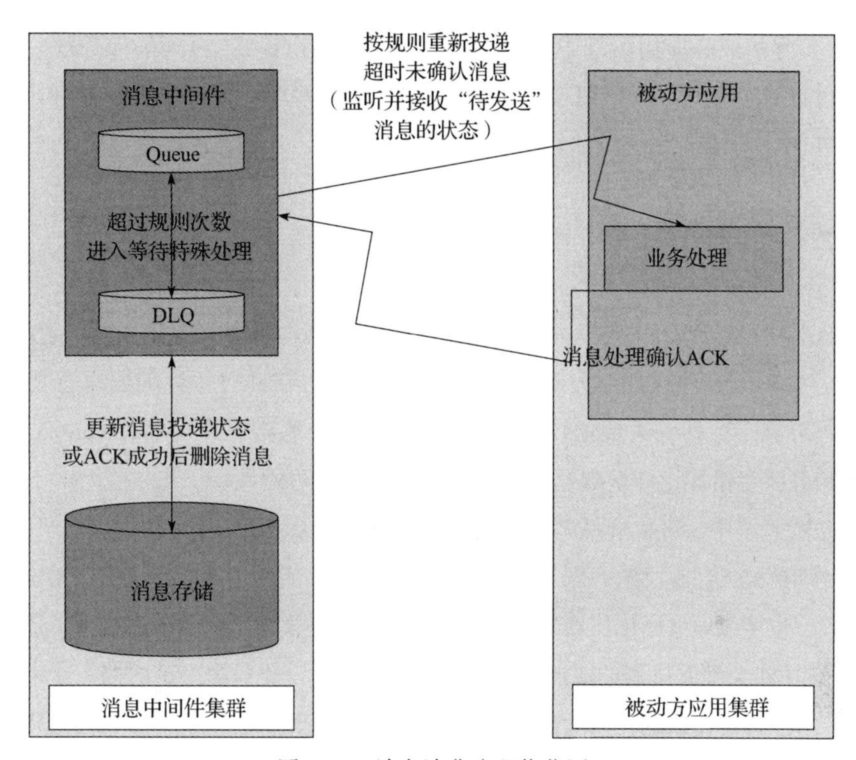

图 8-12　消息消费流程优化图

3）被动方应用接收到消息，业务处理时间过长，消息中间件因消息超时未确认，会再次投递消息；

4）被动方应用接收到消息，业务处理完成，消息中间件问题导致收不到消息处理结果，消息会重新投递；

5）被动方应用接收到消息，业务处理完成，消息中间件收到了消息处理结果，但由于消息存储故障导致消息没能成功确认，消息会再次投递。

总结：消息消费过程中出现消息重复发送的问题是因为消息接收者成功处理完消息后，消息中间件没能及时更新消息投递状态（也就是消息没能及时 ACK 确认）导致的。消息重发要有次数限制，对于超过重发次数限制的消息，进入 DLQ，等待人工干预或延后定期处理。

针对可能会出现重复发送消息的情况，被动方应用对于消息的业务处理要实现幂等。

幂等设计说明如下：

1）对于存在同一请求数据会发生重复调用的业务接口，接口的业务逻辑要实现幂等性设计；

2）在实际的业务应用场景中，业务接口的幂等性设计常结合可查询操作一起使用。例如，支付订单创建用（商户编号 + 商户订单号 + 订单状态），订单更新处理用（平台订单号 + 订单状态），会计系统记账用（系统来源 + 请求号），物流轨迹平台用（运单号）。

8.4.3 CAP 定理选择

CAP 定理是分布式系统中较为重要的一种理论，通过 CAP 原理可以知道，三个因素只能满足其中的两个，三者不可同时兼得，对于分布式系统中，分区容错是基本要素，所以必然会放弃一致性，对于大型互联网系统，分区容错和可用性的要求会更高，所以一般是适当放弃一致性，采用比较中和的方式去处理，在数据库层面，NoSQL 中采用的是可用性和分区容错性，传统数据库采用的是一致性和可用性。

在分布式系统中，可扩展性是基本的特性，分布式系统的设计初衷是充分利用集群多机的能力处理单机无法解决的问题，当需要扩展系统的性能时，可以通过优化系统性能或升级硬件配置，也可以通过增加机器的数量来扩展系统的规模。良好的分布式系统追求“线性扩展”，系统性能会随着机器的增加而线性增长。可用性一般关联可扩展性，通常可扩展性高的系统，可用性也比较高，因为存在多服务节点，大大增加了系统的可用性。系统在可用性和可扩展性较好的情况下，会出现数据一致性问题，多机数据的一致性问题也会大大提升。对于没有状态的系统，不存在一致性问题，根据 CAP 原理，它们的可用性和分区容忍性都很高，添加机器就可以实现线性扩展。而对于有状态的系统，则需要根据业务需求和特性在 CAP 三者中牺牲其中一个。一般来说，交易系统类的业务对一致性的要求比较高，会采用 ACID 模型来保证数据的强一致性，所以其可用性和扩展性就比较差。而对于其他大多数业务系统，一般不需要保证强一致性，只要最终一致就可以了，所以一般采用 BASE 模型，用最终一致性的思想来设计分布式系统，从而使得系统达到很高的可用性和扩展性。

8.5 分布式事务解决方案

分布式事务通常较柔性，处理的方案如图 8-13 所示。

常用的分布式事务解决方案如下。

1）刚性事务：全局事务。

2）柔性事务：可靠消息最终一致、TCC（两阶段型、补偿型）、最大努力通知（非可靠消息、定期校对）。

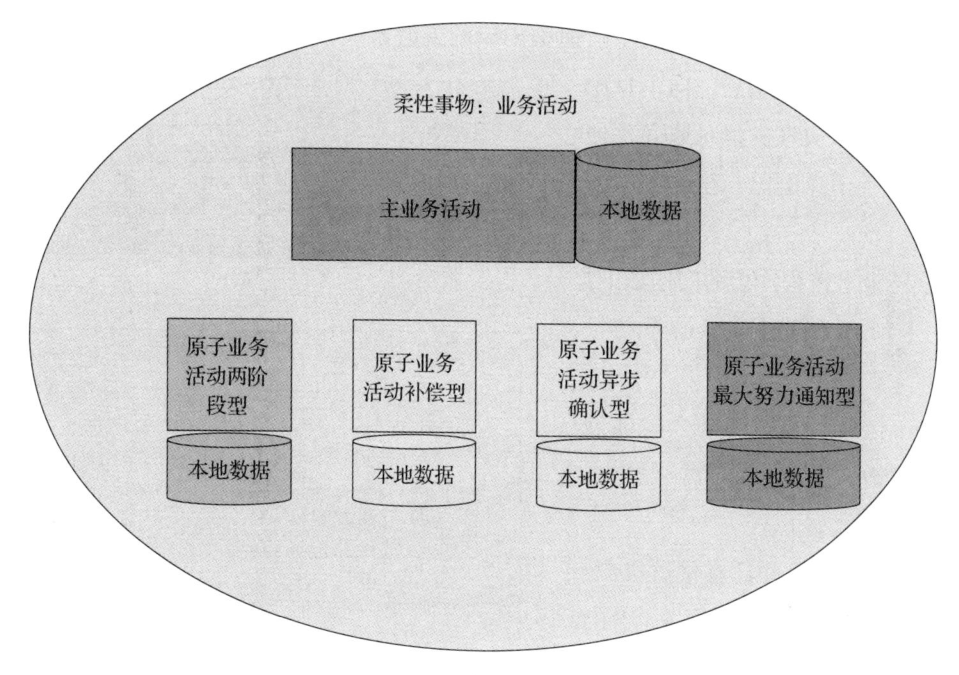

图 8-13 分布式事务处理的方案图

> 注意 消息中间件事务消息可解决分布式事务等问题，如 RocketMQ 高版本，这里不再赘述。

8.5.1 最大努力通知

1. 介绍

最大努力通知也被称为定期校对，它是业务活动的主动方，在完成业务处理之后，向业务活动的被动方发送消息，它允许一定程度的消息丢失。业务活动的被动方根据定时策略，向业务活动主动方查询，恢复丢失的业务消息。最大努力通知除了消息通知之外还会结合被动方主动查询主动方来进行定期校验的方式。被动方的处理结果不影响主动方的处理结果。

使用这种方式的成本在于额外定制业务查询处理方式与校对系统的建设。适用于对业务最终一致性的时间敏感度低的场景，如商户通知、银行通知等。

最大努力通知如图 8-14 所示。

正常业务流程如下。上游系统在完成任务后，向消息中间件同步发送一条消息，确保消息中间件成功持久化这条消息，然后上游系统就可以去做别的事情了。消息中间件收到消息后负责将该消息同步投递给相应的下游系统，并触发下游系统的任务执行，当下游系统处理成功后，向消息中间件反馈确认应答，消息中间件便可以将该条消息删除，至此该事务完成。

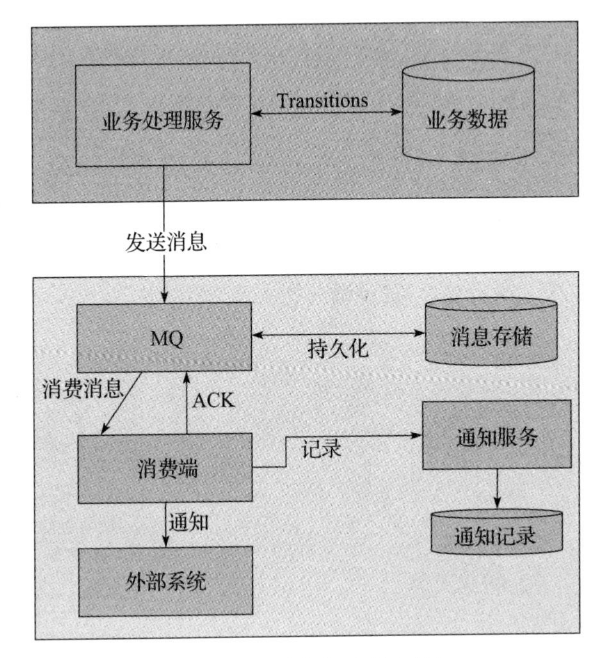

图 8-14 最大努力通知图

实际业务流程产生的问题如下：

1）消息中间件向下游系统投递消息失败；

2）上游系统向消息中间件发送消息失败。

处理方式如下。

1）消息中间件具有重试机制，我们可以在消息中间件中设置消息的重试次数和重试时间间隔。对于网络不稳定导致的消息投递失败，往往重试几次后消息便可以成功投递，如果超过了重试的上限仍然投递失败，那么消息中间件不再投递该消息，而是记录在失败消息表中。消息中间件需要提供失败消息的查询接口，下游系统会定期查询失败消息，并将其消费，这就是所谓的“定期校对”。如果重复投递和定期校对都不能解决问题，往往是因为下游系统出现了严重的错误，此时就需要人工干预。

2）上游系统中建立消息重发机制。可以在上游系统建立一张本地消息表，并向本地消息表中插入消息，这两个步骤放在一个本地事务中完成。如果向本地消息表插入消息失败，那么就会触发回滚，之前的任务处理结果就会被取消。如果这两步都执行成功，那么该本地事务就完成了。接下来会有一个专门的消息发送者不断地发送本地消息表中的消息，如果发送失败它会返回重试。当然，也要给消息发送者设置重试的上限，一般而言，达到重试上限仍然发送失败，那就意味着消息中间件出现严重的问题，此时也只有人工干预才能解决问题。

对于不支持事务型消息的消息中间件，如果要实现分布式事务，就可以采用最大努力通知这种方式。它能够通过重试机制、定期校对实现分布式事务。它达到数据一致性的周期较长，而且还需要在上游系统中实现消息重试发布机制，以确保消息成功发布给消息中间件，这无疑增加了业务系统的开发成本，使得业务系统不够纯粹，并且这些额外的业务逻辑无疑会占用业务系统的硬件资源，从而影响性能。

2. 实例讲解

最大努力通知引入了消息通知中间件并结合主动查询方式进行定期校验，下面通过一个实例进行讲解。

【示例】 银行、商户通知

各大交易商户平台间的商户通知（查询校对、多次通知、对账），如图 8-15 所示。

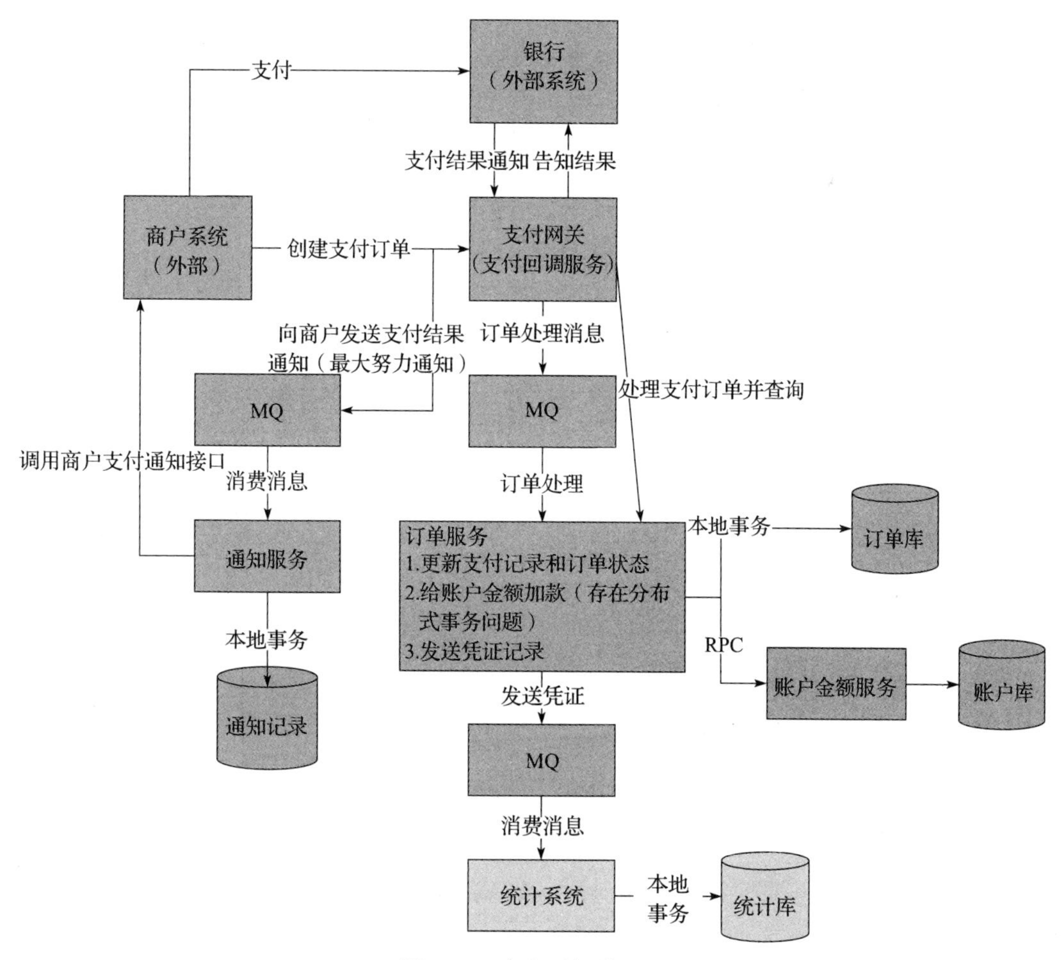

图 8-15　商户通知处理图

商户通知流程图分析如下。

1）商户下了一个订单后，调用银行去支付。

2）支付完成后，银行通知支付网关（支付平台）、过程方式（同步 / 异步）、消息（包含订单号、支付渠道、交易类型等）等。

3）支付网关确认银行通知消息，并把回调发送至可靠消息中间件（订单通知），一旦消息进入可靠消息中间件，就意味着处理成功（尽最大努力保证消息消费成功），同时通知商户支付处理成功并告知银行处理成功（如商户调用支付宝，支付宝支付成功后，回调商户系统提供的 URL 地址并在地址后面拼接相关参数（商户标识、约定识别码、交易状态等））。

4）通知服务消费 MQ 消息，会存储到数据库并通知商户。这里存在多次通知，通知的次数可以根据业务场景去约定设置，根据通知记录状态去查看是否通知成功，以保证消息的完整性。

5）支付网关会查询订单的状态，校验订单的合法性。

6）订单消费端收到消息后会进行更新记录和订单状态操作，并存储到订单库。

7）给内部账户加款，存在分布式事务问题，处理完毕后生成凭证发送至 MQ。

8）统计系统会统计消息凭证用于结算和归纳。

对于步骤 7 的问题，其分布式事务问题场景如下。

1）消息没有实现事务控制、网络问题等因素，在节点部署等过程中，由于需要加大消息的订阅处理能力，往往会增加多个消费者节点，而重复消费消息时会存在数据一致性问题，此时通常会采用幂等来处理重复消息（幂等处理方式，如数据库唯一主键、Redis 分布式锁等方式），同时需要选择顺序消息方式。

2）场景 1 解决了重复消息问题，远程调用 RPC 账户服务，跨服务调用，调用过程中存在网络、超时、调用异常等问题，处理不当很可能会重复增加金额。充分利用 RPC 的特性，设置超时时间和异常处理机制，如调用超时、异常后，提供流水接口，调用流水接口确定是否处理结果。

3. 实现过程

在以上案例中，待支付网关处理成功后，发送消息给 MQ 中间件，通知服务收到消息后，采用最大努力通知方式通知商户系统。支付网关推送消息给 MQ，MQ 自带重试机制，本身会尽最大努力保证消息被消费掉。由于商户系统是外部系统，通知服务需要主动调用商户系统的接口告知处理结果，同时利用延迟队列的特性，把消息放入队列中处理，定期发送消息至商户系统。为了确保商户能处理成功，会额外增加重试机制和日志记录等。

实现介绍如下。

1）Main 主应用启动时启动监听，监听延迟队列消息，用于调用外部商户进行通知。

2）Consume 通知服务接收 MQ 的消息处理。

3）NotifyTask 队列服务具体业务处理（用于调用外部商户进行通知具体实现）。

4）BaseQueue 延迟队列的基类，用于记录日志和处理队列。

实现过程如代码清单 8-1 所示。

代码清单 8-1　通知服务接收 MQ 消息消费（Consume）

```
consumer.registerMessageListener(new MessageListenerConcurrently() {
/**
* 默认 msgs 里只有一条消息，可以通过设置 consumeMessageBatchMaxSize 参数来批量接收消息
*/
@Override
public ConsumeConcurrentlyStatus consumeMessage(List<MessageExt> msgs,
                    ConsumeConcurrentlyContext context) {
MessageExt msg = msgs.get(0);
    if(msg==null)
        log.warn(" 消息服务接收支付网关对象为空 ");
        return ConsumeConcurrentlyStatus.CONSUME_FAIL;
// 消息格式化转成对象
PayInfo payInfo=JSON.parseObject(msg.get("data"),PayInfo.class);
// 将消息丢到延迟队列中处理
NotifyRecord notifyRecord=new NotifyRecord();
BeanUtil.copy(notifyRecord, payInfo);
NotifyTask notifyTask=new NotifyTask(notifyRecord);
// 消费者向 mq 服务器返回消费成功的消息
return ConsumeConcurrentlyStatus.CONSUME_SUCCESS;
    }
});
```

队列实现消息推送过程，如代码清单 8-2 所示。

代码清单 8-2　队列实现消息推送（NotifyTask）

```
@Slf4j
public class NotifyTask extends BaseQueue implements Runnable, Delayed {


    private long executeTime;

    private NotifyRecord notifyRecord;


    public NotifyTask() {
    }
```

```
        public NotifyTask(NotifyRecord notifyRecord) {
            super();
            this.notifyRecord = notifyRecord;
            this.executeTime = getExecuteTime(notifyRecord);
        }

        /**
         * 计算任务允许执行的开始时间 (executeTime).<br/>
         * @param record
         * @return
         */
        private long getExecuteTime(RpNotifyRecord record) {
            long lastNotifyTime = record.getLastNotifyTime().getTime(); // 最后通
知时间（上次通知时间）
            Integer notifyTimes = record.getNotifyTimes(); // 已通知次数
            log.info("===>notifyTimes:" + notifyTimes);
              //Integer nextNotifyTimeInterval = notifyParam.getNotifyParams().
get(notifyTimes + 1); // 当前发送次数对应的时间间隔数（分钟数）
              Integer nextNotifyTimeInterval = record.getNotifyRuleMap().
get(String.valueOf(notifyTimes + 1)); // 当前发送次数对应的时间间隔数（分钟数）
            long nextNotifyTime = (nextNotifyTimeInterval == null ? 0 : nextNotifyTimeInterval
* 60 * 1000) + lastNotifyTime;
            log.info("===>notify id:" + record.getId() + ", nextNotifyTime:" + DateUtils.
formatDate(new Date(nextNotifyTime), "yyyy-MM-dd HH:mm:ss SSS"));
            return nextNotifyTime;
        }

        /**
         * 比较当前时间(task.executeTime)与任务允许执行的开始时间(executeTime).<br/>
         * 如果当前时间到了或超过任务允许执行的开始时间，那么就返回-1，可以执行
         */
        public int compareTo(Delayed o) {
            NotifyTask task = (NotifyTask) o;
            return executeTime > task.executeTime ? 1 : (executeTime < task.executeTime ?
-1 : 0);
        }

        public long getDelay(TimeUnit unit) {
            return unit.convert(executeTime - System.currentTimeMillis(), TimeUnit.
MILLISECONDS);
        }

        /**
         * 执行通知处理。
         */
        public void run() {
            // 得到当前通知对象的通知次数
            Integer notifyTimes = notifyRecord.getNotifyTimes();
```

```
    // 最大通知次数
    Integer maxNotifyTimes = notifyRecord.getLimitNotifyTimes();
            Date notifyTime = new Date(); // 本次通知的时间

            // 去通知
            try {

                // 执行 HTTP 通知请求，调用商户系统的接口
                HttpResult result = HttpHelp.doPost(notifyRecord.getUrl(),notifyRecord.
getTargets());

                notifyRecord.setEditTime(notifyTime); // 取本次通知时间作为最后修改时间
                notifyRecord.setNotifyTimes(notifyTimes + 1); // 通知次数 +1

                String successValue = notifyParam.getSuccessValue(); // 通知成功标识
                String responseMsg = "";
                Integer responseStatus = result.getStatusCode();

                // 写通知日志表，为后续的发送和异常做对比
                saveNotifyRecordlogs(notifyRecord.getId(), notifyRecord.getMerchantNo(),
notifyRecord.getMerchantOrderNo(), notifyRecord.getUrl(), responseMsg, responseStatus);

                // 得到返回状态，如果是 20X，也就是通知成功
                if (responseStatus == 200 || responseStatus == 201 || responseStatus ==
202 || responseStatus == 203
                        || responseStatus == 204 || responseStatus == 205 || response
Status == 206) {

                    responseMsg = result.getContent().trim();
                    responseMsg = responseMsg.length() >= 600 ? responseMsg.substring
(0, 500) : responseMsg; // 避免异常日志过长

                    log.info("===> 订单号 : " + notifyRecord.getMerchantOrderNo() +
" HTTP_STATUS:" + responseStatus + ", 请求返回信息: " + responseMsg);

                    // 通知成功，更新通知记录为已通知成功（以后不再通知）
                    if (responseMsg.trim().equals(successValue)) {
                        log.info(" 单号: {}, 推送成功 ",notifyRecord.getMerchantOrderNo());
                        updateNotifyRord(notifyRecord.getId(), notifyRecord.get
NotifyTimes(), NotifyStatusEnum.SUCCESS.name(), notifyTime);
                        return;
                    }

                    // 通知不成功（返回的结果不是 success）
                    if (notifyRecord.getNotifyTimes() < maxNotifyTimes) {
                        // 判断是否超过重发次数，未超重发次数的，再次进入延迟发送队列
                        addToNotifyTaskDelayQueue(notifyRecord);
                            updateNotifyRord(notifyRecord.getId(), notifyRecord.
```

```
getNotifyTimes(), NotifyStatusEnum.HTTP_REQUEST_SUCCESS.name(), notifyTime);
                        log.info("===>update NotifyRecord status to HTTP_REQUEST_
SUCCESS, notifyId:" + notifyRecord.getId());
                    }else{
                        // 到达最大通知次数限制，标记为通知失败
                        updateNotifyRord(notifyRecord.getId(), notifyRecord.getNotify
Times(), NotifyStatusEnum.FAILED.name(), notifyTime);
                        log.info("===>update NotifyRecord status to failed, notifyId:" +
notifyRecord.getId());
                    }

                } else {

                    // 其他 HTTP 响应状态码情况下
                    if (notifyRecord.getNotifyTimes() < maxNotifyTimes) {
                        // 判断是否超过重发次数，未超重发次数的，再次进入延迟发送队列
                        addToNotifyTaskDelayQueue(notifyRecord);
                            updateNotifyRord(notifyRecord.getId(), notifyRecord.
getNotifyTimes(), NotifyStatusEnum.HTTP_REQUEST_FALIED.name(), notifyTime);
                        log.info("===>update NotifyRecord status to HTTP_REQUEST_
FALIED, notifyId:" + notifyRecord.getId());
                    }else{
                        // 到达最大通知次数限制，标记为通知失败
                        updateNotifyRord(notifyRecord.getId(), notifyRecord.getNotify
Times(), NotifyStatusEnum.FAILED.name(), notifyTime);
                        log.info("===>update NotifyRecord status to failed, notifyId:" +
notifyRecord.getId());
                    }
                }

            } catch (BizException e) {
                log.error("推送消息业务异常", e);
            } catch (Exception e) {
                // 异常
                log.error("推送消息系统异常", e);
                 addToNotifyTaskDelayQueue(notifyRecord); // 判断是否超过重发次数，未
超重发次数的，再次进入延迟发送队列
                updateNotifyRord(notifyRecord.getId(), notifyRecord.getNotifyTimes(),
 NotifyStatusEnum.HTTP_REQUEST_FALIED.name(), notifyTime);
                saveNotifyRecordlogs(notifyRecord.getId(), notifyRecord.getMerchantNo(),
notifyRecord.getMerchantOrderNo(), notifyRecord.getUrl(), "", 0);
            }

        }

    }
```

队列处理过程，如代码清单 8-3 所示。

代码清单 8-3　队列处理过程（BaseQueue）

```
    /**
         * 将传过来的对象进行通知次数判断，决定是否放在任务队列中 .<br/>
         * @param notifyRecord
         * @throws Exception
         */
        public void addToNotifyTaskDelayQueue(NotifyRecord notifyRecord) {
            if (notifyRecord == null) {
                return;
            }
            log.info("===>addToNotifyTaskDelayQueue notify id:" + notifyRecord.getId());
            Integer notifyTimes = notifyRecord.getNotifyTimes(); // 通知次数
            Integer maxNotifyTimes = notifyRecord.getLimitNotifyTimes(); // 最大通知次数

            if (notifyRecord.getNotifyTimes().intValue() == 0) {
                notifyRecord.setLastNotifyTime(new Date()); // 第一次发送（取当前时间）
            }else{
                notifyRecord.setLastNotifyTime(notifyRecord.getEditTime()); // 非第一次
发送(取上一次修改时间，也是上一次发送时间)
            }

            if (notifyTimes < maxNotifyTimes) {
                // 未超过最大通知次数，继续下一次通知
                LOG.info("===>notify id:" + notifyRecord.getId() + ", 上次通知时间
lastNotifyTime:" + DateUtils.formatDate(notifyRecord.getLastNotifyTime(), "yyyy-
MM-dd HH:mm:ss SSS"));
           // 主应用监听器加入延迟队列中
        Mian.tasks.put(new NotifyTask(notifyRecord, this, notifyParam));
            }


        }
    /**
         * 创建商户通知记录 .<br/>
         *
         * @param notifyRecord
         * @return
         */
        public long saveNotifyRecord(NotifyRecord notifyRecord) {
            return notifyService.createNotifyRecord(notifyRecord);
        }
    /**
         * 更新商户通知记录 .<br/>
         *
         * @param id
         * @param notifyTimes
```

```
         *               通知次数 .<br/>
         * @param status
         *               通知状态 .<br/>
         * @return 更新结果
         */
        public  void updateNotifyRord(String id, int notifyTimes, String status, Date 
editTime) {
            NotifyRecord notifyRecord = notifyService.getNotifyRecordById(id);
            notifyRecord.setNotifyTimes(notifyTimes);
            notifyRecord.setStatus(status);
            notifyRecord.setEditTime(editTime);
            notifyRecord.setLastNotifyTime(editTime);
            notifyService.updateNotifyRecord(notifyRecord);
        }
    /**
         * 创建商户通知日志记录 .<br/>
         *
         * @param notifyId
         *               通知记录 ID.<br/>
         * @param merchantNo
         *               商户编号 .<br/>
         * @param merchantOrderNo
         *               商户订单号 .<br/>
         * @param request
         *               请求信息 .<br/>
         * @param response
         *               返回信息 .<br/>
         * @param httpStatus
         *               通知状态 (HTTP 状态 ).<br/>
         * @return 创建结果
         */
         public long saveNotifyRecordLogs(String notifyId, String merchantNo, 
String merchantOrderNo, String request, String response, int httpStatus) {

            NotifyRecordLog notifyRecordLog = new NotifyRecordLog();
            notifyRecordLog.setNotifyId(notifyId);
            notifyRecordLog.setMerchantNo(merchantNo);
            notifyRecordLog.setMerchantOrderNo(merchantOrderNo);
            notifyRecordLog.setRequest(request);
            notifyRecordLog.setResponse(response);
            notifyRecordLog.setHttpStatus(httpStatus);
            notifyRecordLog.setCreateTime(new Date());
            notifyRecordLog.setEditTime(new Date());
            return notifyService.createNotifyRecordLog(notifyRecordLog);

        }
```

主应用监听，如代码清单 8-4 所示。

代码清单 8-4 主应用启动监听（Main）

```
        /**
         * 主应用用延迟队列方式挂载等待，未持久化，期间宕机可能存在丢失，如需持久化可用可靠消息队列或 Redis 的 pipe 管道实现
        * 通知任务延时队列，对象只能在其到期时才能从队列中取走。
         */
        public static DelayQueue<NotifyTask> tasks = new DelayQueue<NotifyTask>();
    threadPool.execute(new Runnable() {
                public void run() {
                    try {
                        while (true) {
                            log.info("==>threadPool.getActiveCount():" + threadPool.getActiveCount());
                            log.info("==>threadPool.getMaxPoolSize():" + threadPool.getMaxPoolSize());
                            // 如果当前活动线程等于最大线程，那么不执行
                            if (threadPool.getActiveCount() < threadPool.getMaxPoolSize()) {
                                log.info("==>tasks.size():" + tasks.size());
                                final NotifyTask task = tasks.take(); //使用 take方法获取过期任务，如果获取不到，就一直等待，直到获取到数据
                                if (task != null) {
                                    threadPool.execute(new Runnable() {
                                        public void run() {
                                            tasks.remove(task);
                                            task.run(); // 执行通知处理
                                            log.info("==>tasks.size():" + tasks.size());
                                        }
                                    });
                                }
                            }
                        }
                    } catch (Exception e) {
                        log.error("系统异常;",e);
                    }
                }
            });
```

8.5.2 TCC 事务补偿

1. 介绍

TCC 即 Try、Confirm、Cancel，它属于补偿型分布式事务。TCC 实现分布式事务时共分三个步骤。

1）Try（尝试待执行的业务）：这个过程并未执行业务，只是完成所有业务的一致性检查，并预留好执行所需的全部资源。

2）Confirm（执行业务）：这个过程真正开始执行业务，由于 Try 阶段已经完成了一致性检查，因此本过程直接执行，而不做任何检查。在执行的过程中，会使用到 Try 阶段预留的业务资源。

3）Cancel（取消执行的业务）：若业务执行失败，则进入 Cancel 阶段，它会释放所有占用的业务资源，并回滚 Confirm 阶段执行的操作。

一个完整的业务活动由一个主服务和多个从服务组成，主服务负责发起并完成整个业务活动，从服务提供 TCC 型业务操作。从业务活动管理器控制业务活动的一致性，它记录业务活动中的操作，并在业务活动提交时确认所有 TCC 型操作的 Confirm 操作，在业务活动取消时调用所有的 TCC 型操作的 Cancel 操作。

实现 TCC 的过程很复杂，如业务活动结束时的 Confirm 和 Cancel 操作，业务活动日志记录等。TCC 适用于强隔离性、严格一致性要求的业务活动，也适用于执行时间较短的业务，如处理账户、收费等。

TCC 事务补偿流程如图 8-16 所示。

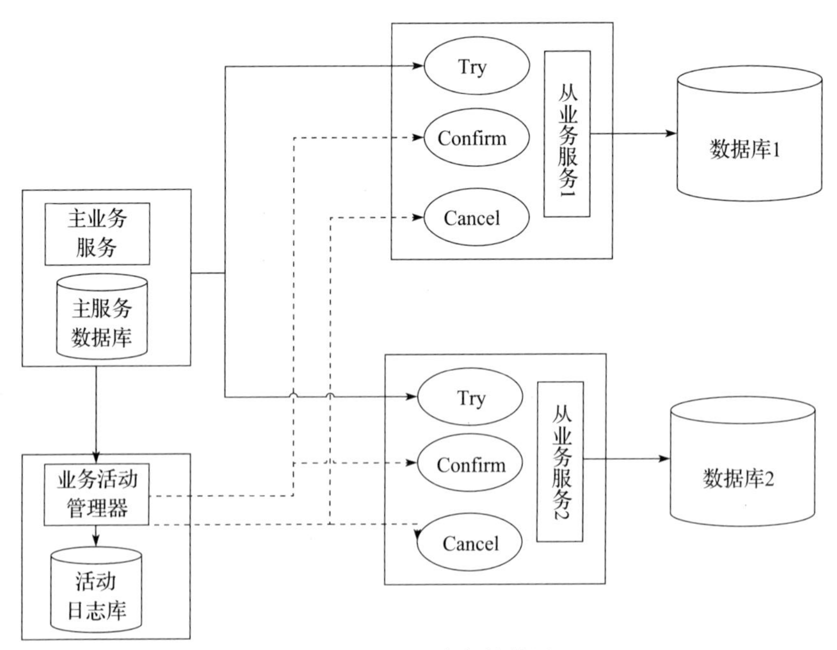

图 8-16　TCC 事务补偿图

业务活动管理器就是实现 TCC 的框架，它保证分布式事务一致性。业务活动日志主要针对异常的捕捉和处理，如 Try、Conform、Cancel 失败会相应记录，针对不同环节进行不同的处理机制。

TCC 事务补偿比传统事务多了一个步骤，但是它严格意义上保证了事务的一致性。TCC 异常时会尝试重试的处理，尝试去补偿处理的过程，所以会用到幂等、可补偿、可查询操作。

TCC 事务补偿的特点如下：

1）不与具体的服务框架耦合，RPC 框架中通用；

2）实现过程不在于数据层，而是在业务服务层；

3）可以灵活选择业务资源锁定粒度；

4）TCC 里对每个服务资源操作都是本地事务，数据被锁定时间短，扩展性好。

2. 实例讲解

【示例】 订单处理

各大电商系统业务流程包含下单、支付、结算，通过 TCC 事务补偿实现，如图 8-17 所示。

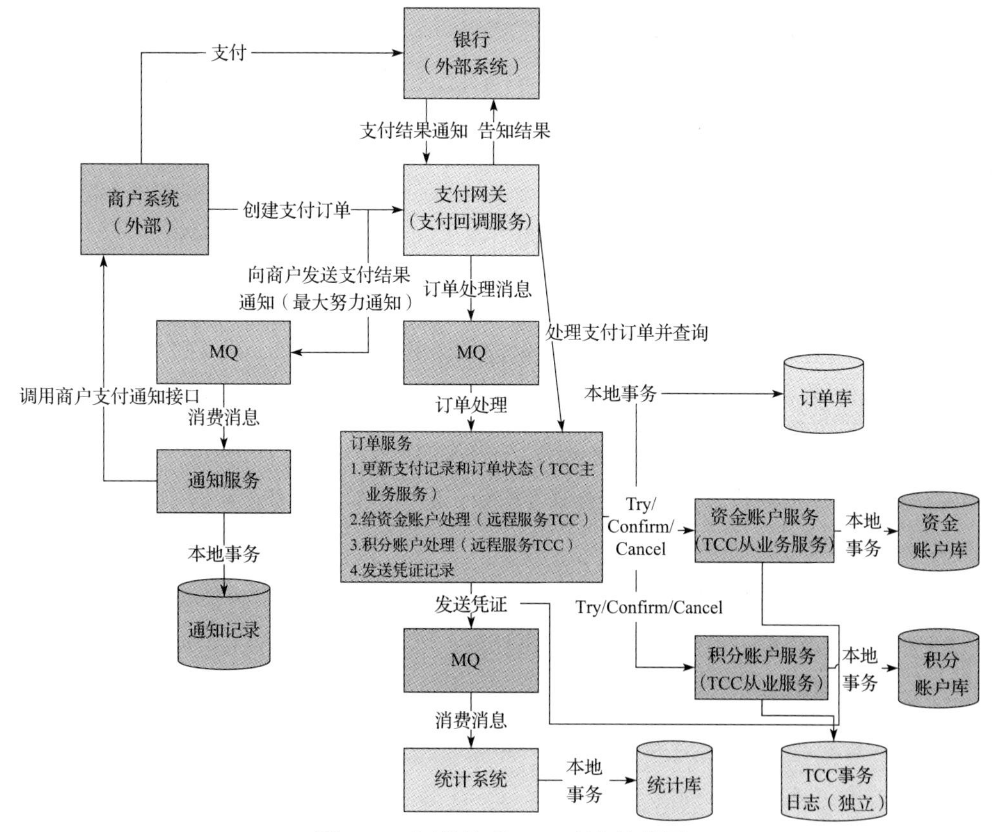

图 8-17　订单处理 TCC 事务补偿图

订单服务里面包含了订单状态处理、资金账户处理、积分账户处理等，包含了多个服务处理，当调用任何一个 RPC 远程服务处理时都可能存在异常情况，如中断、宕机没有返回响应，订单服务不知道调用的状态，这些不可靠因素都会导致数据不一致，即分布式事务问题。通过 TCC 事务补偿方式把资金账户、积分账户远程 RPC 服务通过 Try、Confirm、Cancel 处理，同时事务日志会独立保存，进而保证了数据的一致性。

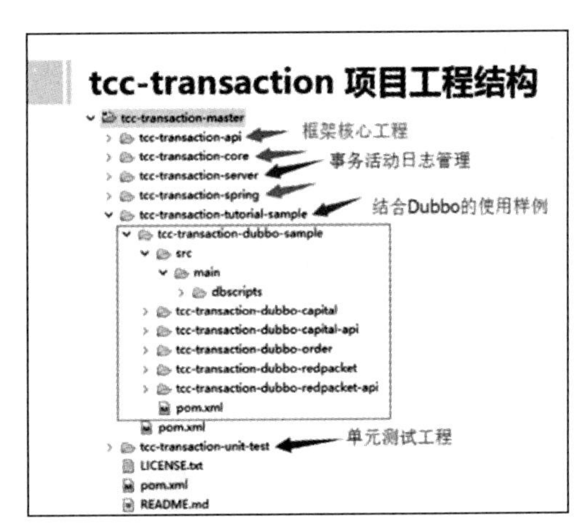

图 8-18　TCC 框架目录结构图

针对以上结构，订单服务通过 TCC 事务补偿方式处理，目录结构如图 8-18 所示。

其中，tcc-transaction-api、tcc-transaction-core 是框架核心工程，如活动管理器；tcc-transaction-server 代表事务活动日志管理；tcc-transaction-spring 集成了 spring 的特点；tcc-transaction-unit-test 代表分布式事务测试工程。tcc-transaction-tutonial-sample 是结合 Dubbo 的使用样例，其中 dubbo-order 是主服务，dubbo-capital、dubbo-redpacket 是从服务，api 是接口，通过 Dubbo 的远程调用产生的分布式事务进行处理。

3. 实现过程

实例中订单处理服务需要完成更新支付记录、更新订单状态、积分账户处理、资金账户处理等功能。利用 TCC 事务补偿方式，在订单服务中引入 TCC 注解并声明 Confirm 和 Cancel 函数，调用远程 RPC 服务，同时引入 TCC 注解并声明 Confirm 和 Cancel 函数，用于本地确认执行过程的状态，最终订单服务中会在确认所有过程都正常后才正式提交事务。

实现介绍如下：

1）引入 TCC 框架包（tcc-transaction-api、tcc-transaction-core、tcc-transaction-spring）；

2）Consume 订单服务接收 MQ 的消息处理；

3）订单服务中引入 TCC；

4）资金账户远程 RPC 服务代码；

5）积分账户远程 RPC 服务代码。

实现过程如代码清单 8-5 所示。

代码清单 8-5　订单服务消费者处理 (Consume)

```
/**
订单处理
/
consumer.registerMessageListener(new MessageListenerConcurrently() {
/**
* 默认 msgs 里只有一条消息，可以通过设置 consumeMessageBatchMaxSize 参数来批量接收消息
*/
@Override
public ConsumeConcurrentlyStatus consumeMessage(List<MessageExt> msgs,
                    ConsumeConcurrentlyContext context) {
MessageExt msg = msgs.get(0);
    if(msg==null)
    log.warn(" 消息服务接收订单消息对象为空 ");
    return ConsumeConcurrentlyStatus.CONSUME_FAIL;
//消息格式化转成订单对象
try{
    OrderInfo orderInfo =JSON.parseObject(msg.get("orderInfo"), OrderInfo.class);
    if(orderInfo.getStatus.equals( "SUCCESS" )){
        //订单处理成功
         orderService.completeOrderSuccess(orderInfo);
    }
    else{
        //处理订单失败省略
        ...... ...... ... ... ......
    }
}

}catch(Exception e){
log.error(" 订单处理异常 ",e)
//记录异常日志，重试处理省略
}
});
```

订单服务中引入 TCC 事务方法，如代码清单 8-6 所示。

代码清单 8-6　订单服务中引入 TCC

```
@Compensable(confirmMethod="confirmSuccessOrder" cancelMethod=" cancelSuccessOrder")
public void completeOrderSuccess(OrderInfo orderInfo){
    //修改支付记录状态
    int payinfoRecord=updatePayInfoRecord(orderInfo);
    //修改订单状态
    int orderRecord=updateOrderRecord(orderInfo);
    if(payinfoRecord=1 && orderRecord=1){
        //资金账户加款，远程调用
        rpcAccountTranstionService.createToAccountTcc(orderInfo);
            //积分账户增加，远程调用
```

```
                rpcPointAccountService. createToPointAccountTcc(orderInfo);
        }
    }
        @Transactional
         public void confirmSuccessOrder(OrderInfo orderInfo){
        //修改支付记录状态
        int payinfoRecord=updatePayInfoRecord(orderInfo);
        //修改订单状态
        int orderRecord=updateOrderRecord(orderInfo);
    }
        @Transactional
         public void cancelSuccessOrder(OrderInfo orderInfo){
        //查询支付记录判断状态，幂等处理
        PayInfoRecord  payInfoRecord =getByBankOrderNo(orderInfo.getBankOrderNo());
        if(TradeStatusEnum.SUCCESS.name().equals(payInfoRecord.getStatus()) ||Trade
StatusEnum. WAITING_PAYMENT.name().equals(payInfoRecord.getStatus()) ){
    log.info("订单状态：{}，不能执行取消动作",dataRpTradePaymentRecord.getStatus());
                return;
    }
        //修改支付记录状态
        int payinfoRecord=updatePayInfoRecord(orderInfo);
        //修改订单状态
        int orderRecord=updateOrderRecord(orderInfo);
    }
```

资金账户代码，如代码清单 8-7 所示。

代码清单 8-7　资金账户代码

```
    /**
     * 加款：有银行流水
    */
    @Transactional(rollbackFor = Exception.class)
        @Compensable(confirmMethod = "confirmCreateToAccountTcc",cancelMethod =
"cancelCreateToAccountTcc")
        public void createToAccountTcc(TransactionContext transactionContext, OrderInfo
orderInfo) {

            Account account = this.getByUserNo(orderInfo.getUserNo(), true);
            if (account == null) {
                throw BizException.ACCOUNT_NOT_EXIT;
            }

            // 通过请求号唯一来做幂等判断
            AccountHistory accountHistory = accountHistoryDao.getByRequestNo(tr-
ansactionContext.getRequestNo());

            if (accountHistory == null){//如果账户历史为空，则创建数据，否则，不创建账户
```

```
历史，以防止多次提交
                // 记录账户历史
                accountHistory = new AccountHistory();
                accountHistory.setCreateTime(new Date());
                accountHistory.setEditTime(new Date());
                accountHistory.setAmount(orderInfo.getAmount());
                accountHistory.setBalance(account.getBalance());
                accountHistory.setRequestNo(transactionContext.getRequestNo());
                accountHistory.setBankTrxNo(orderInfo.getBankTrxNo());
                accountHistory.setRemark(orderInfo.getRemark());
                accountHistory.setAccountNo(account.getAccountNo());
                accountHistory.setId(StringUtil.get32UUID());
                accountHistory.setUserNo(orderInfo.getUserNo());
                // 状态为TRYING（业务表设计上要有对应的状态为配合TCC的状态）
                accountHistory.setStatus(AccountHistoryStatusEnum.TRYING.name());
                this.accountHistoryDao.insert(accountHistory);
            }else if (AccountHistoryStatusEnum.CANCEL.name().equals(accountHistory.
getStatus())){
                //如果是取消的，有可能是之前的业务出现异常问题而取消，那么重试阶段再将状态更
新为TRYING状态，而不是重新创建一条
                log.info("之前因为业务问题取消后，又重试的{}", accountHistory.getBankTrxNo());
                accountHistory.setStatus(AccountHistoryStatusEnum.TRYING.name());
                this.accountHistoryDao.update(accountHistory);
            }
        }

    /**
     * 资金账户加款确认阶段
     * @param transactionContext
     * @param orderInfo
     */
    @Transactional(rollbackFor = Exception.class)
    public void confirmCreateToAccountTcc(TransactionContext transactionContext,
OrderInfo orderInfo) {

        String userNo=orderInfo.getUserNo();
        BigDecimal amount=orderInfo.getAmount();
        String requestNo=transactionContext.getByRequestNo();
        String bankTrxNo=orderInfo.getBankTrxNo();
        String trxType=orderInfo.getTrxType();
        String remark=orderInfo.getRemark();
        AccountHistory accountHistory = accountHistoryDao.getByRequestNo(requestNo);

        // 幂等判断
        if (accountHistory == null || !AccountHistoryStatusEnum.TRYING.name().
equals(accountHistory.getStatus())){
            //如果账户历史为空，或者状态为非TRYING的，就不执行确认操作
            return;
```

```
            }

            accountHistory.setStatus(AccountHistoryStatusEnum.CONFORM.name());
// 设置状态为 CONFORM
            accountHistoryDao.update(accountHistory);

            Account account = this.getByUserNo(userNo, true);
            if (account == null) {
                throw BizException.ACCOUNT_NOT_EXIT;
            }

            Date lastModifyDate = account.getEditTime();
            // 不是同一天直接清零
            if (!DateUtils.isSameDayWithToday(lastModifyDatc)) {
                account.setTodayExpend(BigDecimal.ZERO);
                account.setTodayIncome(BigDecimal.ZERO);
            }

            // 总收益累加和今日收益
            if (TrxTypeEnum.EXPENSE.name().equals(trxType)) {// 业务类型是交易
                account.setTotalIncome(account.getTotalIncome().add(amount));

                /***** 根据上次修改时间，统计今日收益 *******/
                if (DateUtils.isSameDayWithToday(lastModifyDate)) {
                    // 如果是同一天
                    account.setTodayIncome(account.getTodayIncome().add(amount));
                } else {
                    // 不是同一天
                    account.setTodayIncome(amount);
                }
                /***********************************/
            }
            /** 设置余额的值 **/
            account.setBalance(account.getBalance().add(amount));
            account.setEditTime(new Date());
            this.accountDao.update(account);
        }
    /**
        * 资金账户加款取消阶段
        * @param transactionContext
    */
    @Transactional(rollbackFor = Exception.class)
        public void cancelCreateToAccountTcc(TransactionContext transactionContext,
OrderInfo orderInfo) {

            String userNo=orderInfo.getUserNo();
            BigDecimal amount=orderInfo.getAmount();
            String requestNo=transactionContext.getByRequestNo();
```

```
            String bankTrxNo=orderInfo.getBankTrxNo();
            String trxType=orderInfo.getTrxType();
            String remark=orderInfo.getRemark();
            AccountHistory accountHistory = accountHistoryDao.getByRequestNo(requestNo);

            // 幂等判断，如果账户历史为空，或者状态为非 TRYING 中的，就不执行确认操作
            if (accountHistory == null || !AccountHistoryStatusEnum.TRYING.name().
equals(accountHistory.getStatus())){
                return;
            }

            //设置状态为取消状态
            accountHistory.setStatus(AccountHistoryStatusEnum.CANCEL.name());

            //设置为不可结算
            accountHistory.setIsAllowSett(PublicEnum.NO.name());
            accountHistoryDao.update(accountHistory);

        }
```

积分账户代码，如代码清单 8-8 所示。

代码清单 8-8 积分账户代码

```
    /**
         * 积分账户加款 Trying
         * @param transactionContext
         * @param orderInfo
         */
        @Override
        @Transactional(rollbackFor = Exception.class)
        @Compensable(confirmMethod = "confirmCreateToPointAccountTcc",cancelMeth-
od = "cancelCreateToPointAccountTcc")
        public void creditToPointAccountTcc(TransactionContext transactionContext,
 OrderInfo orderInfo) throws BizException {

            String userNo=orderInfo.getUserNo();
            BigDecimal amount=orderInfo.getAmount();
            String requestNo=transactionContext.getByRequestNo();
            String bankTrxNo=orderInfo.getBankTrxNo();
            String trxType=orderInfo.getTrxType();
            String remark=orderInfo.getRemark();

            //根据商户编号获取商户积分账户
            PointAccount pointAccount = pointAccountDao.getByUserNo(userNo);
            if (pointAccount == null){//如果不存在商户积分账户，创建一条新的积分账户
                pointAccount = new PointAccount();
                pointAccount.setBalance(0);
                pointAccount.setUserNo(userNo);
```

```
                pointAccount.setStatus(PublicEnum.YES.name());
                pointAccount.setCreateTime(new Date());
                pointAccount.setId(StringUtil.get32UUID());
                pointAccountDao.insert(pointAccount);
            }

            PointAccountHistory pointAccountHistory = pointAccountHistoryDao.getByRequestNo
(requestNo);
            // 幂等判断
            if (pointAccountHistory == null ){// 防止多次提交
                pointAccountHistory = new PointAccountHistory();
                pointAccountHistory.setId(StringUtil.get32UUID());
                pointAccountHistory.setCreateTime(new Date());
                pointAccountHistory.setStatus(PointAccountHistoryStatusEnum.TRYING.
name());// 消息不可用
                pointAccountHistory.setAmount(pointAmount);/// 积分账户变动额
                pointAccountHistory.setBalance(rpPointAccount.getBalance() + pointAmount);
                pointAccountHistory.setBankTrxNo(bankTrxNo);// 银行流水号
                pointAccountHistory.setRequestNo(requestNo);// 请求号
                pointAccountHistory.setFundDirection(PointAccountFundDirectionEnum.
ADD.name());
                pointAccountHistory.setTrxType(trxType);
                pointAccountHistory.setRemark(remark);
                pointAccountHistory.setUserNo(userNo);
                pointAccountHistoryDao.insert(pointAccountHistory);
            }else if (PointAccountHistoryStatusEnum.CANCEL.name().equals(pointAccount
History.getStatus())){
                // 如果是取消的，有可能是之前的业务出现异常问题而取消，那么重试阶段再将状态更
新为 TRYING 状态，而不是重新创建一条
                log.info("之前因为业务问题取消后，又重试的{}" , pointAccountHistory.
getBankTrxNo());
                pointAccountHistory.setStatus(PointAccountHistoryStatusEnum.TRYING.name());
                this.pointAccountHistoryDao.update(pointAccountHistory);
            }
        }

        /**
         *    积分账户增加确认
         * @param transactionContext
         * @param orderInfo
         * @return
         * @throws BizException
         */

        @Transactional(rollbackFor = Exception.class)
        public void confirmCreateToPointAccountTcc(TransactionContext transactionContext,
OrderInfo orderInfo) throws BizException {

            String userNo=orderInfo.getUserNo();
```

```
            BigDecimal amount=orderInfo.getAmount();
            String requestNo=transactionContext.getByRequestNo();
            String bankTrxNo=orderInfo.getBankTrxNo();
            String trxType=orderInfo.getTrxType();
            String remark=orderInfo.getRemark();

            //根据请求号获取账户基本流水
            PointAccountHistory pointAccountHistory = pointAccountHistoryDao.getByRequestNo
(requestNo);
            // 幂等判断
            if (pointAccountHistory == null  || PointAccountHistoryStatusEnum.CONFORM.
name().equals(pointAccountHistory.getStatus())){//该笔交易流水已处理过，不需再处理
                return;
            }

            pointAccountHistory.setStatus(PointAccountHistoryStatusEnum.CONFORM.name());
            pointAccountHistoryDao.update(pointAccountHistory);

            PointAccount pointAccount = pointAccountDao.getByUserNo(userNo);//获
取用户积分账户
            pointAccount.setBalance(pointAccount.getBalance() + pointAmount);//增
加账户余额
            pointAccountDao.update(pointAccount);


        }
        /**
         *    积分账户增加回滚
         * @param transactionContext
         * @param orderInfo
         * @throws BizException
         */
        @Transactional(rollbackFor = Exception.class)
        public void cancelCreditToPointAccountTcc(TransactionContext transactionContext,
 OrderInfo orderInfo) throws BizException {


              PointAccountHistory pointAccountHistory = pointAccountHistoryDao.
getByRequestNo(requestNo);
            // 幂等判断
            if ( pointAccountHistory == null  || !PointAccountHistoryStatusEnum.TRYING.
name().equals(pointAccountHistory.getStatus())){//该笔交易流水已处理过，不需再处理
                return;
            }

            pointAccountHistory.setStatus(PointAccountHistoryStatusEnum.CANCEL.name());
            pointAccountHistoryDao.update(pointAccountHistory);
        }
```

8.5.3 消息一致性

1. 介绍

消息发送和投递存在不可靠因素，消息发送一致性是指产生消息的业务动作与消息发送的一致。也就是说，如果业务操作成功，那么由这个业务操作所产生的消息一定要成功投递出去，否则就丢消息，如图 8-19 所示。

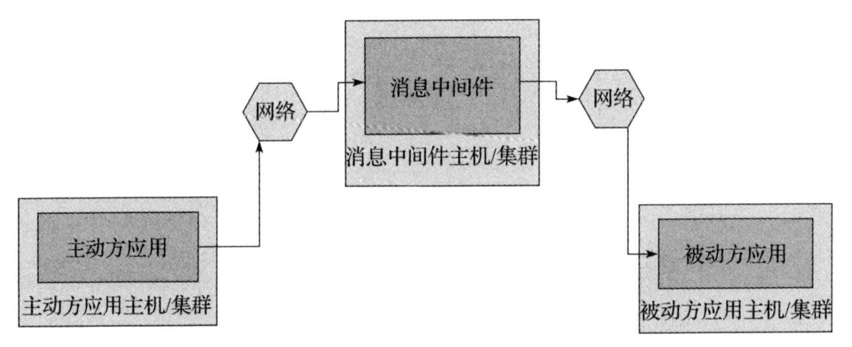

图 8-19 消息发送和投递图

分布式部署环境下，需要通过网络进行通信，这就引入了数据传输的不确定性，也就是 CAP 理论中的分区容错性（P）的问题。

2. 案例讲解

消息发送一致性如何保障？首先看一段订单处理，其分布式事务代码如代码清单 8-9 所示。

代码清单 8-9 分布式事务代码

```
/**
* 支付订单处理
**/
public void completeOrder() {
    try{
        // 订单处理（业务操作）
         Boolean result=orderBiz.execute();    @1
             if(result){
        // 发送凭证消息用于统计（发送消息）
        sendAccountingPsyMsg(); @2
        }
    }catch(Exception e){
    rollback();@3
    }
}
```

业务处理流程图如图 8-20 所示。

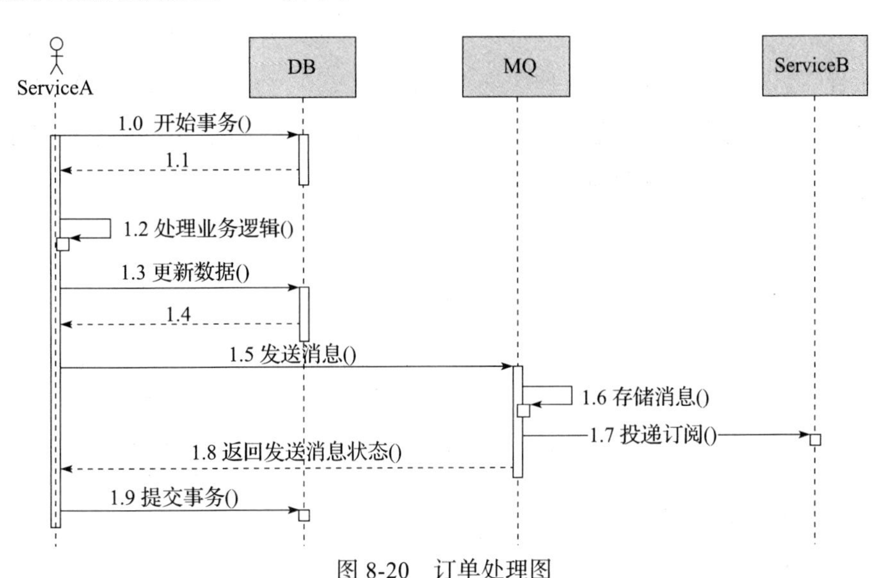

图 8-20　订单处理图

以上支付处理流程分析如下：

1）处理订单业务，包括更新订单状态，处理成功执行下一步（@1）；

2）发送凭证 MQ 消息用于统计（@2）；

3）步骤 1、2 处理失败会进入 catch，然后，数据库回滚（@3）。

流程看似很正常，但是一旦流程运转过程中出现异常情况，会有较大的隐患及问题。异常分析如下：

如果 @1 业务操作成功，执行 @2 消息发送前发生应用故障，消息发不出去，导致消息丢失（订单系统与统计系统的数据不一致）。

如果 @1 业务操作成功，应用正常，但 @2 消息系统故障或网络故障，也会导致消息发不出去（订单系统与统计系统的数据不一致）。

那能否把以上代码的顺序反过来，先发送消息，后执行业务处理呢？

这种情况更不可控，很可能消息发出去了，但业务会失败（订单系统与统计系统的数据不一致）。

引入 JMS 标准中的 XA 协议方式能否保证发送一致性呢？

JMS 协议标准的 API 中，有很多以 XA 开头的接口，其实就是前面课程讲到的支持 XA 协议（基于两阶段提交协议）的全局事务型接口。XA 可以提供分布式事务支持，但引用了 XA 方式的分布式事务又会带来很多的局限：①要求业务操作的资源必须支持 XA 协议（并不是所有资源都支持 XA），②两阶段提交协议的成本，③持久化成本等 DTP 模型的局限性（全局锁定，成本高，性能低）。因此引入 XA 协议不是较妥当的方式，而且会违背柔性事务的初衷。可以通过消息一致性的方式来解决以上流程中的事务问题。

消息一致性实现方式有两种：本地消息服务、独立消息服务。

1. 本地消息服务

通过本地消息服务方式来实现，如图 8-21 所示。

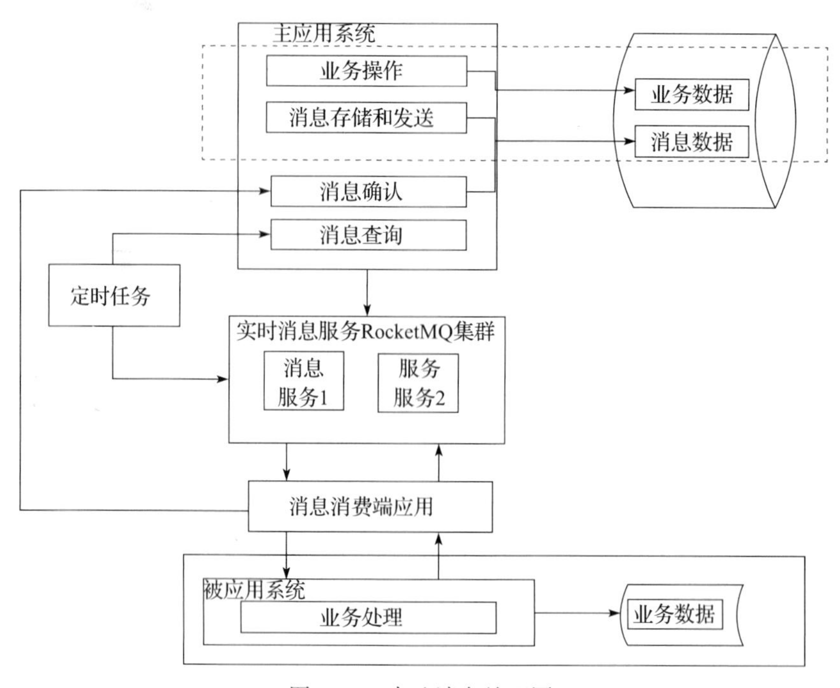

图 8-21　本地消息处理图

由于业务系统和 MQ 消息的交互存在诸多不确定因素，使用本地消息存储方式，系统本身包含了消息存储用于记录业务的操作状态，主应用的业务处理和消息记录在同个事务中，以确保数据的一致性。

从应用设计开发的角度实现了消息数据的可靠性，消息数据的可靠性不依靠于 MQ 中间件，弱化了对 MQ 中间件特性的依赖。方便较轻量级，容易实现。它的弊端和局限如下：

1）与具体的业务场景绑定，耦合性强，不可共用；

2）消息数据与业务数据同库，占用业务系统资源，降低了业务数据库的并发能力和占用磁盘空间；

3）业务系统在使用关系型数据库的情况下，消息服务性能会受到关系型数据库的并发性能的限制。

本地消息服务处理流程如图 8-22 所示。

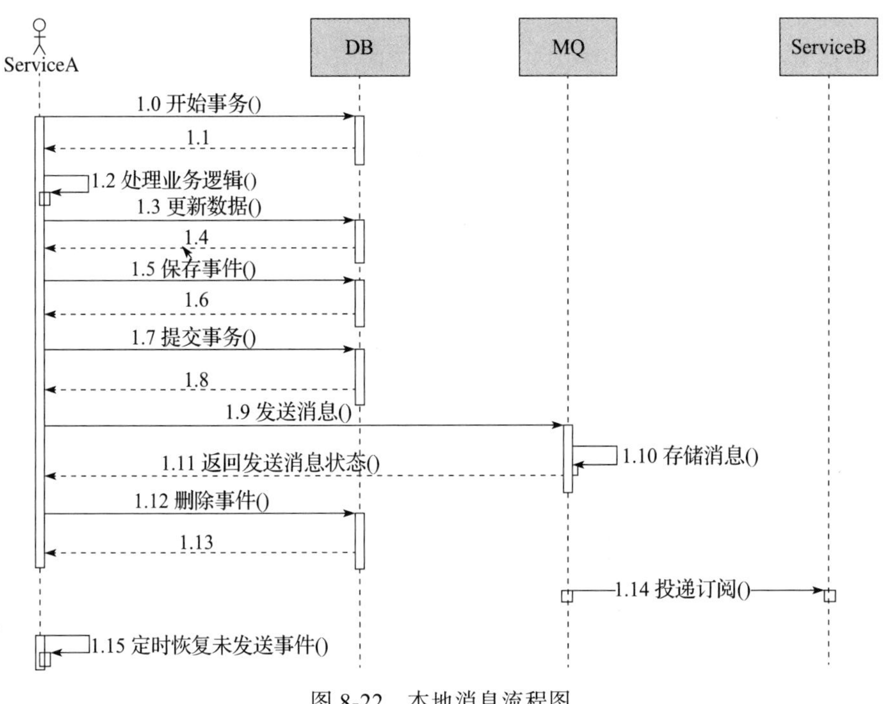

图 8-22　本地消息流程图

处理流程如下。

1）业务操作数据库成功后保存事件，把业务操作和操作事件保存在同个事务中，要么都成功，要么都失败，以保证数据保持一致。

2）业务操作成功后发送消息到 MQ，MQ 发送成功后，删除本地事件记录，可能发送 MQ 消息由于网络原因迟迟会返回结果，此时本地事件状态处于未发送状态。

3）通过定时轮询本地处于未发送状态的记录，然后持续发送消息到 MQ，保证 MQ 消息正常消费，MQ 服务消费者针对消息要做幂等，如有些消息自带重试功能（RabbitMQ、RocketMQ）。

4）正常情况下，消息由于当时网络带宽问题、MQ 服务器问题等导致不可用，轮询发送消息可加大消息被正常消费力度。

5）极端情况下，若同条消息发送 5 ～ 10 次还未正常消费，则需要人工干预处理。

本地消息服务的优点和劣势如下。

1）实现过程简单、实用；

2）需要和业务场景绑定，局限性较大；

3）和主应用系统存储在同个库，双方都存在一定的性能影响；

4）横向扩展较麻烦。

本地消息方式基本上可以解决分布式事务等问题。但由于需要和业务场景绑定，局限性较大，比较适合不复杂的业务场景，实现过程简单。

2. 独立消息服务

通过独立消息服务方式来实现，如图 8-23 所示。

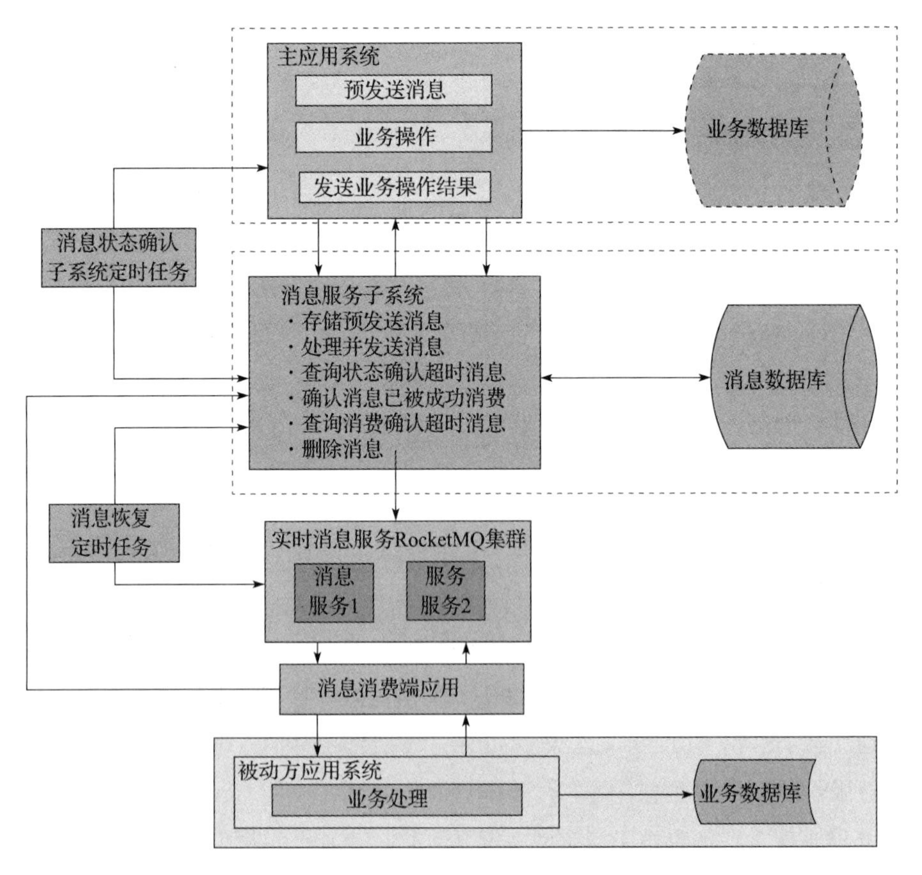

图 8-23　独立消息流程图

可见，实现可靠消息投递不一定需要引入 MQ 中间件，那么，具体是如何实现消息发送一致性的？独立消息服务是把消息服务独立成一个单独的消息服务子系统，而不与主应用系统耦合在一起，通过服务交互的方式来实现。消息服务子系统需要单独去实现，有实现成本，但它不与具体的业务场景绑定，满足业务场景，可共用。

下面通过消息发送一致性正常流程、异常流程，消息投递（消息）正常流程、消息投递（消息）异常流程来分析。

消息发送一致性正常流程如下。

1）主动方应用系统处理具体业务之前先预发送一条消息至消息服务子系统。

2）消息服务子系统存储预发送消息，消息状态为“预发送”，存储失败返回失败，业务操作不会执行。存储成功返回成功。

3）预发送消息、业务操作、发送业务操作结果处于同一个本地事务中，此时主动方应用开始执行业务处理，并发送业务处理结果。如果处理失败，主应用业务回滚。消息服务子系统有存储预发送消息，消息状态没有真正确认，不会投递到下游系统。如处理成功，则投递到消息服务子系统。

4）消息服务子系统会确认消息，并发送消息至 MQ，更改消息状态为“已发送”，如 RocketMQ 实时消息服务。

5）消息消费端实时监听并接收处理消息。

消息发送一致性异常流程之“消息服务子系统存储预发送消息失败”，分析如下。

1）消息服务子系统存储预发送消息失败，主动方应用系统和消息服务子系统都未存储成功，数据一致性。

2）消息服务子系统存储预发送消息成功，因为网络延迟、中断故障导致返回失败，主应用系统没有收到预发送消息成功结果，消息一直没有‘被确认’，故主应用不会进行业务操作，数据一致性。

3）通过消息状态确认子系统，定时任务方式定期按照规则来查询消息服务子系统中未确认的消息，主动调用主应用系统提供（业务查询接口）。

4）业务查询接口用于查询业务操作是否成功，如果处理成功，调用消息服务子系统把消息确认并发送至 MQ 实时消息服务。失败即调用消息服务子系统删除消息。

消息发送一致性异常流程之“消息服务子系统存储预发送消息成功”，分析如下。

1）消息服务子系统存储预发送消息成功，返回成功，业务操作成功，返回操作结果因为网络延迟、中断故障导致返回失败。

2）后续流程如“消息服务子系统存储预发送消息失败”中，2、3、4 流程一致。

消息投递（消息）正常流程分析如下。

1）投递到实时服务消息，会被消息业务端消费掉。

2）调用被动方应用的服务进行业务处理，业务处理返回处理结果。如果成功，实时消息服务会删除刚传输的消息，如果失败，实时消息服务会重新发送消息，尽最大努力让消息成功消费掉。

3）调用消息服务子系统，确认消息已经被成功消费掉，消息服务子系统更改消息状态为“已消费”或者删除掉消息。根据系统要求而定，消息不删除会占用越来越多的磁盘空间。

消息投递（消息）异常流程分析如下。

1）消息业务消费端接收实时消息服务、消息业务消费端调用被动方应用系统都存在跨网络，都可能会出问题。

2）“已发送”消息状态的消息一直都没被确认，消息服务子系统不可能一直保留这种状态消息不处理，于是，通过消息恢复子系统即定时任务定期按照规则捞取“已发送未被确认”的消息，然后重新投递到实时消息服务，保证消息被正常消费，直到业务处理成功。

3）被动方应用会重复收到一样的消息，所以需要实现幂等，重试消息成功状态下只处理一次即可。

独立消息的优势和劣势如下。

1）独立服务方式消息服务可以独立部署，动态伸缩；消息服务可以被多业务场景复用，降低重复建设消息服务成本；从应用分布式服务设计开发角度实现了消息数据的可靠性，消息数据可靠性不依赖于 MQ 中间件，弱化了对 MQ 中间件的依赖。

2）一次消息需要发送两次请求。

3）主动方应用系统需要实现业务操作状态校验查询接口。

独立服务方式业务链长，实现过程较复杂、成本较高，适用于复杂、大型分布式事务等应用系统。可根据业务功能、场景、资源等灵活选择本地服务、独立服务等方式。

3. 实现过程

消息一致性本地服务方式实现较简单，这里不再赘述，下面主要针对独立服务方式进行核心部分代码详细讲解。实现过程如代码清单8-10所示。

代码清单8-10　消息服务子系统接口设计

```
    /**
    *1. 预存储消息
    */
    String saveMessageWaitingConfirm(TransactionMessage transactionMessage)
throws MessageBizException;
    /**
    *2. 确认并发送消息
    */
    void confirmAndSendMessage(String messageId) throws MessageBizException;
    /**
    *3. 存储并发送消息（有些业务会用到发送和存储二合一）
    */
    String saveAndSendMessage(TransactionMessage transactionMessage) throws Message
BizException;
    /**
    *4. 直接发送消息（透彻）
    */
    void sendMessage(TransactionMessage transactionMessage) throws
MessageBizException;
    /**
    *5. 重新发送消息
    */
    void reTrySendMessage(String messageId) throws MessageBizException;
    /**
    *6. 重发某个队列中全部“死亡”消息
    */
    void reTrySendDeadMessageByQueue(String queueName,int batchSize) throws Message
BizException;
    /**
    *7. 消息标记“死亡状态”
    */
    void setMessageToDead(String messageId) throws MessageBizException;
    /**
    *8. 消息ID获取消息
    */
    TransactionMessageVo getMessageByMessageId(String messageId) throws Message
BizException;
    /**
    *9. 消息ID删除消息
    */
    int deleteMessageByMessageId(String messageId) throws MessageBizException;
```

```
    /**
    *10.获取消息列表（分页）
    */
    List<TransactionMessage> listPage(Page page, TransactionMessage transaction
Message) throws MessageBizException;
```

消息服务子系统接口设计，如代码清单 8-11 所示。

代码清单 8-11 消息服务子系统接口实现设计

```
        /**
        *1.预存储消息
        */
    String saveMessageWaitingConfirm(TransactionMessage transactionMessage){
        //@1 消息参数校验
        //@2 存储消息并设置为“预发送待确认”
        //@3 返回消息 id
    }
    /**
        *2.确认并发送消息
        */
    void confirmAndSendMessage(TransactionMessage transactionMessage){
        //@1 消息参数校验
        //@2 更改消息状态为“确认发送中”
        //@3 投递消息到实时消息
    }
    /**
        *3.存储并发送消息（有些业务会用到发送和存储二合一）
        */
    String saveAndSendMessage(TransactionMessage transactionMessage){
        //@1 消息参数校验
        //@2 存储消息并设置状态为“确认发送中”
        //@3 投递消息到实时消息
    }
    /**
    *4.直接发送消息（透彻）
        */
    void sendMessage(TransactionMessage transactionMessage){
        //@1 消息参数校验
        //@2 投递消息到实时消息
    }
    /**
    *5.重新发送消息
    */
    void reTrySendMessage(String messageId){
        //@1 消息参数校验
        //@2 更改消息重试次数和更新时间
        //@3 投递消息到实时消息
```

```
    /**
    *6. 重发某个队列中全部“死亡”消息
    */
    void reTrySendDeadMessageByQueue(String queueName,int batchSize){
         //@1 消息参数校验
        //@2 当死亡消息过多，单个处理效率较慢，提供批量处理某个队列中全部死亡的消息，获取某个队
列中的死亡消息
        //@3 投递消息到实时消息
    }
    /**
    *7. 消息标记“死亡状态”
    */
    void setMessageToDead(String messageId){
        //@1 消息参数校验
        //@2 消息超多指定次数后，更新状态为“死亡”
    }
    /**
    *8. 消息 ID 获取消息
    */
    TransactionMessageVo getMessageByMessageId(String messageId){
        //@1 通过消息 ID 获取消息的信息
    }
    /**
    *9. 消息 ID 删除消息
    */
    int deleteMessageByMessageId(String messageId){
        // 消息过多，包括很多无用过期的消息，提供删除功能，根据消息 ID 进行删除
    }
    /**
    *10. 获取消息列表（分页）
    */
    List<TransactionMessage> listPage(Page page, TransactionMessage transaction
Message){
        //@1 消息服务子系统管理平台，可以进行消息监测和维护，提供列表接口（分页）
    }
    }
```

消息状态子系统检查，如代码清单 8-12 所示。

代码清单 8-12　消息状态子系统（定时任务）

```
    /**
    * 消息状态子系统，可以单独集群部署多台，可采用 ElasticJob 业务流方式处理 job
    /
    void handleWaitConfirmMessage(){
        //@1 设置分页参数，每次查询多少条
        //@2 获取配置开始查询的时间，可根据不同业务配置不同处理的时间
        //@3 查询状态“待确认”消息（分页）
```

```
    //@4 查询业务系统接口，业务是否处理成功
    //@5 处理成功更新消息状态（已确认发送中），处理失败即删除消息（也可以转储归档）
}
```

消息恢复子系统检查，如代码清单 8-13 所示。

代码清单 8-13　消息恢复子系统（定时任务）

```
/**
* 消息恢复子系统，可以单独集群部署多台，可采用 ElasticJob 业务流方式处理 job
* 处理同个消息重试发送，可根据规则，如第一次失败，间隔 2 分钟后重试，第二次失败间隔 5 分钟，依次类推，可设置最大重试次数。间隔时间越长系统恢复可能性越大
/
void handleWaitConfirmMessage(){
    //@1 设置分页参数，每次查询多少条
    //@2 获取配置开始查询的时间
    //@3 查询状态“发送中”消息
    //@4 查询状态“存活”消息
    //@5 分页查询
    //@6 判断消息发送次数，超过最大次数标记为“死亡”状态，更新状态
    //@7 重新投递消息至实时服务消息
}
```

消息服务子系统模型设计，如代码清单 8-14 所示。

代码清单 8-14　消息服务子系统模型设计

```
`id` varchar(50) NOT NULL DEFAULT '' COMMENT '主键 ID',
    `version` int(11) NOT NULL DEFAULT '0' COMMENT '版本号',
    `editor` varchar(100) DEFAULT NULL COMMENT '修改者',
    `creater` varchar(100) DEFAULT NULL COMMENT '创建者',
    `edit_time` datetime DEFAULT NULL COMMENT '最后修改时间',
    `create_time` datetime NOT NULL DEFAULT '0000-00-00 00:00:00' COMMENT '创建时间',
    `message_id` varchar(50) NOT NULL DEFAULT '' COMMENT '消息 ID',
    `message_body` longtext NOT NULL COMMENT '消息内容',
    `message_data_type` varchar(50) DEFAULT NULL COMMENT '消息数据类型',
    `consumer_queue` varchar(100) NOT NULL DEFAULT '' COMMENT '消费队列',
    `message_send_times` smallint(6) NOT NULL DEFAULT '0' COMMENT '消息重发次数',
    `areadly_dead` varchar(20) NOT NULL DEFAULT '' COMMENT '是否死亡',
    `status` varchar(20) NOT NULL DEFAULT '' COMMENT '状态',
    `remark` varchar(200) DEFAULT NULL COMMENT '备注',
    `field1` varchar(200) DEFAULT NULL COMMENT '扩展字段 1',
    `field2` varchar(200) DEFAULT NULL COMMENT '扩展字段 2',
    `field3` varchar(200) DEFAULT NULL COMMENT '扩展字段 3',
    PRIMARY KEY (`id`),
    KEY `AK_Key_2` (`message_id`)
```

独立服务模型设计说明：创建时间、修改时间用于 MQ 的重试、异常处理，消息数据类型用于存放不同类型的数据，默认 JSON，可选 XML、TEXT 等。消费队列用于适配不同类型的消息中间件。消息重发次数用于统计和异常处理，“是否死亡”字段用于消息重发次数超过设定标准后，标识消息的状态。消息状态包括预发送未确认、已确认发送中、已成功消费、失败消费等。独立消息服务会反查相关系统的接口，扩展字段存储相关业务关键字段。

8.6　分布式事务案例讲解

【示例】 电商下单

通过下单的过程讲解优化步骤以及分布式事务处理方式选择，下单流程图如图 8-24 所示。

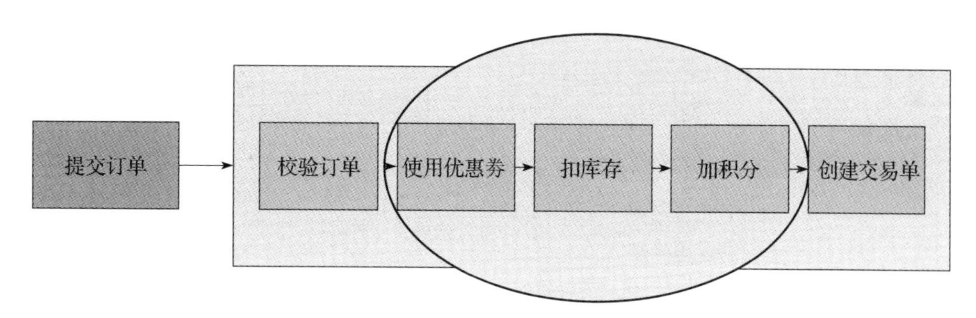

图 8-24　下单流程图

用户下单确认后，整个过程中存在分布式事务等问题，电商系统往往会有诸多业务和订单、用户联系在一起，如优惠券、库存、积分等。正常系统业务层处理的流程顺序是把优惠券、库存、积分单独组成一个独立的 RPC 服务（当然根据系统的规模大小、业务量存在多个业务服务，假设其中有 100 个服务），系统按照顺序依次调用每个远程服务，每个服务都是同步调用。调用远程服务涉及跨网络，网络传输存在诸多不确认因素，因此，为了保证各服务数据的一致性，采用同步依次调用方式非常耗费性能，异常情况下甚至会有较大的问题。

当然 100 个业务服务可以独立部署、横向扩展部署多台能够提供更高效的服务，但是下单整个流程是同步方式，其中每调用一个服务都会消耗资源，加起来整个链路非常长且缓慢，未达到快速响应的效果，不能给用户提供良好的体验。

那么采用异步方式调用远程服务可以吗？

之所以以同步方式调用，是为了能保证数据的一致性，如果采用异步方式调用，完全违背了初衷且无法保证数据的一致性。

优化下单处理方式，并采用消息一致性来处理分布式问题，如图 8-25 所示。

优化后的流程，正常执行分析如下：

1）下单校验通过后，先创建订单记录，并设置“不可见”状态，让用户看不到；

2）并行调用多个 RPC 远程服务，等待多个服务都执行成功；

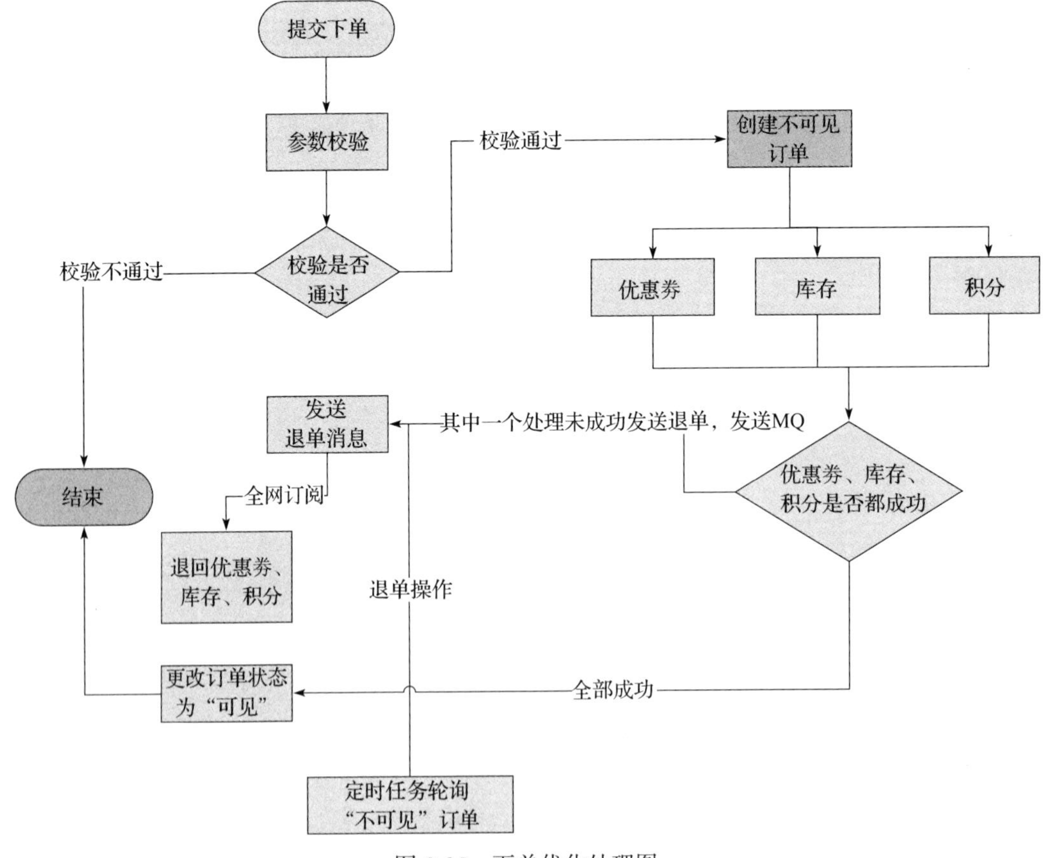

图 8-25　下单优化处理图

3）多服务都执行成功后，更改订单状态为“可见”，此时用户可以正常看到订单记录。

流程中，异常过程分析如下。

1）当订单校验通过后，如果不实现创建订单，直接调用多个 RPC 服务（优惠券、库存、积分）业务，如果在此期间，出现应用宕机、网络中断、远程服务异常等情况，没有订单记录，待恢复后也不好弥补处理相关流程。

2）当订单校验通过后，先创建订单，为后续服务异常处理提供依据。

3）把多个远程服务设置到线程池中，并且设置每个服务执行的超时时间，同时去调用多个服务，当到指定的超时时间未执行完毕（跨网络存在多种异常情况），认定为执行失败，因此，发送退单消息至MQ中（MQ中间件带有重试功能，高吞吐量，稳定性好。如RocketMQ），消息投递过程中也存在诸多因素，可重试发送消息，保证消息投递成功。

4）全网订阅指订单涉及业务统一订阅此类消息，实现幂等，执行回滚操作。

5）极端情况下，调用远程RPC服务（优惠券、库存、积分）、发送消息都不可靠，都存在失败，此时会有个定时任务，按照规则轮询“不可见”订单，由于涉及场景异常情况过多，业务流程复杂，不考虑重新处理订单流程，因此，直接发送退单消息。

8.7　本章小结

本章重点介绍了分布式事务的特性以及产生的因素，同时介绍了多种目前主流处理分布式事务的解决方案，以针对不同应用场景产生的分布式事务采用不同的处理方案。为了能够更加了解分布式事务解决方案，从场景、问题产生、解决方案、案例、源码实现多个角度去阐述。

不要盲目地选择分布式事务解决方案，要结合系统规划、业务类型、成本等多种因素综合考虑，选择一个合适的解决方案。

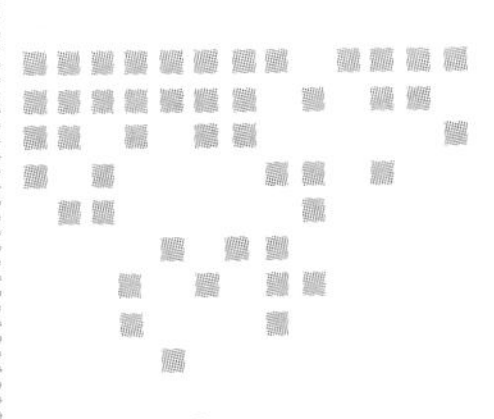

Chapter 9 第9章

分布式架构 MySQL

MySQL 是一种关系数据库，由瑞典 MySQL AB 公司开发，目前属于 Oracle。MySQL 在之前因开源的原因在 Web 应用方面使用非常广泛，同时也因为体积小、速度快、使用成本低，尤其是开放源码这一特点，深受大中小型企业的喜爱，MySQL 采用标准化的 SQL 语言帮助用户更好地管理数据库系统。

本章重点内容如下：

- ❑ MySQL 运行原理
- ❑ MySQL 编译启动
- ❑ MySQL 事务
- ❑ MySQL 存储引擎
- ❑ MySQL 之 SQL 操作
- ❑ MySQL 索引
- ❑ MySQL 备份
- ❑ MySQL 难点
- ❑ MySQL 性能优化
- ❑ MySQL 集群

9.1　MySQL 运行原理

MySQL 采用的是客户 / 服务器体系结构，因此在实际使用时，有两个程序。

1）MySQL 服务器程序，指的是 mysqlld 程序，运行在数据库服务器上，负责在网络上监听、处理来自客户端的服务请求，并根据这些请求去访问数据库的内容，再把有关信息回传给客户。

2）MySQL 客户端程序，负责连接到数据库服务器，并通过发出命令来告知服务器它想要的操作。

MySQL 的逻辑结构图如图 9-1 所示。

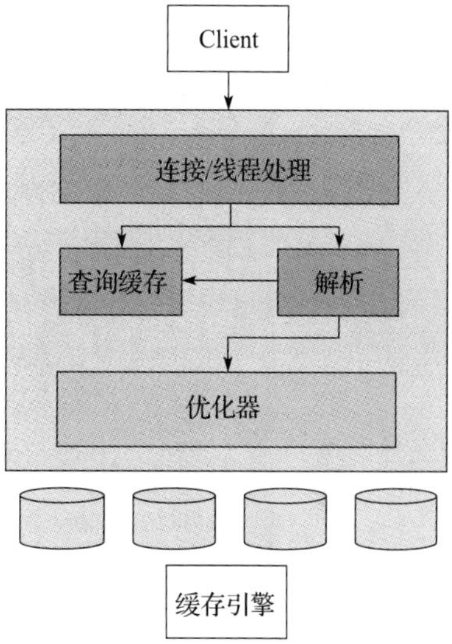

Client
连接/线程处理
查询缓存
解析
优化器
缓存引擎

图 9-1　MySQL 的逻辑结构图

MySQL 逻辑图中内部大致分为三层。

1）最上层是大部分基于网络 C/S 服务都有的部分，比如连接处理、授权认证、安全等。

2）中间层包括 MySQL 的很多核心服务功能，包括查询解析、分析、优化、缓存以及所有的内置函数（例如日期、时间、数学和加密函数）。所有跨存储引擎的功能都在这一层实现，包括存储过程、触发器、视图等。

3）最下层包含了存储引擎，存储引擎负责 MySQL 中数据的存储和提取，是数据库中非常重要、非常核心的部分，也是 MySQL 区别于其他数据库的一个重要特性。

不同的存储引擎有不同的特点，MySQL 支持插入式的存储引擎，可以根据实际情况选择最合适的存储引擎。不过目前对于绝大部分应用来说，MySQL 默认的存储引擎 InnoDB 应该就是其最佳选择。

MySQL 是由 SQL 接口、解析器、优化器、缓存、存储引擎组成的，如图 9-2 所示。介绍如下。

1）接口指的是不同语言与 SQL 的交互。

2）连接池：管理缓冲用户连接、用户名、密码、权限校验、线程处理等需要缓存的需求。

3）SQL 接口：接收用户的 SQL 命令，并且返回用户需要查询的结果。比如 select from 就是调用 SQL Interface。

4）解析器：SQL 命令传递到解析器的时候会被解析器验证和解析。解析器是由 Lex 和 YACC 实现的，是一个很长的脚本，主要功能是将 SQL 语句分解成数据结构，并将这个结构传递到后续步骤，以后 SQL 语句的传递和处理都是基于这个结构。如果在分解构成中遇到错误，那么就说明这个 SQL 语句是不合理的。

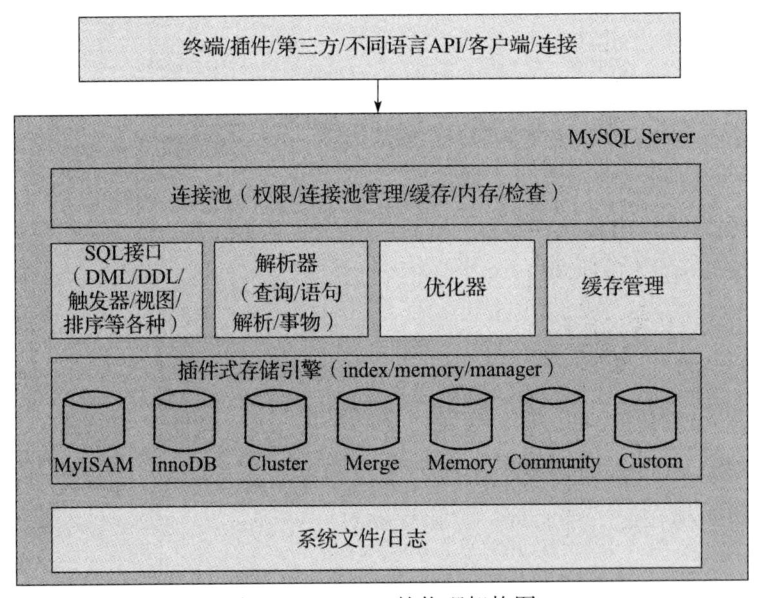

图 9-2　MySQL 的物理架构图

5）查询优化器：SQL 语句在查询之前会使用查询优化器对查询进行优化。使用的是“选取 – 投影 – 连接”策略进行查询。例如：“ select name from demo where ids= 1;”中的 select 查询是先根据 where 语句进行选取，而不是先将表全部查询出来以后再进行 ids 过滤，select 查询是先根据 name 进行属性投影，而不是将属性全部取出以后再进行过滤，再将查询条件连接起来生成最终查询结果。

6）高速缓存区：查询缓存，如果查询缓存有命中的查询结果，查询语句就可以直接去查询缓存中取数据。通过 LRU 算法将数据的冷端溢出，未来得及刷新到磁盘的数据页，叫脏页。这个缓存机制是由一系列小缓存组成的，比如表缓存、记录缓存、key 缓存、权限缓存等。

7）存储引擎：存储引擎是 MySQL 中具体与文件打交道的子系统，也是 MySQL 最具有特色的一个地方。MySQL 的存储引擎是插件式的。它根据 MySQL AB 公司提供的文件访问层的一个抽象接口来定制一种文件访问机制（这种访问机制就叫存储引擎）。现在有很多种存储引擎，各个存储引擎的优势各不一样，最常用的是 MyISAM、InnoDB。MyISAM 引擎查询速度快，有较好的索引优化和数据压缩技术，但是它不支持事务。InnoDB 支持事务，并且提供行级的锁定，应用也相当广泛。MySQL 也支持自己定制存储引擎，甚至一个库中不同的表可以使用不同的存储引擎。

MySQL 中内存大致分为全局内存、线程内存两大部分。

1. 全局内存

全局内存包含如下内容。

1）innodb_buffer_pool_size。

- InnoDB 高速缓冲 data 和索引，简称 IBP，这是 InnoDB 引擎中影响性能最大的参数。建议将 IBP 设置的大一些，单实例下，建议设置为可用 RAM 的 50% ～ 80%。
- InnoDB 不依赖 OS，而是自己缓存了所有数据，包括索引数据、行数据等，这与 MyISAM 有所差别。
- IBP 有一块 buffer 用于插入缓冲，在插入时，先写入内存，再合并后顺序写入磁盘；在合并到磁盘的时候会引发较大的 I/O 操作，对实际操作造成影响（看上去的表现是抖动，TPS 变低）。
- show global status like ‘innodb_buffer_pool_%’：查看 IBP 状态，单位是 page(16KB)，其中，Innodb_buffer_pool_wait_free 如果较大，需要加大 IBP 设置。
- InnoDB 会定时（约每 10 秒）将脏页刷新到磁盘，默认每次刷新 10 页；要是脏页超过了指定数量（innodb_max_dirty_pages_pct），InnoDB 则会每秒刷 100 页脏页。
- innodb_buffer_pool_instances 可以设置 pool 的数量。
- show engine innodb status\G 可以查看 InnoDB 引擎状态。

2）innodb_additional_mem_pool_size：指定 InnoDB 用来存储数据字典和其他内部数据结构的内存池大小。默认为 8MB（8388608）。通常不用太大，只要够用就行，与表结构的复杂度有关系。如果不够用，MySQL 会在错误日志中写入一条警告信息。

3）innodb_log_buffer_size。

- innodb redo：日志缓冲，提高 redo 写入效率。如果表操作中包含大量并发事务（或大规模事务），并且在事务提交前要求记录日志文件，请尽量调高此项值，以提高日志效率。
- show global status：查看 Innodb_log_waits 是否大于 0，如果是，需要提高 innodb_

log_buffer_size，否则维持原样。

- show global stauts：查看 30 ～ 60 秒钟 Innodb_os_log_written 的间隔差异值，即可计算出 innodb_log_buffer_size 的合适大小。默认为 8MB，一般设置为 16 ～ 64MB 即可。

4）key_buffer_size。

- MyISAM 引擎中表的索引的缓存大小，默认为 16MB；单个 key_buffer_size 最大只有 4GB（32 位系统下最大 4GB，64 位系统下可以超过 4GB）。
- 若主要使用 MyISAM 存储引擎，则设置最高不超过物理内存的 20% ～ 50%。
- 即便全是 InnoDB 表，没用 MyISAM，也需要设置 key_buffer_size 用于缓存临时表的索引，推荐设置 32MB。
- 关于临时表，可通过指令（show global status like 'Create%'; show variables like 'tmp%';）检查内存。

5）query_cache_size：查询高速缓冲，缓存结果，减少硬解析（建议关闭，如果需要查询缓存，可以借助 Redis 等缓存）。

6）table_definition_cache：表定义文件描述缓存，提高表打开效率，是 frm 文件在内存中的映射。MySQL 需要打开 frm 文件，并将其内容初始化为 Table Share 对象。这里存放与存储引擎无关的、独立的表定义相关信息。

7）table_open_cache。

- 表空间文件描述缓冲，提高表打开效率。
- 增加 table_open_cache，会增加文件描述符（ulimit -a 查看系统的文件描述符），当 table_open_cache 设置过大时，如果系统处理不了这么多文件描述符，就会出现客户端失效、连接不上的情况。
- table_open_cache，也就是平时说的 table cache。存放当前已经打开的表句柄，与表创建时指定的存储引擎相关。请注意和 table_define_cache 参数的区别。为什么 MySQL 会出现 table_open_cache 和 table_define_cache 这两个概念？ MySQL 支持不同的存储引擎，每种存储引擎，数据存储的格式都是不一样的，因此需要指定一个存储引擎相关的 handler。这就是 table cache 的作用（table_open_cache 参数）。另外表的定义也需要存放在内存中，而表的定义 frm 文件的每个存储引擎是通用的，需要另外独立开来，这就有了 table definition cache。

8）max_heap_table_size：定义了 MEMORY、HEAP 表的最大容量，如果内存不够，

则不允许写入数据。

9）tmp_table_size：规定了内部内存临时表的最大值，每个线程都要分配（实际起限制作用的是 tmp_table_size 和 max_heap_table_size 的最小值）。如果内存临时表超出了限制，MySQL 就会自动把它转化为基于磁盘的 MyISAM 表，存储在指定的 tmpdir 目录下。优化查询语句的时候，要避免使用临时表，如果实在避免不了，要保证这些临时表是存在内存中的，否则临时表超过内存临时表的限制，会自动转化为基于磁盘的 MyISAM 表。

2. 线程内存

每个连接到 MySQL 服务器的线程都需要有自己的缓冲，大概需要立刻分配 256KB，甚至在线程空闲时，它们使用默认的线程堆栈、网络缓存等。事务开始之后，则需要增加更多的空间。运行较小的查询可能仅给指定的线程增加少量的内存消耗。如果对数据表做复杂的操作，例如扫描、排序或者需要临时表，则需分配大约 read_buffer_size、sort_buffer_size、read_rnd_buffer_size、tmp_table_size 大小的内存空间，不过它们只是在需要的时候才分配，并且在那些操作做完之后就释放了。分配内存空间具体介绍如下。

1）read_buffer_size：MySQL 读入缓冲区大小。对表进行顺序扫描的请求，MySQL 会为它分配一段内存缓冲区。read_buffer_size 变量控制这一缓冲区的大小。如果对表的顺序扫描请求非常频繁，并且你认为频繁扫描进行得太慢，可以通过增加该变量值以及内存缓冲区大小来提高其性能。

2）read_rnd_buffer_size：MySQL 的随机读缓冲区大小。当按任意顺序读取行时（例如，按照排序顺序），将分配一个随机读缓存区。进行排序查询时，MySQL 会首先扫描一遍该缓冲，以避免磁盘搜索，提高查询速度，如果需要排序大量数据，可适当调高该值。但 MySQL 会为每个客户连接发放该缓冲空间，所以应尽量适当设置该值，以避免内存开销过大。

3）sort_buffer_size：MySQL 执行排序使用的缓冲大小。如果想要增加 ORDER BY 的速度，首先看是否可以让 MySQL 使用索引而不是额外的排序阶段。如果不能，可以尝试增加 sort_buffer_size 变量的大小。

4）join_buffer_size：应用程序经常会出现一些两表（或多表）Join 的操作需求，MySQL 在完成某些 Join 需求的时候（all/index join），为了减少参与 Join 的“被驱动表”的读取次数以提高性能，需要使用到 Join Buffer 来协助完成 Join 操作。当 Join Buffer 太小，MySQL 不会将该 Buffer 存入磁盘文件，而是先将 Join Buffer 中的结果集与需要 Join 的表进行 Join 操作，然后清空 Join Buffer 中的数据，继续将剩余的结果集写入此 Buffer

中，如此往复。这势必会造成被驱动表被多次读取，成倍增加 I/O 访问，降低效率。

5）binlog_cache_size：在事务过程中容纳二进制日志 SQL 语句的缓存大小。二进制日志缓存是服务器在支持事务存储引擎并且服务器启用了二进制日志（—log-bin 选项）的前提下为每个客户端分配的内存，注意，是每个 Client 都可以分配设置大小的 binlog cache 空间。如果系统中经常会出现多语句事务的话，可以尝试增加该值的大小，以获得更好的性能。当然，我们可以通过 MySQL 以下两个状态变量来判断当前的 binlog_cache_size 的状况：binlog_cache_use 和 binlog_cache_disk_use。与 binlog_cache_size 相对应，max_binlog_cache_size 代表的是 binlog 能够使用的最大 cache 内存大小。当我们执行多语句事务的时候，如果 max_binlog_cache_size 不够大，系统可能会报出"Multi-statement transaction required more than 'max_binlog_cache_size' bytes of storage"的错误。其中需要注意的是：table_cache 表示的是所有线程打开的表的数目，与内存无关。

6）tmp_table_size：MySQL 的临时表缓冲大小。所有联合在一个 DML 指令内完成，并且大多数联合甚至可以不用临时表就可以完成。大多数临时表是基于内存的 heap 表。具有大的记录长度的临时表（所有列的长度的和）或包含 BLOB 列的表存储在硬盘上。如果某个内部 heap（堆积）表大小超过 tmp_table_size，MySQL 可以根据需要自动将内存中的 heap 表改为基于硬盘的 MyISAM 表。还可以通过设置 tmp_table_size 选项来增加临时表的大小。也就是说，如果调高该值，MySQL 同时将增加 heap 表的大小，可达到提高连接查询速度的效果。

7）thread_stack：主要用来存放每一个线程自身的标识信息，如线程 ID、线程运行时基本信息等，我们可以通过 thread_stack 参数来设置为每一个线程栈分配的内存大小。

8）thread_cache_size：MySQL 服务器配置文件中设置了 thread_cache_size，当客户端断开之后，服务器处理此客户的线程将会缓存起来以响应下一个客户而不是销毁（前提是缓存数未达上限）。

9）net_buffer_length：客户发出的 SQL 语句期望的长度。如果语句超过这个长度，缓冲区自动被扩大，直到到达最大限制数 max_allowed_packet。

10）bulk_insert_buffer_size：如果通过进行批量插入，可以通过增加 bulk_insert_buffer_size 变量值的方法来提高速度，但是这只能对 MyISAM 表使用。

9.2 MySQL 编译启动

以 Centos 平台编译环境为例，下载安装，如代码清单 9-1 所示。

代码清单 9-1　安装 Centos 平台编译环境

```
//下载gcc依赖
yum -y install perl perl-devel autoconf cmake gcc gcc-c++ ncurses ncurses-devel
//下载mysql
wget https://cdn.mysql.com/archives/mysql-5.7/mysql-5.7.38-linux-glibc2.12-i686.tar.gz
tar -zxvf mysql-5.7.38-linux-glibc2.12-i686.tar.gz
mv mysql-5.7.38-linux-glibc2.12-i686 mysql
mv mysql /usr/local/
//编译初始目录
mkdir  /data/mysql/
mkdir /etc/mysql/
useradd -r mysql
//copy配置文件
cp /usr/local/mysql/support-files/my-default.cnf /etc/mysql/my.cnf
vi /etc/mysql/my.cnf
[mysqld]
# innodb_buffer_pool_size = 128M
# These are commonly set, remove the # and set as required.
basedir = /usr/local/mysql
datadir = /data/mysql
port = 3306
# server_id = .....
socket = /tmp/mysql.sock

# Remove leading # to set options mainly useful for reporting servers.
# The server defaults are faster for transactions and fast SELECTs.
# Adjust sizes as needed, experiment to find the optimal values.
# join_buffer_size = 128M
# sort_buffer_size = 2M
# read_rnd_buffer_size = 2M
skip_name_resolve=on
innodb_file_per_table=on
sql_mode=NO_ENGINE_SUBSTITUTION,STRICT_TRANS_TABLES
[mysqld_safe]
log-error=/var/log/mysql/mysql.log
pid-file=/var/run/mysql/mysql.pid
//编译(-DCMAKE_INSTALL_PREFIX= 安装主目录、-DSYSCONFDIR= 配置文件安装位置、-DMYSQL_DATADIR= 数据目录)
cmake -DCMAKE_INSTALL_PREFIX=/usr/local/mysql -DSYSCONFDIR=/etc/mysql -DMYSQL_DATADIR=/data/mysql/data
make && make install

//加入系统启动
cp /usr/local/mysql/support-files/mysql.server /etc/init.d/mysqld
chkconfig --add mysqld
chkconfig --list mysqld
```

```
//加入环境变量
echo 'export PATH=$PATH:/usr/local/mysql/bin:/usr/local/mysql/sbin/' >  /etc/
profile.d/mysql.sh
source  /etc/profile.d/mysql.sh
//修改所属用户与组
chown -R mysql:mysql  /usr/local/mysql
//启动停止与重启
service mysqld (start | restart | stop)
//查看服务
netstat -antup |grep 3306
tcp        0      0 0.0.0.0:3306              0.0.0.0:*
#创建密码
mysqladmin -uroot password ''
    -u 指定用户
    -p 密码
    -P 端口
    -h 指定ip 默认 localhost (127.0.0.1 需要映射/etc/hosts)
    -e 非交互 再命令模式下输入
    -v 查版本号
    -S 指定实例 -s /data/3306/mysql.sock
登录 mysql -uroot -p'123123'
看库 show databases;
看表 use 库名; show tables;
建库 create database 库名;
建表 use 库名; create table 表名(字段 char (20) not null,字段,字段,primary key(前面设
置不为空的字段));
删库 drop database 库名;
删表 drop table 库名.表名;
查表头属性 describe(或desc) 库名.表名
增 insert into 空间名.表名(字段名) values ('值','值','值'); #不指定字段名则默
认全部
   insert into demo.why values ('','','','');
删 delete from 空间名.表名 where 条件
   delete from demo.why where user_name='';
改 update 空间名.表名 set 字段名 where 条件
   update mysql.user set password=pssword('666666') where user='why';
   set password for demo@'192.168.201.%'=password('666666')
查 select 字段名 from 空间名.表名
   select * from demo.why

/*用户授权
all   所有权限
  *.*   空间名.表名
  to    指定用户
  by    密码
*/
use mysql;
update user set host = '%' where user = 'root';
```

```
select host, user from user;
GRANT ALL PRIVILEGES ON *.* TO '用户名'@'允许的主机' identified by '密码'
WITH GRANT OPTION;
FLUSH PRIVILEGES;
```

9.3 MySQL 事务

MySQL 事务具有 ACID 特性，涉及隔离级别、事务中常见死锁、事务日志收集等多方面，详情如下。

9.3.1 事务特性

完整事务包括开始事务、提交事务或回滚事务。START TRANSACTION 开启一个事务，COMMIT 提交事务或者 ROLLBACK 回滚事务。

事务开启后，要么执行成功，要么回滚，回滚将不对数据库做任何改动。

事务操作如代码清单 9-2 所示。

代码清单 9-2　事务操作

```
开启事务
START TRANSACTION ;
SELECT * FROM `tr _demo`  WHERE id = '1';
UPDATE tr _demo SET name = '01' WHERE id = '1';
-- 报错 sql
UPDATE tr _demo SET total = '错误的数据类型 '  WHERE id = '1';.
-- 事务提交
COMMIT;
```

MySQL 中事务自动提交用 AUTOCOMMIT。MySQL 默认使用自动提交模式，也就是说如果不是显式地开始一个事务，则每个语句都被当作一个事务执行提交操作。修改提交方式 SET AUTOCOMMIT = 1; 可对 MySQL 默认引用自动提交模式进行修改，1 表示开启，0 表示关闭自动提交模式。

MySQL 服务器层不管事务，事务是由下层的储存引擎实现的，所以在同一个事务中，操作的表使用了不同的储存引擎，是不可靠的。在正常提交的情况下，在事务中混合使用事务引擎和非事务引擎（例 InnoDB 和 MyISAM 引擎）不会出现什么问题。但是当语句需要回滚时，InnoDB 可以正常回滚，MyISAM 引擎不能回滚，则出现错误数据。

这里简单补充下关于隐式和显式锁定的内容。

隐式锁定：事务执行中过程中，InnoDB 引擎随时都可以执行锁定，锁只有在提交或者回滚时才会释放，并且所有的锁都是在同一时刻释放，InnoDB 会根据隔离级别在需要的时候自行加锁。

显式锁定：使用特定的语句进行显式锁定。

9.3.2 隔离级别

MySQL 有四种隔离级别：Read uncommitted（未提交读（脏读））、Read committed（提交读）、Repeatable read（可重复读）、Serializable（可串行化）。

可以设置 MySQL 隔离模式：SET SESSION TANSCTION ISOLATION LEVEL READ COMMITED（提交可读）。

在事务 A 读取某范围数据进行中，事务 B 在这个范围插入一条记录并提交，事务 A 再次进行读取范围数据时，会多出一条数据，这叫幻读。

那么，可重复读与提交读什么区别？

幻读行为是事务在进行中，其他事务对数据进行删除、新增并提交引起的。提交读与可重复读，是针对数据的修改时所产生的行为差异。

9.3.3 死锁

死锁是指两个或者多个事务在同一资源上相互占用，并请求锁定对方占用的资源，从而导致的恶性循环现象。事务中产生死锁的代码如代码清单 9-3 所示。

代码清单 9-3 事务中死锁代码

```
//事务 1
START TRANSACTION;
UPDATE TABLE DemoA SET NAME= XXX WHERE ID = 1;
UPDATE TABLE DemoB SET NAME = XXX WHERE ID = 2;
COMMIT;
//事务 2
START TRANSACTION;
UPDATE TABLE DemoA SET MOUT = XXX WHERE NAME = 2;
UPDATE TABLE DemoB SET MOUT = XXX WHERE NAME = 1;
COMMIT;
```

表 DemoA、DemoB 中的 ID 是主键，NAME 是普通索引。

假如恰巧两个事务同时执行，以 ID 1、2 的记录去更新名称，ID 是主键索引（特殊索引)，此时会先锁定主键索引，然后去更新名称，名称在以上表中处于普通索引，同时也会锁定 NAME 的普通索引。事务 2 在做更新时，是根据 NAME 普通索引去更新 MOUT 字段。事务 2 会先锁定 NAME 普通索引，由于要确定更新的行数，同时会锁定 NAME 普通索引对应的主键索引。两个事务此时都会请求锁定对方占用的资源，但此时两个事务都无法释放资源，由此陷入死锁。

为了避免死锁，事务 2 可以优化成“SELECT ID FROM TABLE WHERE NAME = 1;”，即先查询出对应的 ID 主键，然后通过主键去更新相应的参数即可。

更新操作时，如果更新条件是非主键索引，建议先通过条件把主键 ID 查询出来，然后通过主键 ID 去更新，避免死锁。

9.3.4 事务日志

事务日志也称 redo 日志，在 MySQL 中默认以 ib_logfile0、ib_logfile1 名称存在，可以手工修改参数，调节开启几组日志来服务于当前 MySQL 数据库。MySQL 采用顺序、循环写方式，每开启一个事务时，会把一些相关信息记录到事务日志中（记录对数据文件数据修改的物理位置叫作偏移量）。事务日态系列文件的个数由参数 innodb_log_files_in_group 控制，若设置为 4，则命名为 ib_logfile0 ～ 3。这些文件的写入是顺序、循环写的，logfile0 写完从 logfile1 继续，logfile3 写完则 logfile0 继续。

事务日志会记录事务产生的 ID 信息以及影响范围，还会包括原始数据和新产生的数据，而对于删除操作，事务一般很难恢复的。与事务日志相关的服务器变量：使用 SHOW GLOBAL VARIABLES LIKE '%log%'; 查看。在 MySQL 上支持事务的只有 InnoDB 引擎。因此跟事务日志相关的都是 InnoDB。

InnoDB 参数介绍如下。

1）innodb_flush_log_at_trx_commit：将内存中的日志事件同步到日志文件中的行为，如果为 1，表示当有事务提交时就会往磁盘写一次，并刷新；2 表示每次事务提交，但是不执行磁盘刷新（性能最好，但是数据安全难以保障）；0 表示每一秒同步一次，并执行磁盘刷新。

2）innodb_log_buffer_size：内存缓冲区大小。

3）innodb_log_file_size：事务日志文件大小

4）innodb_log_file_in_group：事务日志组，一般事务日志组文件里面的事务日志有两个。

5）innodb_log_group_home_dir：表示日志组存放数据。

6）innodb_mirrored_log_groups：日志是否做镜像。

那么，事务日志和数据放在同一块磁盘上会怎样？事务日志和数据可以存在同一块磁盘上，条件允许时也可以分开存放。建议给事务日志做镜像，事务日志是确保数据安装的重要组件，我们无法手动操作事务日志，这是由 MySQL 存储引擎 InnoDB 自己操作的。

镜像作用如下。

在系统崩溃重启时，事务重做；在系统正常时，每次 checkpoint 时间点会将之前写入事务应用到数据文件中。Ib_logfile 的 checkpoint field 实际上不仅要记录 checkpoint 做到哪儿，还要记录用到了哪个位置等其他信息。所以在 ib_logfile0 的头部预留了空间，用于记录这些信息。因此即使使用后面的 logfile，每次 checkpoint 完成后，ib_logfile0 都是要更新的。同时你会发现，所谓的顺序写盘也并不是绝对的。InnoDB 留了两个 checkpoint filed，按照注释的解释，目的是为了能够交替轮流写，特点如下。

- redo log：只是记录所有 InnoDB 表数据的变化。
- redo log：只是记录正在执行中的 dml 以及 ddl 语句。
- redo log：可以作为异常 down 机或者介质故障后的数据恢复使用。

9.4 MySQL 存储引擎

MySQL 在 SQL 的基础上进行了一定优化，存储引擎主要用于提高存储数据、索引的效率。常用的存储方式如下。

9.4.1 概述

与大多数数据库不同，MySQL 有一个存储引擎的概念，针对不同的存储需求可以选择最优的存储引擎。MySQL 存储引擎是通过插件式存在的，用户可以根据应用的需求选择如何存储和索引数据、是否使用事务等。MySQL 支持多种存储引擎，包括 MyISAM、InnoDB、BDB、MEMORY、MERGE、NDB 等，本文重点讲述用得较多的引擎 InnoDB、MyISAM。

MySQL 在 5.5.8 版本之前的默认引擎为 MyISAM，之后的默认引擎为 InnoDB。

```
//查看当前的存储引擎
SHOW VARIABLES LIKE '%storage_engine%';
```

```
// 查看所有存储引擎
SHOW ENGINES;
```

9.4.2 InnoDB

InnoDB为MySQL提供了具有提交、回滚和崩溃恢复能力的事务安全（ACID兼容）存储引擎。InnoDB提供row level lock，并且也在SELECT语句提供一个Oracle风格一致的非锁定读。InnoDB提供这些特色有利于多用户部署和性能提升。注意，没有在InnoDB中扩大锁定的需要，因为在InnoDB中row level lock适合非常小的空间。InnoDB也支持FOREIGN KEY约束。在SQL查询中，你可以自由地将InnoDB类型的表与其他MySQL的表的类型混合起来，甚至在同一个查询中混合。InnoDB是为在处理巨大数据量时获得最大性能而设计的，它的CPU使用效率非常高。InnoDB存储引擎已经完全与MySQL服务器整合，InnoDB存储引擎为在内存中缓存数据和索引而维持它自己的缓冲池。InnoDB将它的表&索引存储在一个表空间中，表空间可以包含数个文件（或原始磁盘分区）。这与MyISAM表不同，比如在MyISAM表中每个表被存在分离的文件中。InnoDB表可以是任何大小，即使在文件尺寸被限制为2GB的操作系统上。许多需要高性能的大型数据库站点上使用了InnoDB引擎。特性如下：

- 支持事务、ACID、外键；
- 提供row level locks；
- 支持不同的隔离级别；
- 和MyISAM相比需要较多的内存和磁盘空间；
- 没有键压缩；
- 数据和索引都缓存在内存hash表中。

InnoDB优化重点如下：

- 尽量使用short、integer的主键；
- Load/Insert数据时按主键顺序。如果数据没有按主键排序，先排序然后再进行数据库操作；
- 使用prefix keys。因为InnoDB没有key压缩功能。

InnoDB服务器端优化设定如下。

1）innodb_buffer_pool_size：这是InnoDB最重要的设置，对InnoDB性能有决定性的影响。默认的设置只有8MB，所以在默认的数据库设置下，InnoDB性能很差。在只有

InnoDB 存储引擎的数据库服务器上面，可以设置 60% ～ 80% 的内存。更精确一点，在内存容量允许的情况下设置为比 InnoDB tablespaces 大 10% 的内存大小。

2）innodb_data_file_path：指定表数据和索引存储的空间，可以是一个或者多个文件。最后一个数据文件必须是自动扩充的，也只有最后一个文件允许自动扩充。这样，当空间用完后，自动扩充数据文件就会自动增长（以 8MB 为单位）以容纳额外的数据。例如：innodb_data_file_path=/disk1/ibdata1:600M;/disk2/ibdata2:100M:autoextend 两个数据文件放在不同的磁盘上，数据首先放在 ibdata1 中，当达到 600MB 以后，数据就放在 ibdata2 中。一旦达到 100MB，ibdata2 将以 8MB 为单位自动增长。如果磁盘满了，需要在另外的磁盘上面增加一个数据文件。

3）innodb_autoextend_increment：默认是 8MB，如果一次 insert 数据量比较多，可以适当增加。

4）innodb_data_home_dir：放置表空间数据的目录，默认在 MySQL 的数据目录，设置到和 MySQL 安装文件不同的分区可以提高性能。

5）innodb_log_file_size：该参数决定了 recovery 的速度。太大 recovery 就会比较慢，太小会影响查询性能，一般取 256MB 可以兼顾性能和 recovery 的速度。

6）innodb_log_buffer_size：磁盘速度是很慢的，直接将 log 写入磁盘会影响 InnoDB 的性能。该参数设定了 log buffer 的大小，一般为 4MB。如果有大的 blob 操作，可以适当增大。

7）innodb_flush_logs_at_trx_commit=2：该参数设定了事务提交时内存中 log 信息的处理。当等于 1 时，在每个事务提交时，日志缓冲被写到日志文件，对日志文件做到磁盘操作的刷新，Truly ACID，速度慢。当等于 2 时，在每个事务提交时，日志缓冲被写入文件，但不对日志文件进行磁盘操作的刷新。只有操作系统崩溃或掉电才会删除最后一秒的事务，不然不会丢失事务。当等于 0 时，日志缓冲每秒一次地被写入日志文件，并且对日志文件进行磁盘操作的刷新。任何 mysqld 进程的崩溃会删除崩溃前最后一秒的事务。

8）innodb_file_per_table：可以将每个 InnoDB 表和它的索引存储在它自己的文件中。

9）transaction-isolation=READ-COMITTED：如果应用程序可以运行在 READ-COMMITED 隔离级别，做此设定会有一定的性能提升。

10）innodb_flush_method：设置 InnoDB 同步 I/O 的方式，默认使用 fsync() 方式。O_SYNC 以 sync 模式打开文件，通常比较慢；O_DIRECT，在 Linux 上使用 Direct IO，可以显著提高速度，特别是在 RAID 系统上。避免额外的数据复制和 double buffering （mysql buffering 和 OS buffering）。

11）innodb_thread_concurrency：InnoDB kernel 最大的线程数（最少设置为（num_disks+num_cpus)*2），可以通过设置成 1000 来禁止这个限制。

InnoDB 表在磁盘上存储成 3 个文件，其文件名都和表名相同，扩展名分别为：

- .frm（存储表结构定义）；
- .ibd（存储数据和索引文件）；
- ibdata1（共享数据文件）。

9.4.3　MyISAM

MyISAM 管理非事务表。它提供高速存储、检索以及全文搜索能力。在所有 MySQL 配置里均支持 MyISAM，MyISAM 是默认的存储引擎，除非配置 MySQL 默认使用另外一个引擎。

MyISAM 特性如下：

- 不支持事务，宕机会破坏表；
- 使用较小的内存和磁盘空间；
- 基于表的锁，并发更新数据会出现严重性能问题；
- MySQL 只缓存 Index，数据由 OS 缓存。

MyISAM 优化重点如下：

1）声明列为 NOT NULL，可以减少磁盘存储；

2）使用 optimize table 做碎片整理，回收空闲空间。注意仅仅在非常大的数据变化后运行；

3）Deleting/updating/adding 大量数据的时候禁止使用 index。使用 ALTER TABLE t DISABLE KEYS；

4）设置 myisam_max_[extra]_sort_file_size 足够大，可以显著提高 repair table 的速度。

MyISAM 表在磁盘上存储成 3 个文件，其文件名都和表名相同，扩展名分别为：

- .frm（存储表结构定义）；
- .MYD（MYData，存储数据）；
- .MYI（MYIndex，存储索引）。

如何选择合适的引擎？

MyISAM 传统存储引擎，访问速度很快，但不支持事务、不支持外键。如果应用以读取操作和插入操作为主，只有很少的更新和删除操作，并且对事务的完整性和并发性要求不高，就可以使用这个引擎。例如：微博主要是插入微博和查询微博列表，较为适合 MyISAM。

InnoDB 作为专业级存储引擎，支持事务、支持外键。如果应用对事务的完整性有比较高的要求，在并发条件下要求数据的一致性（除了数据的读取和插入，还包括很多更新和删除操作），那么 InnoDB 存储引擎还是比较适合的。例如：除了读取和插入，如经常要进行数据的修改和删除，较为适合 InnoDB；如果失败需要回滚必须用到事务，较为适合 InnoDB；如果看重数据完整性和同步性，且需要外键支持，较为适合 InnoDB。

9.5 MySQL 之 SQL 操作

MySQL 服务提供了 SQL 接口，常用于处理业务场景中的增删改查等操作。

9.5.1 SQL 介绍

结构化查询语言（Structured Query Language，SQL），是一种有特殊目的的编程语言，主要用于实现关系型数据库数据存储、查询、更新和管理等功能，同时也是数据库文件的扩展名。简单来说，SQL 可以帮助你更好地管理关系型数据库。

1. SQL 语句结构

1）数据库查询语言（Data Query Language，DQL）也叫作数据检索语句，主要提供数据检索功能，常见指令包括 select、where、order by、group by、having，并且与其他 SQL 语句是混合使用的。

2）数据操作语言（Data Manipulation language，DML）主要是对表的内容进行各种对应的操作，常见指令包括 insert（插入）、update（更新）、dalete（删除）。

3）事务处理语言（Transaction processling language，TPL）主要是保证被 DML 影响的表及语句得以及时的更新。常见指令包括 begin、begitransaction、commit、rollback（没有用过与 TPL 相关的指令）。

4）数据控制语言（Data Control Language，DCL）主要提供数据库用户权限更新、管理等操作，常见指令包括 grant、revoke。

5）数据定义语言（Data Defintion Language，DDL）主要支持对表属性的定义，如创建表、修改表、删除表、创建外键、索引等。有时，我们除了对表的内容进行处理，还需要对表的结构进行处理，此时就需要 DDL，以实现对表的属性的重定义。常见指令包括 create、drop、alter。

2. 数据库常见的数据类型

在 MySQL 数据库中，定义数据字段的类型对数据库优化非常重要。MySQL 支持多种数据类型，大致分为 3 类：数值，日期 / 时间，字符串类型。其中，用的最多是数值与字符串类型。

1）数值类型：分为整型及浮点型，用的最多的是 init。下面展示了其支持的数值类型及有效值范围。

整型：

- tinyint：占 1 字节。有符号：–138 ～ 137。无符号位：0 ～ 255。
- smallint：占 2 字节。有符号：–32768 ～ 32767。无符号位：0 ～ 65535。
- mediumint：占 3 字节。有符号：–8388608 ～ 8388607。无符号位：0 ～ 16777215。
- int：占 4 字节。有符号：–2147483648 ～ 2147483647。无符号位：0 ～ 4284967295。
- bigint：占 8 字节。
- bool 等价于 tinyint(1) 布尔型。

浮点型：

- float([m[,d]])：占 4 字节，1.17E-38 ～ 3.4E+38。
- double([m[,d]])：占 8 字节。
- decimal([m[,d]])：以字符串形式表示的浮点数。

2）日期 / 时间类型：常用 datatime 和 Timestamp。

3）字符串类型：常用 char 或者 varchar。

char 和 varchar 类型类似，但它们保存和检索的方式不同。它们的最大长度和尾部空格是否被保留等方面也不同。在存储或检索过程中不进行大小写转换。

binary 和 varbinary 类似于 char 和 varchar，不同的是它们包含二进制字符串而不要非二进制字符串。也就是说，它们包含字节字符串而不是字符字符串。这说明它们没有字符集，并且排序和比较基于列值字节的数值。

blob 是一个二进制大对象，可以容纳可变数量的数据。有 4 种 BLOB 类型：tinyblob、blob、mediumbl 和 longblob。它们的区别在于可容纳存储范围不同。有 4 种 text 类型（tinytext、text、mediumtext 和 longtext）与这 4 种 blob 类型相对应。可存储的最大长度不同，可根据实际情况选择。

- char([m])：固定长度的字符，占用 m 字节。

- varchar[(m)]：可变长度的字符，占用（m+1）字节；大于255个字符，占用（m+2）字节。
- tinytext，255个字符。
- text，65,535个字符。
- mediumtext，16,777,215字符。
- longtext，294,967,296个字符。
- enum(value,value,…)，枚举类型相当于单选题，在后面类型中只能选择一个。
- set(value,value,…)，后面类型可以选择多个。

注意 在UTF-8编码下，一个汉字等于3字节（一般是使用UTF-8，可以兼容中英文），在GBK编码下，一个汉字等于2字节。

9.5.2 库

MySQL库是存储仓库，可以存储相关的表、索引、日志数据等，数据库增删改查如代码清单9-4所示。

代码清单9-4 数据库增删改查

```
//创建
create database 名称 [character 字符集 collate 校队规则；
//修改
RENAME database 旧的库名 TO 新的库名
//删除
drop database <数据库名>;
//查询
show databases
```

9.5.3 表

MySQL表如存储仓库中的表格，存储仓库可以存储多个表格，每个表格中有行和列，表的操作如代码清单9-5所示。

代码清单9-5 表增删改查

```
//创建
CREATE TABLE 表名 (
    属性名 数据类型 [完整约束条件],
    属性名 数据类型 [完整约束条件],
    ...
```

```
    ...
    属性名 数据类型 [完整约束条件]
);
//表中新增字段
ALTER TABLE 表名 ADD 属性名1 数据类型 [完整性约束条件] [FIRST | AFTER 属性名2];
新增表字段
其中,"属性名1"参数指需要增加的字段的名称;"FIRST"参数是可选参数,其作用是将新增字段设
置为表的第一个字段;"AFTER"参数也是可选的参数,其作用是将新增字段添加到"属性名2"后面;"属性
名2"当然就是指表中已经有的字段
//修改
ALTER TABLE 旧表名 RENAME 新表名;
ALTER TABLE 表名 MODIFY 属性名 数据类型; 修改表字段类型
ALTER TABLE 表名 CHANGE 旧属性名 新属性名 新数据类型; 修改表字段
ALTER TABLE 表名 ENGINE = 存储引擎名; 修改表存储引擎
//删除
drop table <表名>;
delete from table 清空表
//查询
show create table 表名
DESCRIBE 表名; 查看表结构
SHOW ENGINES; 查看数据库存储引擎
```

9.6 MySQL 索引

MySQL 索引主要用于提高增删改查的执行处理效率，它能够快递定位到具体的数据从而进行操作。索引数据会统一存储在索引文件中。

9.6.1 索引概述

索引用于快速找出在某个列中有一特定值的行，是数据库中专门用于帮助用户快速查询数据的一种数据结构。索引是表的目录，在查找内容之前可以先在目录中查找索引位置，以此快速定位查询数据。对于索引，会保存在额外的文件中。若 MySQL 不使用索引，将会从第一条记录开始读完整个表，直到找出相关的行，表越大，查询数据所花费的时间就越多。若查询的列中有索引，MySQL 能够快速到达一个位置去搜索数据文件，而不必查看所有数据，进而节省很大一部分时间。

通常越小的数据类型和长度创建索引越好：数据类型越小，通常在磁盘、内存和 CPU 缓存中所需的空间也越少，处理起来更快。尽量避免将 NULL 值作为索引条件，在 MySQL 中，含有空值的列很难进行查询优化，因为它们使得索引、索引的统计信息以及比较运算更加复杂。

9.6.2 数据结构

B 树：最常用的用于索引的数据结构，特点是时间复杂度低，查找、删除、插入操作都可以在对数时间内完成。B 树中的数据是有序的。如果没有指定类型，默认为 B 树。B 树索引能加快访问数据的速度，因为存储引擎不再需要进行全表扫描来获取需要的数据，B 树的叶子节点和非叶子节点都存储了索引和行记录，所以直接从索引的根节点开始搜索。根节点的槽中存放了指向子节点的指针，存储引擎根据这些指针向下层查找。通过比较节点的值和要查找的值可找到合适的指针进入下层子节点，大则往右，小则往左。叶子节点的指针指向的是被索引的数据，而不是其他的节点。B 树索引适用于全键值、键值范围或键前缀查找。其中键前缀查找只适用于根据最左前缀的查找，因为索引树的节点是有序的，所以除了按值查找之外，索引还可以用于查询中的 ORDER BY 操作（按顺序查找）。一般来说，如果 B 树可以按照某种方式查找到值，那么也可以按照这种方式进行排序。所以，如果 ORDER BY 子句满足前面列出的几种查询类型，则这个索引也可以满足对应的排序需求。性能优化时，可能需要使用相同的列但顺序不同的索引来满足不同类型的查询需求。

B+ 树是 B 树的一种变形树，也称 *N* 叉树，每个节点有多个叶子节点，一棵 B+ 树包含根节点、内部节点和叶子节点。根节点可能是一个叶子节点，也可能是一个包含两个或者两个以上叶子的节点，由于非叶子节点只保存索引，不能保存记录，所以查询最终必须到叶子节点。相对于 B 树，B+ 树的查询效率更高，更快速。它的特征如下：

- 它为所有叶子节点增加了一个链指针；
- 非叶子节点的子树指针域关键字个数相同；
- 有 *n* 个子树的中间节点包含 *n* 个元素，每个元素不保存数据，只用来索引，所有数据都保存在叶子节点中；
- 所有叶子节点包含元素的信息以及指向记录的指针，且叶子节点按关键字自小到大顺序链接；
- 所有的中间节点元素都同时存在于子节点，在子节点元素中是最大（或最小）元素。

1. MySQL 中索引为何使用树形结构而不使用散列呢？

MySQL 的索引设计成树形结构实际是与 SQL 语句有关，简单查询使用散列算法速度快，但是在实际场景运用中，往往使用的 SQL 语句较复杂，包含 GROUP BY、ORDER BY 等操作，对于排序和分组，由于树形结构特点是有序的，能够快速检索，其效率较高。

2. MySQL 中 B+ 树可以存放多少行数据呢？

假设每行记录为 500B，根节点存储的指针对应每个叶子节点。

【示例】 InnoDB 主键 ID 为 int 类型

InnoDB 中最小单位是页，单页 16K，假设主键 ID 为 int 类型，长度为 4 字节，指针大小为 4 字节，单页是 6 字节。单页总指针数：16K/8=2048。每个指针对应 1 页，单页能存记录：16K/500B=32 条。公式：B+ 树总存储行数 = 根节点指针树 * 每个叶子节点的行记录树，即示例 B+ 树的存储行数：2048*32=65 536，通常 B+ 树存 2 层，所以 B+ 树总存储数据：2048*2048*32=134 217 728。

【示例】 InnoDB 主键 ID 为 bigint 类型

假设主键 ID 为 bigint 类型，长度为 8 字节，指针大小为 6 字节，单页是 14 字节。单页总指针数：16K/8=1170。单页能存记录：16K/500B=32。B+ 树总存储数据：1170*1170*32=43 804 800。

总结：B+ 树实际可以存放多少行数据是根据表的结构、字段类型统计的，当单表数据到达千万级别后，通过索引优化方式后效果不显著，此时得考虑分库分表，建议单表数据量在 4 千万左右分表。

9.6.3 索引分类

MySQL 中索引分为主键索引、唯一索引、全文索引、空间索引、单值索引、复合索引等。各索引介绍如下。

- 主键索引：设定字段为主键后数据库会自动建立索引，不允许有空值。
- 唯一索引：索引列的值必须唯一，但允许有空值。
- 全文索引：索引为全文索引，对文本的内容进行分词，进行搜索。
- 空间索引：对空间数据类型的字段建立的索引。
- 单值索引：单个字段上创建普通索引，加快查询效率。
- 复合索引：多个字段上创建的索引，专门用于组合搜索，其效率大于单值索引。

9.6.4 创建索引

单值索引（普通索引）创建，如代码清单 9-6 所示。

代码清单 9-6　普通索引创建

```
//表一起建索引：
CREATE TABLE demo(id INT(10) UNSIGNED  AUTO_INCREMENT ,
```

```
name VARCHAR(32),
PRIMARY KEY(id),
KEY (name)
);
//单独建单值索引
CREATE INDEX idx_demo_name ON demo(name);
```

唯一索引创建，如代码清单 9-7 所示。

代码清单 9-7　唯一索引创建

```
//表一起建索引
CREATE TABLE demo(id INT(10) UNSIGNED  AUTO_INCREMENT ,
name VARCHAR(32),
PRIMARY KEY(id),
UNIQUE (name)
);
//单独建单值索引
CREATE UNIQUE INDEX idx_demo_name ON demo(name);
```

复合索引创建，如代码清单 9-8 所示。

代码清单 9-8　复合索引创建

```
//表一起建索引
CREATE TABLE demo(id INT(10) UNSIGNED  AUTO_INCREMENT ,
name VARCHAR(32),
status VARCHAR(6),
PRIMARY KEY(id),
KEY (name, status)
);
//单独建单值索引
CREATE UNIQUE INDEX idx_demo_name ON demo(name, status);
```

全文索引创建，如代码清单 9-9 所示。

代码清单 9-9　全文索引创建

```
//表一起建索引
CREATE TABLE demo(id INT(10) UNSIGNED  AUTO_INCREMENT ,
name VARCHAR(32),
content VARCHAR(512),
status VARCHAR(6),
PRIMARY KEY(id),
FULLTEXT(name, content)
);
//单独建单值索引
CREATE FULLTEXT INDEX idx_demo_name ON demo(name, content);
```

```
//查看索引
SHOW INDEX FROM Table名
//删除索引
DROP INDEX 索引名称 on Table名
```

主键索引、唯一索引效率较高，复合索引、全文索引其次。高版本MySQL使用全文索引时，需要使用到分词器，默认是英文分词器。中文分词器可以新增插件，如ngram（/etc/my.cnf文件设置ngram_token_size=1开启中文分词）指定格式为ALTER TABLE tablename ADD FULLTEXT INDEX idx_full_text_all(field1,field2..) with parser ngram。使用分词器的过程中需要关注分词长度，可通过SHOW VARIABLES LIKE 'ft%'查看（ft_min_word_len最短索引字符串、ft_max_word_len最长索引字符串），当分词长度不够时，全文索引会有问题，修改分词长度后需要重新建立索引。建议提前预估设置合适长度。

9.7　MySQL备份

MySQL备份是为了应对突发情况导致数据、日志异常差异的常见手段，可进一步提高应用的可用性。

9.7.1　备份概述

备份是将数据集另存一个副本，以应对意外情况的发生，如硬件故障、自然灾害、误操作等。因为原数据会不停发生变化，所以备份只能恢复到某一时间节点的数据。备份对象可以是整个库、表等。备份的目的如下。

- 做灾难恢复：对损坏的数据进行恢复和还原。
- 需求改变：因需求改变而需要把数据还原到改变以前。
- 测试：测试新功能是否可用。

9.7.2　备份类型

1. 物理备份

物理备份是指复制数据库的物理文件，通常要求在数据库关闭的情况下执行，但如果是在数据库运行情况下执行，则要求备份期间数据库不能修改。这种备份方式适用于数据库很大、数据重要且需要快速恢复的数据库，优点如下。

- 备份和恢复操作都比较简单，能够跨MySQL的版本。
- 恢复速度快，属于文件系统级别的。

缺点如下：

- 数据库关闭的情况下执行；
- 数据库运行期间，不能修改。

2. 逻辑备份

逻辑备份是指备份文件的内容是可读的，该文本一般是由一条条 SQL 语句或者表的实际数据组成。常见的逻辑备份方式有 mysqldump、select * into outfile 等。这种备份方式适用于数据库不是很大，需要对导出的文件做一定修改，或者是希望在另外的不同类型服务器上重新建立此数据库的情况。逻辑备份的速度要慢于物理备份，因为逻辑备份需要访问数据库并将内容转化成逻辑备份需要的格式，通常输出的备份文件大小也要比物理备份大，另外逻辑备份也不包含数据库的配置文件和日志文件内容。优点如下：

1）恢复简单；

2）备份的结果为 ASCII 文件，可以编辑；

3）与存储引擎无关。

缺点如下：

1）备份或恢复都需要 MySQL 服务器进程参与；

2）备份结果占据更多的空间；

3）备份速度较慢。

9.7.3 备份内容

1. 冷备

冷备是指在数据库关闭的情况下进行备份，这种备份非常简单，只需关闭数据库，复制相关的物理文件即可。备份与恢复过程如下。

1）停止 MySQL 服务：mysqladmin -S /tmp/mysql3306.sock shutdown。

2）备份数据目录：cd /data/mysql/、tar -cvjpf mysql3306.tar.bz2 mysql3306。

3）查看：tar -tvjf mysql3306.tar.bz2。

4）恢复数据：cd /data/mysql/、mv mysql3306 mysqlback1、tar -xvjf mysql3306.tar.bz2。

2. 热备

热备份是指在数据库运行的过程中进行备份，对生产环境中的数据库运行没有任何影响。常见的热备份方案是利用 mysqldump、xtrabackup 等工具进行备份。mysqldump 客户端实用程序执行逻辑备份，生成一组 SQL 语句，可以执行这些语句来重现原始数据库对象定义和表数据。它转储一个或多个 MySQL 数据库以备份或传输到另一个 SQL 服务器。mysqldump 命令还可以生成 CSV、其他分隔文本或 XML 格式的输出。备份与恢复过程如下。

1）备份指定数据库：mysqldump -S /tmp/mysql3306.sock --database db1 db2。

2）恢复指定库：mysql -S /tmp/mysql3306.sock < db-yyyy 年 mm 月 dd 日 .sql。

9.8　MySQL 难点

在不同业务场景使用 MySQL 会出现一些难点问题，如常见高并发场景中会出现死锁现象。这些难点问题通常是业务程序使用方式不当导致的。

9.8.1　死锁

1.【示例】非主键更新时引起死锁

众所周知，主键更新，MySQL 会锁住主键索引，非主键索引更新时，MySQL 会先锁住非主键索引，再锁定主键索引，如 update zachary_goods set status=‘CHECKED’where title=" 测试商品 "。运行过程如下：

1）由于用到了非主键索引，首先需要获取 index_title 上的行级锁。title 字段创建了普通索引；

2）获取锁成功后根据主键进行更新，所以需要获取主键上的行级锁；

3）更新完毕后，提交，并释放所有锁。

InnoDB 是采用行级锁的方式。此类死锁会抛出异常信息“MySQLTransactionRollback Exception: Deadlock found when trying to get lock; try restarting transaction”。

那么，死锁是如何产生呢？举例：以上步骤 1）、2）运行过程中，突然有其他业务场景需要更新，其通过主键 SQL 执行更新，如 update zachary_goods set status=‘CHECKED’where id=10，运行过程同样会先锁住主键索引，然后锁住非主键索引，此时上面 SQL 等待主键索引，下面 SQL 等待非主键索引，就产生了死锁。

优化方式如下：

- 默认更新时，先获取需要更新的记录的主键；
- 通过主键更新记录避免死锁。

2.【示例】无索引更新时引起死锁

MySQL 默认的级别是 REPEATABLE READ（可重复读），这表示在 MySQL 的默认情况下，脏读、不可重复读是不会发生的。这就需要在更新的时候进行必要的锁定，从而保证一致性。InnoDB 的行锁是通过给索引上的索引项加锁来实现的，意味着只有通过索引条件检索数据，才能使用行级锁，否则，将使用表锁。如 update zachary_goods set status='CHECKED' where title=" 测试商品 "。运行过程如下：

1）由于没有索引，使用表锁，锁住整个表；

2）获取锁成功后根据条件更新；

3）更新完毕后，提交，并释放表锁。

此类死锁会抛出异常信息“ Error: ER_LOCK_WAIT_TIMEOUT: Lock wait timeout exceeded; try restarting transaction”。

死锁产生的原因是：执行 SQL 时没有给相关字段加索引，导致锁住了整个表，数据量大导致其他查询本表的操作处于等待状态，而这个等待时间太久，导致超时了。

优化方式如下：

- 相关条件字段加索引；
- text 字段做索引，所以必须选择字段前多少位做索引，或者使用全文索引。

3.【示例】多线程更新时引起死锁

因为行锁是对索引加锁，那么当 where 语句中包含多个条件时，MySQL 在生成执行计划的时候实际上也只用到一个字段的索引（区分度最大的字段），所以即使 where 语句中包含多个字段，实际上也只使用了一个字段的索引，那么根据这个字段进行过滤出来的记录数可能就不止一条。如批量执行 update zachary_goods set status='CHECKED' where title=" 传入条件 " and content=" 条件 "。运行过程如下：

1）由于用到了非主键索引，首先需要获取 index_title 上的行级锁。title 字段创建了普通索引；

2）获取锁成功后根据主键进行更新，所以需要获取主键上的行级锁；

3）更新完毕后，提交，并释放所有锁。

此类死锁会抛出异常信息“Error updating database. Cause: com.mysql.jdbc.exceptions.jdbc4.MySQLTransactionRollbackException: Deadlock found when trying to get lock; try restarting transaction”。

通过条件更新，条件往往能检索出多条记录，不具有唯一性标识。通过 explain 查到，在高并发的情况下，当两个事务同时需要对同一个检索的记录进行更新操作时，由于其中一个事务把同一个检索的所有记录都锁住了，那么必然会导致另外一个事务无法获取到锁。

优化方式如下：

- 建立复合索引，将 where 条件中所用到的所有字段共同构建成一个复合索引，复合索引往往能更大程度筛选过滤数据，减小死锁的概率；
- 再次执行 explain 测试，锁定一条记录。

9.8.2 连接数过多

当 MySQL 数据库中设置的连接数少于当前的连接数时，会抛出异常信息“Too many connections (1040)”。那么，什么样的场景下会出现问题呢？数据量访问高峰、程序异常导致连接未释放、死锁等多种场景会造成数据库连接数目不够，当连接数超过了 MySQL 设置的值时，wait_timeout 的值越大，连接的空闲等待就越长，当前连接数就越来越多。

那么如何优化处理呢？

1）优化 MySQL 服务器的参数配置（合理设置 max_connections 最大连接数）；

2）合理设置 wait_timeout 超时时间；

3）关闭 performance_schema。

可以限制 InnoDB 的并发处理，修改 innodb_thread_concurrency 的参数值，具体要结合自己的实际需求设定，比如“set global innodb_thread_concurrency=16;”。

对于连接数已经超过 600 或是更多的情况，可以考虑适当限制其连接数。建议单用户连接数在 600 以下，如“set global max_user_connections=600;”。

9.8.3 主从复制延迟

数据库采用主从复制模式运行时，其中主数据库数据复制到从数据库中是存在延迟的，正常延迟的级别是毫秒。当主从复制延迟级别到秒甚至分钟时，需要检查和处理，过程如下：

1）检查主从复制状态；

2）检查二进制日志格式；

3）检查业务运行大的事务；

4）检查更新操作表的主键；

5）通过指令 show processlist 查看执行时间 time。

以上步骤的检查过程中，需要关注更新操作，因为低效更新过程中很容易出现问题，导致主从复制延迟等现象。

9.8.4 CPU 飙高

正常使用过程中，如出现 CPU 飙高严重，通常是低效 SQL 语句导致的，处理过程如下。

1）show processlist 语句，查找负荷最重的 SQL 语句。

2）优化存在问题的 SQL 语句，如建立索引。

3）打开慢查询日志，将那些执行时间过长且占用资源过多的 SQL 拿来进行 explain 分析。CPU 过高，多数是由于 GroupBy、OrderBy 排序问题所导致，找到问题并慢慢进行优化改进。比如优化 insert 语句、优化 group by 语句、优化 order by 语句、优化 join 语句等。

4）考虑定时优化文件及索引。

5）定期分析表，使用 optimize table。

6）检查是否存在锁问题。

9.8.5 索引效率

创建索引时，由于字段类型和长度未合理设置，导致检索效率大打折扣。例如，将 IP 字段设置为 varchar(256)，同时在为 IP 字段增加索引时未指定长度。但实际上，IP 的数据长度较短，检索索引应该根据字段实际平均存储数据的长度去设计，可以将 IP 索引长度从 255 减少到 10 位，进而提高检索效率。

9.9 MySQL 性能优化

MySQL 性能优化主要会从存储方式、数据检索、索引、系统配置方面进行。

9.9.1 优化思路

MySQL 的优化包括许多方面，具体优化思路如下：

1）表设计合理化；

2）索引优化，添加适当索引如普通索引、主键索引、唯一索引 unique、全文索引；

3）SQL 查询优化；

4）MySQL 配置优化，如配置最大并发数 my.ini；

5）MySQL 部署优化。

9.9.2 优化过程

1. 表设计优化

表设计优化步骤如下。

1）字符集的选择。如果确认全部是中文，不会使用多语言以及中文无法表示的字符，那么选择 GBK，只需要 2 字节，UTF-8 编码会占用 3 字节。

2）表的存储引擎（查询 / 插入快，不需要事务支持，可用 MyISAM、需要事务可用 InnoDB，不支持全文索引），MyISAM 适合 SELECT 密集型的表，而 InnoDB 适合 INSERT 和 UPDATE 密集型的表。

3）如果一个表有许多列，但平时参与查询和汇总的列却并不多，此时可以考虑将表格拆分成 2 个表，一个是常用的字段，另一个是很少用到的字段。

4）BLOB 和 CLOB 此类字段一般数据量很大，建议在设计数据库时可以只保存其外部连接，而数据以其他方式保存，比如系统文件。

5）用空间换取时间。如果大表查询里经常要 join 某个基础表，且这个数据基本不变，比如人的姓名，城市的名字等。建议大表不去 join 基础表，基础表可以存储缓存，定期同步更新。

6）合理构建分区表，分区策略（Range/List/Hash/Key）。

7）如果预期长度范围 varchar 就满足，就避免使用 TEXT，表数据量越大，读取越慢。MySQL 是行存储模式，所以会把整行读取出来，TEXT 储存了大量的数据。读取时，会占用大量的 I/O 开销。

8）尽量使用 TIMESTAMP 而非 DATETIME。

2. 索引优化

索引优化步骤如下。

1）尽可能使用长度短的主键，在主键上无须建单独的索引，因为系统内部为主键建立了聚簇索引，允许在其他索引上包含主键列。

2）外键会影响插入和更新性能，对于批量可靠数据的插入，尽可能选用对应主表的主键作为外键，外键是默认加上索引的。

3）优先创建复合索引，效果大于单索引。

4）如果经常需要检索查询、排序，则建议建立索引。

5）MySQL 可强制使用指定索引查询，如“ select * from table_name force index (index_name) where conditions;”。

6）创建索引时，需要指定合适长度，其长度直接影响索引文件的大小，进而影响增删改查的速度，如 zachary_goods 商品表，title 字段长度为 255，通过本地执行计划：explain select id,title from zachary_goods where title=" 测试商品 "，运行效果如下：

```
±—±------------±----------±-----±--------------±------------±--------
±------±-----±------------------------+
| id | select_type | table | type | possible_keys | key |
key_len | ref | rows | Extra |
±—±------------±----------±-----±--------------±------------±--------
±------±-----±------------------------+
| 1 | SIMPLE | zachary_goods | ref | index_title |
index_title | 150 | const | 1 | Using where; Using index |
±—±------------±----------±-----±--------------±------------±--------
±------±-----±------------------------+
```

其中 key_len 为 150，当更新时会比较占内存。select count(distinct left(title,total))/count(*) from zachary_goods，total 是指截取的长度，实际上也可以发现设置该长度的查询度，比例越大说明越良好，通过测试发现索引长度 30 最佳，所以设置“ alter table zachary_goods add index index_title(title(30));”。

MySQL 单表最大索引数量为 16，建议在 4 ～ 8 之间。

执行计划介绍如下。

1）select_type:SIMPLE：查询类型（简单查询、联合查询、子查询）。

2）table: user：显示这一行的数据是关于哪张表的。

3）type: range：区间索引（在小于 1990/2/2 区间的数据），这是重要的列，显示连接使用了何种类型。连接类型从好到差依次排序：system > const > eq_ref > ref > fulltext > ref_or_null > index_merge > unique_subquery > index_subquery > range > index > ALL。const 代表一次就命中，ALL 代表扫描了全表才确定结果。一般来说，得保证查询至少达到 range 级别，最好能达到 ref。

4）possible_keys: birthday：指出 MySQL 能使用哪个索引在该表中找到行。如果是空的，表示没有相关的索引。这时要提高性能，可通过检验 WHERE 子句，看是否引用某些字段，或者检查字段是否适合索引。

5）key:birthday：实际使用到的索引。如果为 NULL，则没有使用索引。如果为 primary，表示使用了主键。

6）key_len:4：最长的索引宽度。如果键是 NULL，长度就是 NULL。在不损失精确性的情况下，长度越短越好。

7）ref:const：显示哪个字段或常数与 key 一起使用。

8）rows:1：这个数表示 MySQL 要遍历多少数据才能找到。

9）Extra: Using where; Using index：执行状态说明，这里可以看到的坏的例子是 Using temporary 和 Using。

3. SQL 优化

SQL 优化步骤如下。

1）可通过开启慢查询日志来找出较慢的 SQL。

2）SQL 语句尽可能简单：一条 SQL 只能在一个 CPU 运算；大语句拆小语句，减少锁时间；一条大 SQL 可以堵死整个库。

3）不用 SELECT * 罗列相关字段，减少资源开销。

4）OR 改写成 IN：OR 的效率是 n 级别，IN 的效率是 log(n) 级别，IN 的个数建议控制在 200 以内。

5）避免 like %xxx 式查询，这会在全表扫描。

6）尽量避免在 WHERE 子句中使用 != 或 <> 操作符，否则引擎将放弃使用索引而进行全表扫描。

7）对于连续数值，使用 BETWEEN 不用 IN。

8）列表数据不要用全表，要使用 LIMIT 来分页，每页数量也不要太大。

4. 配置优化

配置优化步骤如下。

1）修改 MySQL 客户端的数据库连接闲置最大时间值 wait_timeout，由默认的 8 小时修改为 30 分钟，即 wait_timeout=1800（单位秒）。通过命令 show variables like 'wait_timeout’查看结果值。

2）修改 back_log 参数值：由默认的 50 修改为 500（每个连接 256KB），back_log 值指出在 MySQL 暂时停止回答新请求之前的短时间内有多少个请求可以被存在堆栈中。

3）修改 max_connections 参数值，修改为 3000（max_connections=3000）。max_connections 是指 MySQL 的最大连接数，如果服务器的并发连接请求量比较大，建议调高此值，以增加并行连接数量。

4）修改 thread_concurrency 值，thread_concurrency 应设为 CPU 核数的 2 倍。

5. 部署优化

上亿级别的数据存储及其优化过程如下。

1）初期数据存储部署在单台机器上，由于数据访问频率加大，并发数存在瓶颈，此时可以采用主从复制、读写分离方式，如图 9-3 所示。

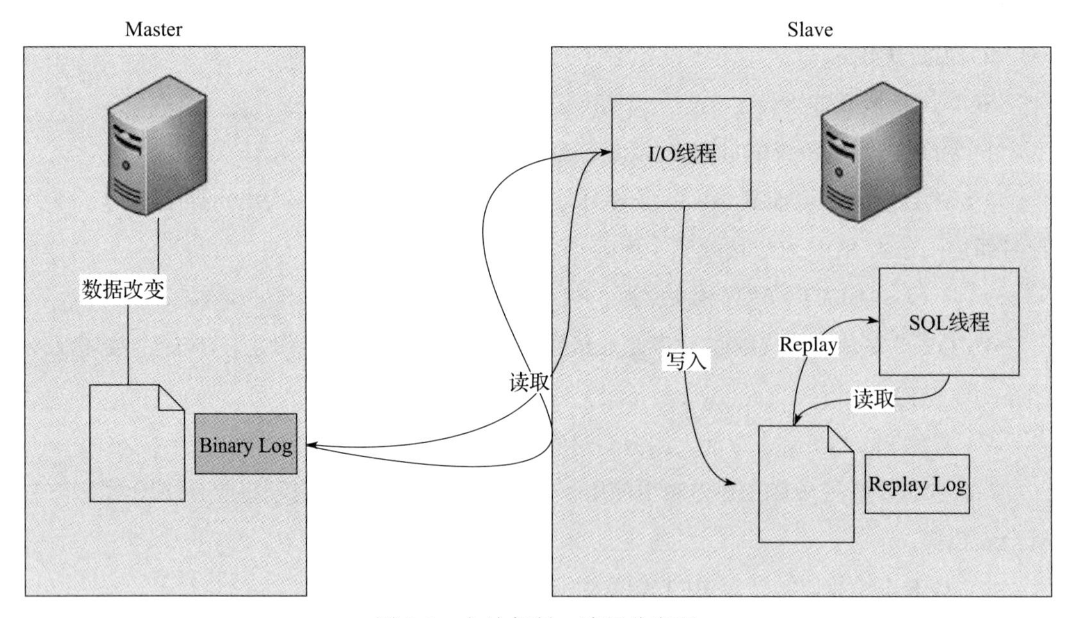

图 9-3 主从复制、读写分离图

为了减轻主库的压力，应该在系统应用层面做读写分离，写操作走主库，读操作走从库。

从图 9-3 中可以简单了解读写分离及主从同步的过程，分散了数据库的访问压力，提升了整个系统的性能和可用性，降低了大访问量引发数据库宕机的故障率。复制的结果是集群中的所有数据库服务同一份数据。MySQL 默认内建的复制策略是异步的，基于不同的配置，Slave 不一定要一直和 Master 保持连接不断的复制或等待复制，我们可以指定复制所有的数据库、复制一部分数据库，甚至复制某个数据库的某部分的表。

2）从节点读取数据瓶颈：主从复制、读写分离后，可以承载更大、更多的数据量，这种部署结构已经满足了初期的发展，但随着发展扩大，这种体系结构已经不能支撑，需要进一步分析读写过程。如果是读数据存在瓶颈，写数据正常，可以通过扩展从节点来增加效率，调整部署策略从 1 主 1 从变为 1 主多从。从节点可以做负载均衡，由于业务系统需要，必须要大于 5 个节点以上，但是 MySQL 的 binlong 同步 5 个节点以上会存在性能问题，所以建议使用从节点挂载同步到从节点，减少主节点同步到从节点的性能耗损。

3）主节点写入数据瓶颈：考虑优化表构造、索引等。

4）当优化表、索引并发已到达瓶颈后，需要考虑分库（由于 MySQL 单库存在最大并发限制（3000）），以提高并发、提高磁盘存储率。

5）分库后由于数据库数据持续增大，此时可以考虑分区，根据表的结构和功能背景，选择合适的分区策略（分区相当于单库的分表）。

6）由于应用程序里面各种统计算法、业务模式加大，此时单台主节点数据库已经到达瓶颈（分区不支持数据库横向扩展），此时可以考虑分表。由于分表会有很多潜在问题，维护成本高额、统计数据烦琐、数据移植难度大等，建议不到万不得已不要分表。

7）分表有效将大表横向切分成小表，可分布在多台数据库上。性能非常高。常用分表插件如 shared-jdbc、my-cat、mysql-proxy 官网插件、Galera Cluster 等。

如果对公司业务发展非常了解、业务清晰明了、数据量预估到位、风险评估到位，可提前设计分表一步到位。否则建议按照系统规模、业务场景逐渐优化改造，控制成本。

9.10　MySQL 集群

MySQL 写入单台存在瓶颈，不管是主从复制、读写分离都不能完全有效利用服务器资源，并存在数据延迟、数据不一致的风险。这里介绍一款开源好用的插件 Galera Cluster，如图 9-4 所示。

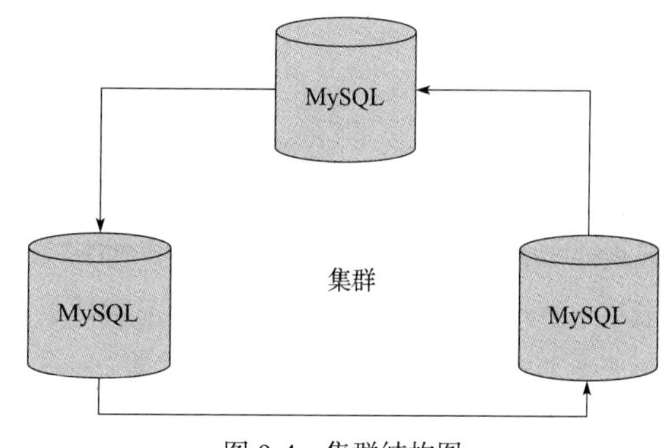

图 9-4　集群结构图

和主从结构稍有不同，Galera Cluster 集群中都是主节点，都可以进行读写操作，当客户端写入某台数据库后，实时自动将新数据同步到其他节点上，这种架构不共享任何数据，是一种高冗余架构。它能解决 MySQL 如下问题：

1）多主架构：真正的多点读写的集群，在任何时候读写数据都是最新的，可充分利用服务器资源。

2）同步复制：集群不同节点之间数据同步，没有延迟，在数据库宕机后，数据不会丢失。

3）并发复制：从节点在 APPLY 数据时，支持并行执行，有更好的性能表现。

4）故障切换：在出现数据库故障时，因为支持多点写入，切换非常容易。

5）热插拔：在服务期间，如果数据库挂了，只要监控程序发现得够快，不可服务时间就会非常少。在节点故障期间，节点本身对集群的影响非常小。

6）自动节点复制：在新增节点或者停机维护时，增量数据或者基础数据不需要人工手动备份提供，Galera Cluster 会自动拉取在线节点数据，最终集群会变为一致。

7）对应用透明：集群的维护，对应用程序是透明的。

Galera Cluster 数据采用同步复制，有两种同步方式：全量同步、增量同步。集群中的节点通过更新单个事务来与集群中的节点进行同步，这意味着当事务进行提交时，所有节点都具有相同的值。它的主要组成部分为：wsrep API（写集复制功能组）、Galera Replication Plugin（启用写集复制功能的插件）、Group Communication plugins（Galera Clsuter 集群中各种群组通信系统）。

Galera Cluster 数据同步过程具体介绍如下。

（1）全量同步过程

全量同步即同步整个数据库，适用于新加入节点同步数据。当一个节点新加入集群时，新加入的节点会向集群中已存在的某个节点开始进行全量同步。全量同步中有两种不同的方式：

1）Logical：利用 mysqldump，在同步之前等待同步的数据库需要初始化，即没有任何多余的数据。这是一种加锁的方式，传输期间，数据库会变成 read-only，同时，同步的主库上会运行 FLUSH TABLES WITH READ LOCK 命令。该命令主要用于备份工具获取一致性备份，由于 FTWRL 命令总共需要持有两把全局 MDL 锁，并且还需要关闭所有表对象，执行此命令容易造成库堵塞。如果在主库上执行此命令，容易造成业务异常；如果在备库上执行，容易造成 SQL 线程卡住，造成主备复制延迟。

2）Physical：使用 rsync、rsync_wan、xtrabackup 和其他一些方式直接将数据文件从一个节点复制到另一个节点上，比较简单。这种方式比 mysqldump 要快，但限制也很多。

（2）增量同步方式

增量同步会验证从库落后的事务，然后将这部分发送过去，而不是对整个数据库进行同步。

9.11　本章小结

本章介绍了 MySQL 的运行原理、内部的结构（如事务、存储引擎、树形结构索引、备份和恢复策略容灾），并分析了运行过程中存在的难点问题。重点从实际场景出发，通过多方面的性能优化和高效集群部署方案，让 MySQL 的运行更加稳定和健壮。

其中介绍了一款高效的集群插件 Galera Cluster，通过它的特性和功能点，可以让 MySQL 在正式环境中具有更好的扩展性更高效。MySQL 官方推荐的策略，如主从复制、读写分离等方式，存在一定的延迟且不能充分利用资源，导致 MySQL 在正式环境中不能充分发挥，而 Galera Cluster 弥补了这个缺点。

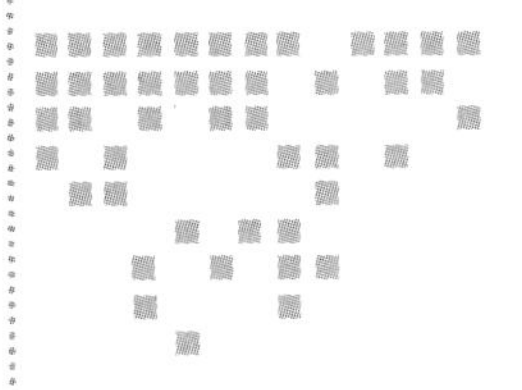

Chapter 10 第10章

分布式架构高可用

高可用是指系统经过专门的设计，可以减少停工时间，保持其服务的高度可用性。可用性包含两个维度：计算机服务可用性平均时间和计算机服务可维护性平均时间。计算机服务可用性平均时间指系统平均能够正常运行多长时间会发生一次故障，系统的可用性越高，平均无故障时间越长。计算机服务可维护性平均时间指系统发生故障后处理和重新恢复正常运行平均花费的时间，系统的可维护性越好，平均维修时间越短。因此，计算机的可用性定义为系统保持正常运行时间的占比，可见，高可用是系统的重要目标。

本章重点内容如下：

- 高可用概述及难点
- 高可用涉及内容
- 高可用具体应用
- 高可用案例讲解

10.1 高可用概述及难点

高可用本质是对抗不确定性，保证系统可用性。关于对抗不确定性，由于不确定性来自四面八方，如自然灾害机房中断、外界攻击服务器异常等，很难预测。提前预测建立方案，如故障转移、备份等，可以更大程度避免问题。不同级别的不确定性，建立的方案成本不一。那么，如何建立高可用方案，保障系统的可用性呢？

虽然不能提前预测各种不确定性，但是能够提前尽最大努力去避免问题，不至于等到出现问题才发现。在分布式环境中，由于分布式的特性，若系统做好容灾、故障转移、备份等常用高可用方案，即使问题发生后，系统也能通过高可用方案应对。高可用方案设计要求如下。

- 常用系统由于各种原因，系统往往是单点结构，单点往往是系统高可用最大的风险和敌人，应该尽量在系统设计的过程中避免单点。高可用保证的原则是“集群化”，或者叫“冗余”，单点结构宕机后服务会受影响，如果有冗余备份，宕机后还可以使用其他节点。
- 当系统具备了“冗余”特性后，当系统发生故障后额外还需要人工干预处理，势必会增加系统的不可服务实践，所以需要具备“自动故障转移”来提高系统的高可用高效性。

通过示例来分析，系统具备冗余、自动故障转移等高可用特性后的结构如图 10-1 所示。

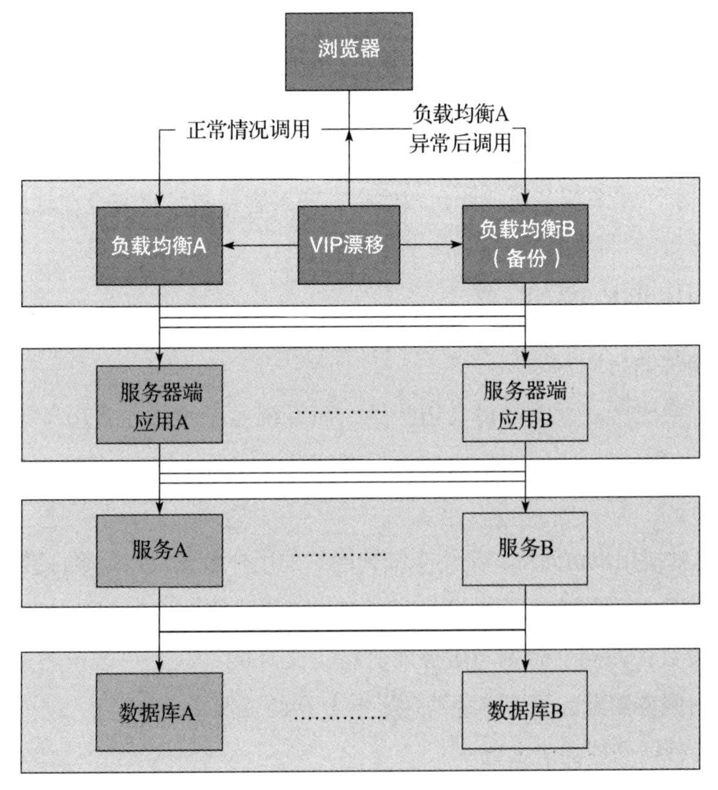

图 10-1 高可用结构图

- 冗余：大部分用于存储一部分备用资源，在资源缺少或异常情况下投入使用。
- 自动切换：某一服务如果确认对方故障，则正常服务会继续进行原来的任务，还将依据各种容错备援模式接管预先设定的备援作业程序，并进行后续的程序及服务。
- 自动恢复：某一服务发生异常后，故障服务可离线进行修复工作。在故障服务修复后，透过高可用监控策略，自动切换回修复完成的主机上。

如图 10-1 所示，服务器端应用具备了冗余特性，通过扩展机器方式可以使冗余、自动故障转移特性发挥到极致。假设当服务器端应用 A 出现问题后，上游负载均衡服务器发生故障，把请求转移到服务器端应用 B，让系统正常运行。当然，自动转移策略可以自定义判断的维度，如系统无响应、卡顿、CPU 满额、连续多少次访问无结果等。

负载均衡自动切换策略通常采用 Keepalived（VIP 漂移），应用服务器自动切换通常依赖负载均衡内置路由策略，服务提供自动切换通常依赖容器（Zookeeper、Consul）等，数据库自动切换通常采用 Keepalived（VIP 漂移）等。

高可用性与容错技术有什么区别？

容错技术一般利用冗余硬件交叉检测操作结果。当发现异常时，故障部件会被隔离开而不影响用户的操作。高可用性方案则主要由软件检测故障，一旦故障发生立即隔离处理，通过提供故障恢复实现最大化系统和应用的可用性。容错技术随着处理器速度的加快和价格的下跌而越来越多地转移到软件中，未来容错技术将完全在软件环境下完成。

10.2 高可用涉及内容

1. 系统容量预估

系统容量：系统所能承受的最大访问量，而系统容量预估通常用于评估系统高峰期间能承载多少访问量。在评估流量之前，先介绍几个指标：PV、并发用户数、QPS、响应时间。

网站流量通常指用户访问量，是用来统计网站的用户数量及浏览页面数量的重要指标。

- PV：一定时间范围内页面浏览量或点击量，用户每次刷新即被计算一次。
- 并发用户数：在同一时刻与服务器进行了交互的在线用户数量。这些用户的最大特征是向服务器发起了请求并消耗了服务器的资源。
- QPS：每秒钟处理的请求数。
- 响应时间：系统对请求做出响应的时间。

系统容量预估过程如下。

1）咨询运营、业务部门，统计出总访问量和PV。

2）统计出总QPS、平均QPS。（总请求数 = 总PV × 页面连接数，平均QPS = 总请求数 / 总时间。）

3）预估高峰期间QPS量。（估计高峰期间QPS量有助于系统的规划，高峰期间QPS是均值QPS的3倍。）

4）预估单机服务器能承受的最大QPS量。（通常会采用压力测试，测试出服务器的极限处理能力，有助于提前知道瓶颈，方便统一扩展和维护。）

5）预估出高峰期间QPS量、单机服务器QPS极限量，通常可以估算出需要服务器的数量，正式环境下，提前预留好备份机器，待资源不足时投入使用。

【示例】 电商

假设电商双12促销时某商品搞活动，活动开始后6小时内用户总访问量是500万，其中页面多余产生的连接数是1000，单台机器峰值1000，请问高峰期间QPS多少，需要多少台服务器资源提供处理？

计算总请求数：PV × 连接数 $=5\ 000\ 000 \times 1000 = 5 \times 10^9$

平均QPS：总请求数 / 总时间 $=5 \times 10^9/(6 \times 60 \times 60) = 230\ 000$

峰值QPS：$3 \times 230\ 000 = 690\ 000$

需要机器数量：$690\ 000/1000 = 690$

2. 全链路压测

全链路压测：基于实际的生产业务场景、系统环境，模拟海量真实的用户请求和数据对整个业务功能涉及的系统进行全方位压力测试，并持续调优的过程。

全链路压测有什么用？

针对业务场景和系统构建的复杂化、系统交互的多变化、海量流量的冲击，全链路压测模拟真实有效的用户请求和数据去访问系统，提前预知系统各方面的瓶颈，持续调优过程，让技术更好地服务业务，创造更多的价值。

全链路压测过程分为压测方案、压测数据、数据脱敏、数据隔离、数据清洗等。

全链路压测难点如下。

1）全链路涉及多个领域、系统，每个领域、系统的构造结构不一，考虑细节较多，压测方案需提前充分了解各系统的详细情况，然后考虑全面。

2）压测工具选型，了解系统特征和各项指标数，选择主流且满足指标的压测工具。

3）业务模型梳理，复杂结构、复杂业务场景，需要提前预知影响面，区分核心业务和非核心业务。

4）压测数据层面需要考虑数据的真实性和有效性、生产环境压测不能产生脏数据，需要数据脱敏。为了避免脏数据写入，可以考虑通过压测数据隔离处理，压测过程会产生较多无效数据，完毕后需要清洗。

全链路压测问题如下。

1）系统容量不足：全链路压测大流量冲击下，系统负载高额，运行缓慢。

2）磁盘空间不足：应用日志、数据存储大批量写入，导致磁盘空间、存储空间堆积满。

3）集群部署：全链路压测大流量冲击下，需要集群中各机器节点分摊处理。

4）容灾方案：全链路压测很可能会导致某些架构、环境、服务等不可用，所以需要针对这些提前设计好故障转移、替代等。当服务中的某台或者某部分服务宕机时，可以及时进行故障转移，而不至于连锁反应下整个系统链路的服务挂掉。

5）数据监控：全链路压测是逐步加载压测指标，所以需要进行压测实时监控，确保不影响系统正常运行。

【示例】 互联网打车软件

业务场景分析：有司机端、用户端，用户端用于线上约车，车的种类常见包括（快车、出租车、顺风车）等，司机端用于接客。快车、出租车、顺风车模式不一，有些是系统自动派单，有些是邀请接单等。

数据量分析：打车软件按照城市划分，每天 24 小时提供服务，平均下来日均订单上千万，数据量庞大。在线上环境对打车软件核心功能全链路进行压测，压测数据和实际用户数据隔离。如图 10-2 所示。

流量处理如下。

1）司机端、用户端用于产线正式用户，压测数据是虚拟出来的数据，用于模拟正式用户发起请求。所有的流量都会进入 Kong 管理中心，由 Kong 统一进行认证识别、限流、请求分发等过程，当前压测数据和正式用户数据隔离开，用了内部授权码标识让 Kong 授权，目的是让这部分数据不和正式用户数据混淆，以免影响正式用户使用。

2）Kong 管理中心会把流量均衡分发到控制中心，控制中心主要提供业务处理的入口。

3）控制中心根据业务会调用相应的 Consul 服务，Consul 服务主要用于处理具体业务。

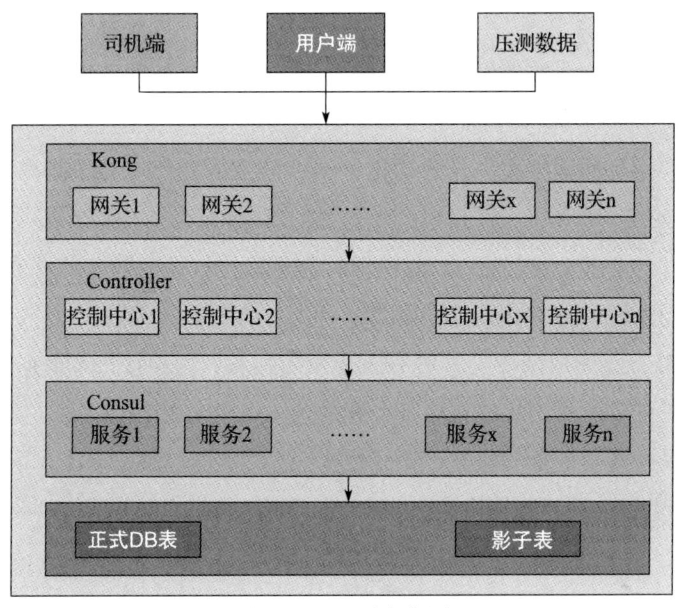

图 10-2　压测方案图

4）Consul 服务根据业务场景会产生相应的业务数据，正式数据和压测数据会进入到不同的数据库表中，压测数据进入影子表，便于后续数据清洗。

注意　Kong 部署在外网，App、应用在外网，服务器、Consul 等相关资源统一在内网。

那么，为什么要选择线上环境进行压测？

线上环境配置较高，用户流量较大，能够反馈系统的承载量，提前预知系统各方面的瓶颈，持续调优过程，让技术创造更大的价值。

生产环境比较重要，压测过程需要谨慎，不能把线上环境搞垮。应选择系统最低峰期间做压测。压测时需要慢慢加大压测指标，做好系统指标监控。压测流程如下。

1）压测数据准备，主要参考正式用户库中具有代表性的数据，如按照区域、年龄、性别、职业等方式。数据越丰富，压测越全面。

2）压测指标可以事先估算好系统的量，选择 4 ～ 8 组代表性的指标，分别进行压测过程，如：1 组压测 5 分钟，2 组压测 10 分钟，依次类推。丰富压测场景。

3）压测选择系统的低峰期，事先统计出来系统低峰期处于哪个时间段，然后进行压测，具体压测多长时间可以参考压测指标量、系统低峰时间段、以往压测时间、系统大小及性能综合评估。

4）压测过程中，需要监控系统的各种容器、机器、服务的使用情况并且需要记录压测结果指标。

5）需要提前做好回滚方案、异常切换方案、容灾方案等。当压测异常时，尽快恢复系统，让其投入使用。

6）由于所有的请求都会经过 Kong 认证，需事先授权这些数据的有效性。

7）这部分的用户虽然和正式用户相似，但是他们产生的订单需要区分出来，订单生成规则可以通过外部压测数据传入进来（Kong 没有授权，内部接口不识别外部订单规则）。

8）正式用户订单、压测生成订单都会相应流入到业务场景中。

9）业务场景最终会把压测数据、正式数据分别存储到表中。

10）压测完毕后，进行数据清洗。

3. 容灾设计

容灾是达到可高用目标的一种重要的可靠性手段。系统故障往往是因为发生了一些错误、警告、异常导致的结果，那么，提前预知系统可能会发生的故障并应对故障及处理称为容灾设计。容灾是一个系统工程，它包括支持用户业务的方方面面。

容灾核心指针之一是冗余站点。除了生产站点以外，用户另外建立冗余站点，当灾难发生、生产站点受到破坏时，冗余站点可以接管用户正常的业务，达到业务不间断的目的。为了达到更高的可用性，许多用户甚至建立多个冗余站点。

容灾核心指针之二是异地环境多套系统。在相隔较远的异地，建立两套或多套功能相同的系统，互相之间可以进行健康状态监视和功能切换，当一处系统因意外（如火灾、地震等）停止工作时，整个应用系统可以切换到另一处，使得该系统可以继续正常工作。容灾系统更加强调处理外界环境对系统的影响，特别是灾难性事件对整个系统节点的影响，提供节点级别的系统恢复功能。

那么如何进行容灾设计呢？

首先要了解容灾的本质意义，然后定义容灾范围，容灾分为两类，自然灾难和非自然灾难。自然灾难如火灾、洪水、地震、飓风、网络中断、设备故障、无信号、无响应等。非自然灾难即人为因素，如操作错误、木马病毒等。由于现阶段信息技术高速发展中，很多生产流程和制度不完善，人为因素导致灾难较常见。

容灾设计的几个核心要点如下。

- 系统内部容灾（业务替代方案、服务降级、熔断、限流）等。
- 系统外部容灾（多个站点、多套环境系统、备份、故障转移、冗余）等。

容灾顺序：通常会先进行系统内部的容灾，梳理系统各种业务、功能、周边系统依赖关系等，周边系统依赖关系有利于知晓系统的大体结构、调用方和被调用方。按照系统业务功能的重要程度依次排序，核心功能需要有业务替换方案、各系统之间调用需要替代方案。

业务替换何时使用，如何进行呢?

系统内部具有开关切换等标识。当系统内部核心功能出现异常、问题等，可以进行切换到替代方案（切换分为自动和手动，手动可以通过开关实现，自动可以结合监控、异常故障转移实现），保证系统的稳定运行。另外，各系统之间的调用也需要进行切换。

服务降级何时使用，如何进行呢?

服务降级通常指系统的压力过高、系统报警，没有充足的资源来提供处理，可以按照业务功能的优先级别来进行降级，非核心功能停掉服务，让出资源给核心功能使用，当然系统处于极限边缘时，优先保证核心功能的稳定极为重要。服务降级也可以通过开关切换来实现。

熔断和限流何时使用，如何进行呢?

熔断和限流属于间接容灾，通过有效的措施让资源最大化，有效降低系统的压力让系统不轻易出现问题。限流是限制外界的请求流量大批量流入到系统内部，消耗系统资源。熔断是服务降级的一种非常好的方式。限流实现用于负载均衡层面，如 Nginx、F5 等，熔断实现如 Spring Hystric。

外部容灾多站点实现如下：

企业内部 IT 信息一般会有多套机房，机房可以异地、同地，如：IBM 公司在全球部署多机房。多机房的优势在于，由于某个地方因自然灾难等原因出现机房断电、网络中断，可以迅速切换到其他站点，不影响业务功能使用。多机房投入成本较大，一般适合较大规模公司和系统。初期建议可以部署在各大厂商云端，如阿里云、腾讯云、百度云等，产商云端服务相对有保障。

冗余站点提供了容灾的基础，对于多站点需要提供多套系统环境，可以部署生产环境，环境和生产线一致，只是未投入使用，用于备份。

【示例】 物联网物流

业务场景分析：物流运输过程较长，包括物品订单管理、扫描、入仓件、运输件、运输地址大头笔解析、智能识别、物流轨迹、货物管理。其中订单管理较为核心，容灾设计如图10-3所示。

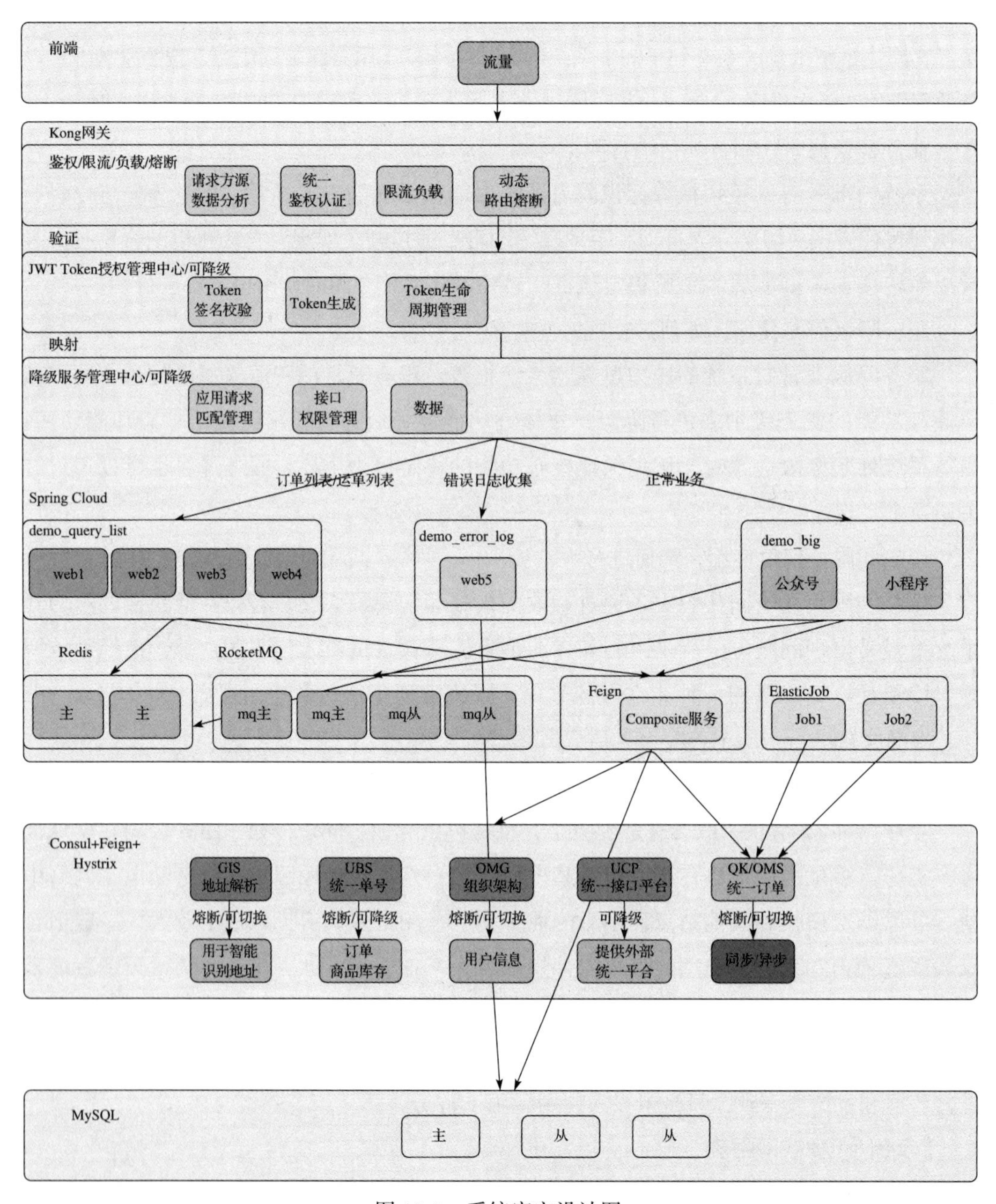

图10-3　系统容灾设计图

具体介绍如下。

Kong 网关是基于 Nginx 的一款插件，用于鉴权、限流、负载。内部系统采用 Spring Cloud 结构体系，服务注册采用 Consul，Fegion 用于提供内部服务，Hystrix 用于熔断器。

外部所有的请求都会经过 Kong 管理中心，外部请求都会携带 Token 机制，Kong 自动会解析 Token 进行认证，认证成功的请求会路由到配置中心，配置中心会根据请求的 URL 分发到指定的入口，然后处理相应的业务。从业务场景分析，其中下单、用户中心是核心业务，库存、地址解析等都是次要的，极端情况下，系统其他服务全部宕掉，只要用户中心和订单服务正常，订单就能正常流入到系统中，待其他服务恢复后再进行数据修复和处理等。设计之初考虑到系统异常情况，融入了容灾的设计。具体介绍如下。

1）Token 认证机制：主要采用了 JWT Token，用于交互的安全性，本身 Token 管理、认证和签名会消耗资源，当系统资源不足时，可以进行关闭，提高资源利用率。

2）Redis：由于 Redis 是主从切换架构，一台机器出现故障，会自动进行主备切换，故障中断时间一般在分钟级。但由于 Redis 服务器是虚拟机，主备虚拟机的虚拟化同样需要注意，避免两台服务器是同一台物理机虚拟化的，如果非服务器故障，例如出现 Redis 读写网络超时，运维人员可以通过 redis-cli 命令查看当前执行的命令，找出耗时比较长的命令，例如 keys，直接关闭这些连接。

3）RocketMQ：采用双主双从模式，如果非所有节点全部宕机，其高吞吐量特性，可以保证业务的正常消费处理。

4）Fegion 服务调用：内部服务均采用了替代方案，支持服务降低。异常情况下可以关闭、切换到其他备选方案，服务间的业务链均合理设置超时时间，且采用了 Hystrix 熔断机制。

5）MySQL：MySQL 是主从切换架构，一台机器出现故障，会自动进行主备切换，故障中断时间一般在分钟级，具有高可用性。

6）App、HTML 中会大量使用 H5 特性，如更新频率较低的静态数据，如省市区等，可以在云端，如 CDN 中存放一份备选数据，备选数据会定期更新，如系统后端异常，页面可以单独获取 CDN 上的静态数据，提供用户下单需求。

多环境多站点部署：应用部署在公司内部机房，同时在云上也部署同套环境，当内部机房中断，直接切换域名解析 DNS 到云上，云上、云下数据的同步过程如下。

订单数据会流入到数据库，采用同步数据的方式，用 Kettle 调度器抽取数据到云下数据库，如果云上、云下网络存在较大延迟，可以采用 Redis，开通外网，授权云上的订单流入其中，监听 Redis 节点变化，同步数据。

10.3 高可用具体应用

1. Nginx

为了屏蔽负载均衡服务器的失效，需要建立一个备份机。主服务器和备份机上都运行心跳监控程序，通过传送心跳信息来监控对方的运行状况。当备份机不能在一定的时间内收到这样的信息时，它就接管主服务器的服务 IP 并继续提供服务；当备份管理器又从主管理器收到心跳信息时，它就释放服务 IP 地址，这样的主管理器就开始再次进行集群管理的工作了。为在主服务器失效的情况下系统能正常工作，我们在主、备份机之间实现负载集群系统配置信息的同步与备份，保持二者系统基本一致。

Nginx 可以是实现 Web 服务器的均衡负载，但是一台 Nginx 本身也会有局限，如异常宕机、负载瓶颈等，如单纯考虑到高可用，可以使用 Keepalived+Nginx 实现双机热备。若一台宕机，可以自动切换到另一台，避免单机故障。但如果考虑高可用 + 高效性，能否用多台 Nginx 分摊请求呢？

答案肯定是可以的，Nginx 做负载均衡，可以在它的上层加入一层硬件负载均衡，如 F5（硬件负载均衡服务器具有高性能、高稳定性，成本较高），通过 F5 把请求平均分配到不同的 Nginx 节点，Nginx 采用 Upstream 负载均衡到内网 Web 服务器。F5 也支持集群，但是单台 F5 的性能足够支持业务，故不需要锦上添花。如图 10-4 所示。

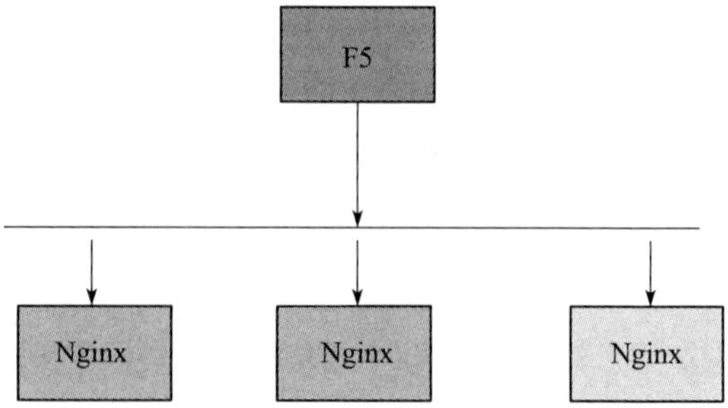

F5

Nginx Nginx Nginx

图 10-4 Nginx 集群图

多台 Nginx 构成集群，具备了高可用性，同时可以充分利用集群特性，分担单台机器压力，让每台机器上的资源利用最大化。

2. ElasticJob

在介绍 ElasticJob 前，先了解下 Quartz。Quartz 是一款定时任务，Spring-Quartz 针

对 Quartz 进行整合，整合后的定时任务使用简便，但由于不支持负载均衡，故存在单点风险。

ElasticJob 是当当网基于 Quartz 二次开发之后的分布式调度解决方案，支持并行调度、支持分布式调度协调、支持弹性扩容。ElasticJob 借鉴了 Quartz 的基于数据库的高可用方案，但数据库没有分布式协调功能，所以在高可用方案的基础上增加了弹性扩容和数据分片的思路，以便于充分利用分布式服务器的资源。

分片是将一个任务拆分为多个独立的任务项，然后由分布式的服务器分别执行某一个或几个分片项，充分利用服务器资源。如：查询一张大表，可以把一次查询量分摊到多台服务器上去，假设有 2 台服务器，就分成 2 片，每台服务器执行 1 片，那么每台服务器查询量就降低了一半。

ElasticJob 特性如下。

1）具有分片功能，提供最安全的方式执行作业，一旦执行作业的服务器崩溃，等待执行的服务器将会在下次作业启动时替补执行。开启失效转移功能效果更好，可以保证在本次作业执行崩溃时备机立即启动替补执行。

2）最大限度地提高执行作业的吞吐量，作业将会合理利用分布式资源，动态分配分片项。

ElasticJob 集群部署后，具有冗余、高可用、资源最大化等特性。ElasticJob 分为 SimpleJob 和 DataflowJob。

- SimpleJob 执行一次，适合小数据量任务处理。
- DataflowJob 流式作业执行多次，适合大数据分批执行，分为 fetchData 和 processData，当 fetchData 不为空时，会进行下一次取数，直到 fetchData 为空，则本次作业结束，下个触发时间点重新开始。

10.4　高可用案例讲解

针对系统中高可用的使用范围，从负载均衡、应用服务器、缓存服务器、队列服务器、数据库服务器等综合分析，其结构图如图 10-5 所示。

CDN 加速站点访问，外部流量进过 F5 负载后，分担到两个 Nginx 上，此时 Nginx 具有高可用特性，Nginx 的部分流量会 Upstream 到内部 Web 服务器。Web 服务器部署了多台，Upstream 采用了轮询策略，Web 服务器采用了 Tomcat 容器部署应用，Web 应用具有高可用特性。为了提高效率和锁的细粒度，Nginx 中会采用 Lua 脚本方式去访问 Redis 缓存服务器，Redis 服务器部署了多台，具有高可用特性，Web 应用中的业务存在异步的需求，RocketMQ 消息队列部署了多台，具有高可用特性，业务场景下的数据会存入到数据库，MySQL 部署了多台，具有高可用特性。根据系统的业务场景、系统的功能分布采用不同的组件，保证不同组件的高可用性，最终保证系统整体具有高可用性、高效性、健壮性。

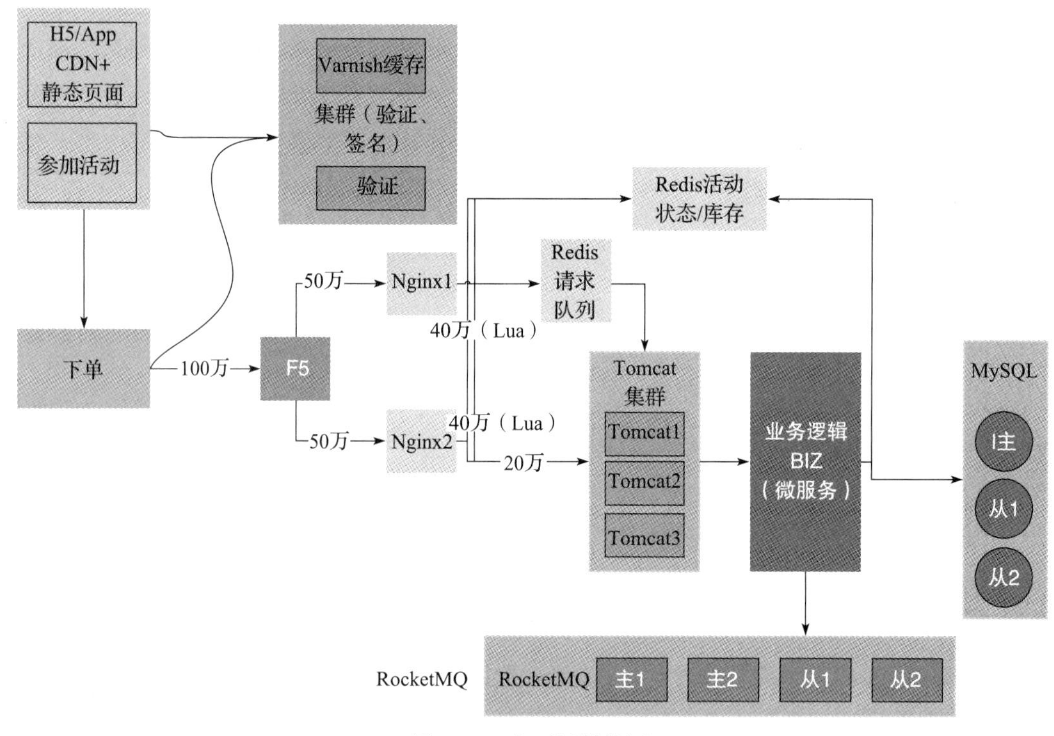

图 10-5　高可用结构图

10.5　本章小结

本章主要从分布式架构的系统构造、系统提高环境、部署等方面去讲述系统的高可用性，从多个角度分析和挖掘高可用的特性。为了提高系统的高可用性，从系统业务场景、系统容量预估、全链路压测、容灾设计等方面全面考虑、衡量、分析高可用的核心思想和效果，精确找到系统的瓶颈和隐患，并针对瓶颈和隐患进行特定的优化和调整，最终使系统健壮运行。